本教材第 5 版曾获首届全国教材建设奖
全国优秀教材二等奖

"十三五"职业教育
国家规划教材

国家职业教育软件技术专业
教学资源库配套教材

SQL Server 2014 数据库及应用

（第6版）

▶ 主编　徐人凤　曾建华

U0881706

质检

高等教育出版社·北京

内容提要

本教材第 5 版曾获首届全国教材建设奖全国优秀教材二等奖。本教材为“十三五”职业教育国家规划教材，也是国家职业教育软件技术专业教学资源库配套教材、国家级精品课程以及国家级精品资源共享课“大型数据库（SQL Server）”的配套教材。本教材对部分内容进行了调整和更新。

本教材面向数据库管理员、数据库应用系统开发人员就业岗位，以“学生选课系统”为具体应用示例，能使读者快速、轻松地掌握 SQL Server 管理与应用，以及基于 SQL Server 数据库应用系统开发的技术。本教材重在使读者掌握使用 T-SQL 语句和 SQL Server Management Studio 创建、管理数据库及数据库对象的方法；掌握在数据库中插入、修改、删除和查询数据的操作方法，以及实施数据完整性、保护数据安全的技术；能够根据需要对数据库进行日常维护与管理，并掌握基于 C/S、B/S 结构的数据库应用系统的开发技术。

本教材配有课程标准、授课计划、授课用 PPT、案例素材、源代码等丰富的数字化学习资源。与本教材配套的数字课程“SQL Server 2014 数据库及应用”已在“智慧职教”平台（www.icve.com.cn）上线，学习者可以登录平台进行在线学习及资源下载，授课教师可以调用本课程构建符合自身教学特色的 SPOC 课程，详见“智慧职教”服务指南。教师也可发邮件至编辑邮箱 1548103297@qq.com 获取相关资源。

本教材可作为高等职业教育电子信息大类专业应用型、技能型人才培养的教学用书，也可作为数据库初学者的入门教材，还可作为数据库系统工程师的培训教材，并适合使用 SQL Server 进行应用开发的人员学习参考。

图书在版编目（C I P）数据

SQL Server 2014 数据库及应用 / 徐人凤，曾建华主编 . --6 版 . -- 北京：高等教育出版社，2022.6
ISBN 978-7-04-057859-1

Ⅰ.① S… Ⅱ.①徐… ②曾… Ⅲ.①关系数据库系统—高等职业教育—教材 Ⅳ.① TP311.132.3

中国版本图书馆 CIP 数据核字（2022）第019365 号

SQL Server 2014 Shujuku ji Yingyong

策划编辑 傅 波　　责任编辑 傅 波　　封面设计 李树龙　　版式设计 马 云
插图绘制 于 博　　责任校对 刘丽娴　　责任印制 赵 振

出版发行	高等教育出版社	网　址	http://www.hep.edu.cn
社　址	北京市西城区德外大街 4 号		http://www.hep.com.cn
邮政编码	100120	网上订购	http://www.hepmall.com.cn
印　刷	高教社（天津）印务有限公司		http://www.hepmall.com
开　本	787mm × 1092mm 1/16		http://www.hepmall.cn
印　张	20.5	版　次	2004 年 1 月第 1 版
字　数	330 千字		2022 年 6 月第 6 版
购书热线	010-58581118	印　次	2022 年 6 月第 1 次印刷
咨询电话	400-810-0598	定　价	49.50 元

本书如有缺页、倒页、脱页等质量问题，请到所购图书销售部门联系调换

物 料 号 57859-00

“智慧职教”服务指南

“智慧职教”是由高等教育出版社建设和运营的职业教育数字教学资源共建共享平台和在线课程教学服务平台，包括职业教育数字化学习中心平台（www.icve.com.cn）、职教云平台（zjy2.icve.com.cn）和云课堂智慧职教 App。用户在以下任一平台注册账号，均可登录并使用各个平台。

- 职业教育数字化学习中心平台（www.icve.com.cn）：为学习者提供本教材配套课程及资源的浏览服务。

登录中心平台，在首页搜索框中搜索“SQL Server 2014 数据库及应用”，找到对应作者主持的课程，加入课程参加学习，即可浏览课程资源。

- 职教云平台（zjy2.icve.com.cn）：帮助任课教师对本教材配套课程进行引用、修改，再发布为个性化课程（SPOC）。

1. 登录职教云平台，在首页单击“申请教材配套课程服务”按钮，在弹出的申请页面填写相关真实信息，申请开通教材配套课程的调用权限。
2. 开通权限后，单击“新增课程”按钮，根据提示设置要构建的个性化课程的基本信息。
3. 进入个性化课程编辑页面，在“课程设计”中“导入”教材配套课程，并根据教学需要进行修改，再发布为个性化课程。

- 云课堂智慧职教 App：帮助任课教师和学生基于新构建的个性化课程开展线上线下混合式、智能化教与学。

1. 在安卓或苹果应用市场，搜索“云课堂智慧职教”App，下载安装。
2. 登录 App，任课教师指导学生加入个性化课程，并利用 App 提供的各类功能，开展课前、课中、课后的教学互动，构建智慧课堂。

“智慧职教”使用帮助及常见问题解答请访问 help.icve.com.cn。

总　序

国家职业教育专业教学资源库建设项目是教育部、财政部为深化高职院校教育教学改革，加强专业与课程建设，推动优质教学资源共建共享，提高人才培养质量而启动的国家级建设项目。2011年，软件技术专业被教育部、财政部确定为高等职业教育专业教学资源库立项建设专业，由常州信息职业技术学院主持建设软件技术专业教学资源库。

按照教育部提出的建设要求，建设项目组聘请了中国科学技术大学陈国良院士担任资源库建设总顾问，确定了常州信息职业技术学院、深圳职业技术学院、青岛职业技术学院、湖南铁道职业技术学院、长春职业技术学院、山东商业职业技术学院、重庆电子工程职业学院、南京工业职业技术学院、威海职业学院、淄博职业学院、北京信息职业技术学院、武汉软件工程职业学院、深圳信息职业技术学院、杭州职业技术学院、淮安信息职业技术学院、无锡商业职业技术学院、陕西工业职业技术学院17所院校和微软（中国）有限公司、国际商用机器（中国）有限公司（IBM）、思科系统（中国）网络技术有限公司、英特尔（中国）有限公司等20余家企业作为联合建设单位，形成了一支学校、企业、行业紧密结合的建设团队。依据软件技术专业“职业情境、项目主导”人才培养规律，按照“学中做、做中学”教学思路，较好地完成了软件技术专业资源库建设任务。

本套教材是“国家职业教育软件技术专业教学资源库”建设项目的重要成果之一，也是资源库课程开发成果和资源整合应用实践的重要载体。教材体例新颖，具有以下鲜明特色。

第一，根据学生就业面向与就业岗位，构建基于软件技术职业岗位任务的课程体系与教材体系。项目组在对软件企业职业岗位调研分析的基础上，对岗位典型工作任务进行归纳与分析，开发了“Java程序设计”“软件开发与项目管理”等14门基于软件企业职业岗位的课程教学资源及配套教材。

第二，立足“教、学、做”一体化特色，设计三位一体的教材。从“教什么，怎么教”“学什么，怎么学”“做什么，怎么做”三个问题出发，每门课程均配套课程标准、学习指南、教学设计、电子课件、微课视频、课程案例、习题试题、经验技巧、常见问题及解答等在内的丰富的教学资源，同时与企业开发了大量的企业真实案例和培训资源包。

第三，有效整合教材内容与教学资源，打造立体化、自主学习式的新形态一体化教材。教材创新采用辅学资源标注，通过图标形象地提示读者本教学内容所配备的资源类型、内容和用途，从而将教材内容和教学资源有机整合，浑然一体。通过对“知识点”提供与之对应的微课视频二维码，让读者以纸质教材为核心，通过互联网尤其是移动互联网，将多媒体的教学资源与纸质教材有机融合，实现“线上线下互动，新旧媒体融合”，成为“互联网+”时代教材功能升级和形式创新的成果。

第四，遵循工作过程系统化课程开发理论，打破“章、节”编写模式，建立了“以项目为导向，用任务进行驱动，融知识学习与技能训练于一体”的教材体系，体现高职教育职业化、实践化特色。

第五，本套教材装帧精美，采用双色印刷，并以新颖的版式设计，突出重点概念与技能，仿真再现软件技术相关资料。通过视觉效果搭建知识技能结构，给人耳目一新的感觉。

本套教材是在第一版基础上，几经修改，既具积累之深厚，又具改革之创新，是全国多所院校和20多家企业的110余名教师、企业工程师的心血与智慧的结晶，也是软件技术专业教学资源库多年建设成果的又一次集中体现。我们相信，随着软件技术专业教学资源库的应用与推广，本套教材将会成为软件技术专业学生、教师、企业员工立体化学习平台中的重要支撑。

国家职业教育软件技术专业教学资源库项目组

第 6 版前言

一、缘起

数据库技术是计算机科学技术的一个重要分支，是信息技术中的重要支撑，是衡量信息化程度的主要标志之一。

数据库的应用领域非常广泛——各行各业实施信息化都需要使用数据库，数据库与人们的学习、工作和生活已密不可分。数据库管理、数据库应用系统开发等方面数据库人才的需求呈增长趋势。SQL Server 在数据库市场占有一定的份额，因此掌握 SQL Server 数据库技术非常必要。

二、结构

通过本书的学习，读者能了解数据库的相关概念，掌握数据库的设计和实施方法，具有在 SQL Server 上创建、管理数据库及其对象以及对 SQL Server 数据库进行日常管理与维护的能力，了解并掌握基于 SQL Server 数据库应用系统开发技术，为后续课程的学习打下基础。

本书以编者曾建华开发的学校“学生选课系统”为应用示例编写。教材结构和内容组织如图 1 所示。

本书由 16 个单元和附录构成。附录中的两个应用开发实例，并不需要读者具备 C# 基础。

每单元设有学习目标、任务陈述、知识学习、任务、单元小结、思考与练习、实训等栏目。其中，学习目标给出本单元的知识目标和技能目标；任务陈述给出本单元在数据库应用系统开发中的作用、数据库管理员或数据库系统开发人员要完成的任务。

三、特点

本书面向 SQL Server 数据库管理员和基于 SQL Server 数据库应用系统的开发人员，重在培养这两个岗位所需要的职业能力和职业素养。

本书内容由浅入深，由实践到理论，再从理论到实践，通过问题牵引将理论与实践密切结合，反映了高等职业教育的特点，也符合初学者的认识和掌握计算机技术的规律。

本书是编者在总结多年大型数据库的使用、教学及数据库应用系统开发经验的基础上编写而成的。既不是简单地解释 SQL Server 数据库系统的功能和命令，也不是单纯地进行理论讲授，而是通过对实际问题的逐步解决介绍 SQL Server 数据库应用技术。

本书使用一个浅显易懂的学生选课数据库作为示例数据库，最后给出 C/S、B/S 应用开发实例。

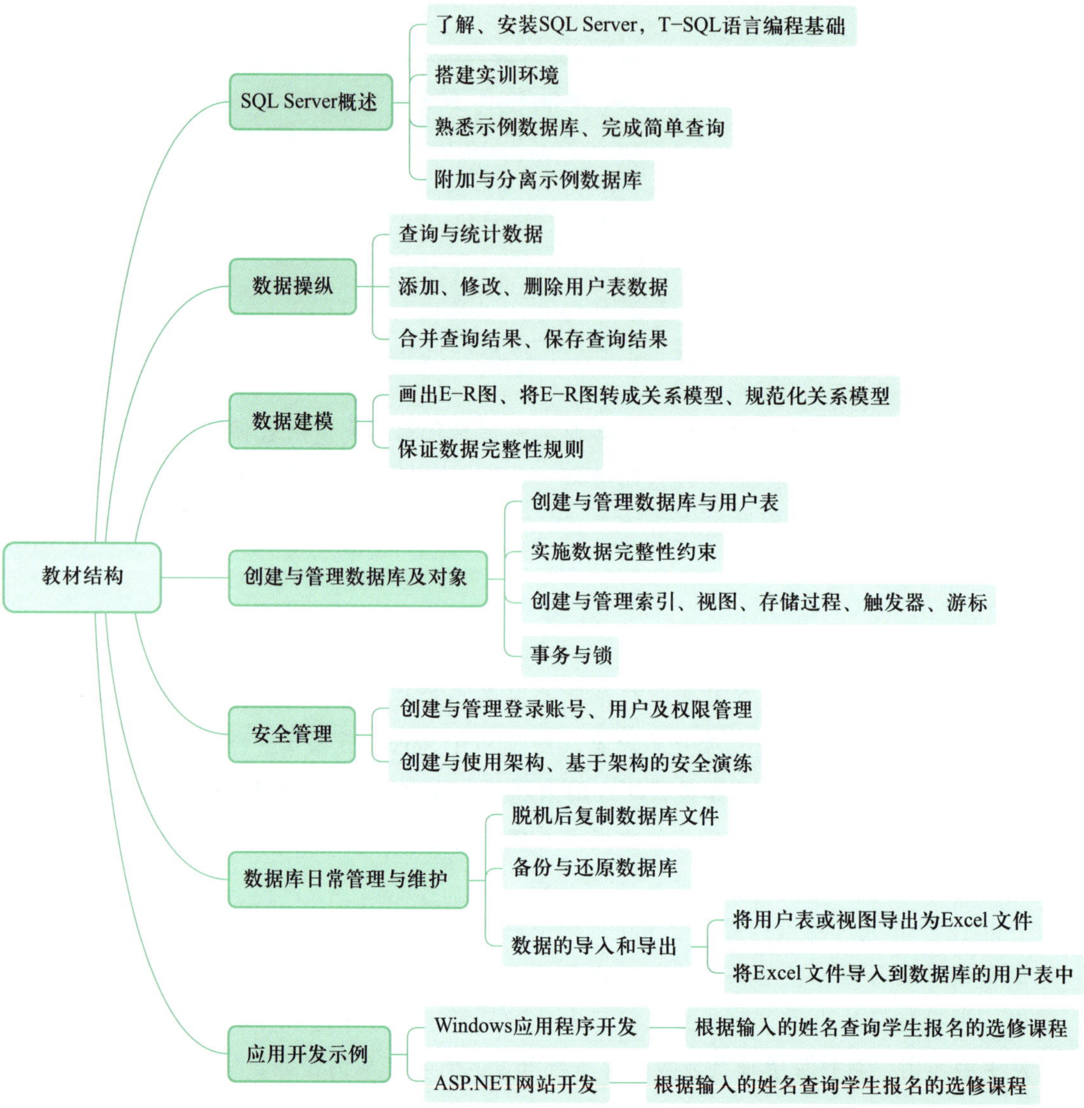

图 1　教材结构和内容组织

本书特点如下。

1. 遵循数据库应用系统工作开发流程

数据库应用系统开发的工作过程和工作任务如图 2 所示。

学生选课系统开发的工作过程和工作任务如图 3 所示。

本书按照数据库应用系统开发的工作过程和工作任务组织内容。

2. 既面向人才招聘需求又以读者为本

① 数据库人才招聘需求明确提出要熟练掌握 SQL 语言，又因数据操纵相对比较独立，考虑到读者应先对数据库有个整体认识，以调动和培养学习兴趣，故本书将查询、添加、修

改、删除数据的内容放在本书的开始单元。

② 教材配套资源可方便读者快速、随机进入学习和训练环境；方便教师和学生自学。

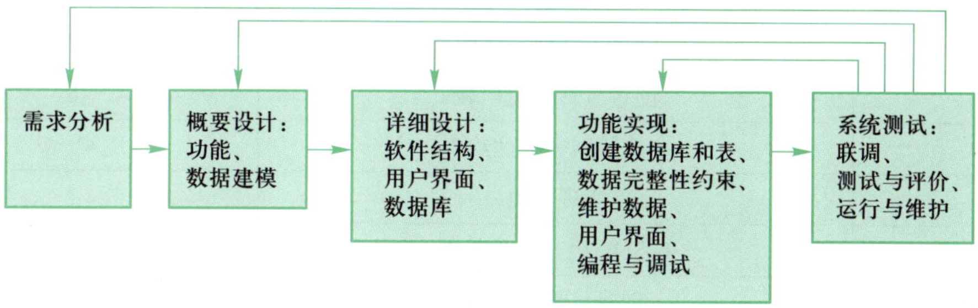

图 2　数据库应用系统开发的工作过程和工作任务

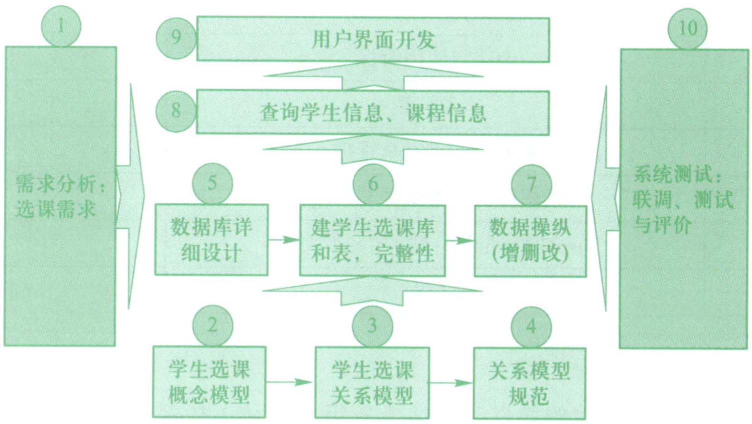

图 3　学生选课系统开发的工作过程和工作任务

3. 课内课后相结合

课内以学生选课数据库为主线，课后独立实践则以进销存数据库贯穿始终，便于读者模仿并巩固所学知识。

四、使用建议

1. 学时建议

学时建议见表 1。

表 1　学 时 建 议

单元序号	单元名称	学时分配
1	SQL Server 系统概述	4
2	查询与统计	8
3	管理用户表数据	6

续表

单元序号	单元名称	学时分配
4	数据库设计	8
5	创建与管理数据库	2
6	创建与管理用户表	2
7	实施数据完整性约束	4～8
8	实现索引	2
9	T-SQL 语言编程基础	4
10	创建与管理视图	2
11	创建与管理存储过程	4
12	创建与管理触发器	4～6
13	创建与使用游标	2～4
14	事务与锁	2
15	SQL Server 安全管理	2
16	数据库的日常维护与管理	4
附录	Visual Studio 2015 应用开发实例	4
	总学时	64～72

2. 教学方法建议

在教学过程中，宏观设计始终以学生选课系统为驱动；在微观的教学单元中，采用“问题牵引，层层递进”的教学方法。首先提出要解决的问题，以激发读者的学习兴趣和求知欲望，然后通过实例解决所提出的问题，解决问题的过程就是学习数据库应用技术的过程。

建议读者认真完成每一单元后面的思考与练习、实训，并独自完成附录的快速开发。

3. 实践教学环境

Windows 7 或 Windows 10、Microsoft SQL Server 2014。

4. 课程考核方式

课程考核应侧重考核应用能力。

可采用形成性考核（40%）和期末总结性考核（60%）相结合方式。其中，形成性考核成绩（40%）= 课堂表现（10%）+ 测验（20%）+ 作业（实训）（10%）。

五、配套教学资源

本书配套资源包括各单元学生选课数据库（含数据）、例题源代码、实训参考答案，还有单元设计、教学课件、实训项目单。读者如有需要，请联系本书编辑邮箱：1548103297@qq.com。

六、致谢

本书第 5 版曾获首届全国教材建设奖全国优秀教材二等奖，还获评“十三五”职业教育国家规划教材。感谢多年来选用本书的学校和各位读者，各位的支持给予编者十六年来随着 SQL Server 软件升级持续更新改版的动力。

感谢高等教育出版社策划与编辑老师。感谢家人的理解、支持和包容。

七、其他

本书由徐人凤和曾建华主编。徐人凤负责全书的整体设计与内容编排；完成单元 1～单元 5、全书配套代码的测试验证，统排全书、把关质量，完成配套教学资源开发。

曾建华为深圳职业技术学院学生选课系统开发者，完成单元 6～单元 16 的编写，设计并完成附录中基于 C/S、B/S 架构的查询功能的快速实现。

由于编者水平有限，书中难免存在疏漏和错误之处，敬请读者批评指正，在此表示诚挚谢意。

编　者

2022 年 4 月

第1版前言

SQL Server 2000是微软公司开发的产品，它是基于客户机/服务器体系结构的多线程、高性能的数据库管理系统。由于它具有对数据集中进行管理，保证数据的安全性和完整性，可以优化系统性能，支持开放性等优点，在各个行业中都得到了广泛的应用。

高等职业技术教育是高等教育的一个重要组成部分，它培养学生成为具有高尚职业道德、具有大学专科或本科理论水平、具有较强实际动手能力、面向生产第一线的应用型高级技术人才。他们的工作不是从事理论研究，也不是从事开发设计，而是把现有的规范、图纸和方案实现为产品，转化为财富。在高职教育的教学过程中，应注重学生职业岗位能力的培养，有针对性地进行职业技能的训练，以及学生解决问题的能力和自学能力的培养及训练。

高等职业技术教育需要与市场对人才的需求相结合。目前，许多行业使用SQL Server数据库技术，因此掌握这门技术是非常必要的。它可以培养学员作为SQL Server系统管理员或者数据库管理员；掌握客户/服务器的数据库应用系统的开发方法。

目前，市面上的SQL Server 2000教材很多属于传统教材或为翻译书。多数传统教材只注重讲解SQL Server 2000本身的功能，而许多翻译书的表述令人难以理解，这些给SQL Server 2000技术的学习带来了难度，因此，高职教育和一些需要快速掌握SQL Server 2000技术的人急需一本带有实例的教材。本书正是这样的一本教材。

本书实例中所使用的数据库是选课数据库，它使我们感到亲切并容易理解。

本书主要由以下6个部分构成。

第1部分概述、数据库基础。该部分由第1~5章组成。该部分主要介绍SQL Server 2000、T-SQL语言的使用以及数据库设计的基础知识，同时介绍创建数据库和事务日志的技术。

第2部分数据库对象及管理。该部分由第6~11章组成。该部分主要介绍表、索引、视图、存储过程、触发器等数据库对象的创建和管理技术。

第3部分游标、事务与锁。该部分由第12、13章组成，主要介绍使用游标按行处理检索得到的结果集，并给出事务与锁的概念。

第4部分系统安全管理与维护。该部分由第14章和第15章组成。第14章主要介绍SQL Server 2000安全管理技术，包括对服务器的注册、用户管理、角色管理以及权限等管理，第15章介绍备份和还原（恢复）数据库，以及将数据库中的数据导入导出的方法。

第5部分应用开发实例。该部分为第16章，介绍在Delphi中使用表、视图和存储过程的方法，并给出了一个基于SQL Server数据库驱动的动态Web开发实例。

第6部分附录。主要给出SQL Server 2000的安装方法、该书的参考文献可供读者需要时查阅。

关于教学方法的建议：

1. 在教学过程中，可采用"问题牵引，实例引入"的方法。首先提出问题，激发学员的求知欲望，然后通过一个实例解决所提出的问题。

2. 学员应认真完成每一章的实训内容。

3. 最后完成一个综合项目，即课程设计，开发一个基于三层模式的客户/服务器体系结构的数据库应用体系。用数据库开发工具（如 Delphi 等）进行客户端软件的开发，SQL Server 2000 作为服务器端软件，可使用软件工程方法描述软件开发文档。

4. 建议授课学时为 64~72 学时。

课程考核方式：

课程考核可采用平时考核、理论考核和课程设计考核的综合方式。比例分别占总评的 40%、30%、30%。每个学员都必须通过这三项考试。

课程考核应以考核学员的职业能力为中心。

本教材由浅入深，由实践到理论，再从理论到实践，通过问题牵引，将理论与实践密切结合，反映了高等职业教育的特点，也反映了初学者认识和掌握计算机技术的规律。该教材可作为高职高专院校教材或其他类学校及自学者参考选用。

本教材是在编者总结多年大型数据库的使用、教学以及数据库应用系统开发经验的基础上编写而成的。它不是简单地解释厂商系统的功能和命令，也不是单纯的理论讲授，而是通过对实际问题的逐步解决来学习 SQL Server 2000 数据库技术的应用。本课程被评为 2005 年国家精品课程。

本书采用一个浅显易懂的选课数据库作为实例数据库，最后给出一个使用 Delphi 和 SQL Server 2000 配合开发的应用实例。

本书由深圳职业技术学院软件工程系徐人凤和曾建华编写。徐人凤负责内容简介、前言、第 1~5 章，曾建华负责第 6~16 章以及附录，最后由徐人凤老师进行统稿。徐守祥对本教材进了审稿工作。

随教材附带的多媒体光盘由本校计算机多媒体技术专业的袁小红老师负责完成。多年来，本校池瑞楠、张立涓、韩枫等任课教师及学生在使用本教材过程中，提出了宝贵的建议和意见，在此我们表示诚挚的谢意。

由于时间仓促，水平有限，书中难免有错漏之处，敬请读者批评指正，在此表示诚挚的谢意。编者 E-mail:xurf@oa.szpt.net。

编　者

2003 年 9 月于深圳职业技术学院

目　录

单元 1

SQL Server 系统概述

学习目标

【知识目标】

- 理解数据库、数据库管理系统、数据库应用系统。
- 初步认识示例数据库 Xk 以及 5 个用户表。
- 初步了解查询窗口和 sqlcmd 实用程序的使用方法。
- 了解 SQL Server 的安装方法。

【技能目标】

- 初步熟悉 SQL Server Management Studio。
- 会附加或分离数据库。
- 会使用查询窗口或 sqlcmd 实现简单查询。
- 会安装或配置 SQL Server。

…计划使用 SQL Server 开发学生选题系统，现在需要在…新增学生选课数据库 Xk，并实现一个简单查询。

…应用场景

…术是计算机科学技术的一个重要分支，是信息技术中的重要支撑，…信息化程度的主要标志之一。

数据库的应用领域非常广泛，各行各业实施信息化工程都需要使用数据库存储、处理数据。数据库与人们的工作、学习和生活已密不可分。将基于数据库应用技术开发的计算机应用系统（如学生选课系统、医院管理系统等）称为数据库应用系统，或简称为数据库系统。

数据库，简单地说，它是存储数据的仓库。它是按照数据结构来组织、存储和管理数据的仓库。

数据库管理系统是管理数据库的系统。数据库管理系统通常被简称为数据库。目前市场上的主流数据库管理系统有 Oracle 数据库、SQL Server 数据库、开源数据库 MySQL 等。

数据库应用的场景非常多，下面给出两个场景。

场景 1 学生选课管理

某高校有 23 000 余名学生，每学期末学生需要在网上申报下学期的选修课，每名学生只可以申报 5 个志愿。学生在网上申报时需要填写要选修的课程及该课的志愿号。学校学生选课系统会根据学生选报的志愿及选修课程的人数限制等随机产生选中学生名单。

学校要求使用 SQL Server 存储学生信息、开设的选修课信息以及学生申报的选修课信息。相关工作人员需要查询学生选课情况、开设的选修课情况和学生被选中等情况，需要保证所存储的学生、课程、学生选课信息的安全性。

该校需要开发一个学生选课管理系统。

场景 2 产品销售管理

某公司需要使用计算机对产品的进销存情况进行管理，需要在计算机中存储客户资料、产品资料、产品进货情况和销售情况等。在工作中需要查询客户信息、产品信息、产品进货情况或销售情况等，并进行一些数据的统计和汇总。

该公司需要开发一个产品进销存管理系统。

【想一想】在日常生活、学习和工作中，还有哪些地方应用到了数据库技术？

知识学习 1

SQL Server 2014 简介

SQL Server 2014 不仅延续了现有数据平台的强大功能，而且全面支持云技术。它提供了一个全面的、灵活的和可扩展的数据仓库管理平台，可以满足成千上万用户的海量数据管理需求，能够快速构建相应的解决方案实现私有云与公有云之间数据的扩展与应用的迁移。

SQL Server 2014 由 4 部分组成，分别是数据库引擎、分析服务、集成服务和报表服务。详细介绍见表 1-1。

表 1-1　SQL Server 2014 的组成

技术	说明
SQL Server 2014 数据库引擎	数据库引擎是 SQL Server 2014 系统的核心服务，负责完成数据的存储、处理和安全管理。包括数据库引擎（用于存储、处理和保护数据的核心服务）、复制、全文搜索以及用于管理关系数据和 XML 数据的工具。例如，创建数据库、创建表、创建视图、数据查询和访问数据库等操作，都是由数据库引擎完成的。 复制：实现数据库之间的数据和数据库对象的复制和分发，在数据库之间进行同步以保持其一致性。 全文搜索：提供对 SQL Server 表中基于纯字符的数据进行全文查询的功能。 通常情况下，使用数据库实际上就是在使用数据库引擎
SQL Server 分析服务（SQL Server Analysis Services）	分析服务的主要作用是通过服务器和客户端技术的组合提供联机分析处理（On-Line Analytical Processing，OLAP）和数据挖掘功能。 通过分析服务，用户可以设计、创建和管理包含来自其他数据源的多维结构，通过对多维数据进行多角度分析，可以使管理人员对业务数据有更全面的理解
SQL Server 集成服务（SQL Server Integration Services，SSIS）	集成服务为企业数据转换和数据集成提供解决方案。负责完成数据的提取、转换和加载等操作。使用数据集成服务可以高效地处理各种各样的数据源，如 SQL Server、Oracle、Excel、XML 文档、文本文件等
SQL Server 报表服务（SQL Server Reporting Services）	基于服务器的新型报表平台用于生成从多种关系数据源和多维数据源提取内容的企业报表，发布能以各种格式查看的报表，以及集中管理安全性和订阅。创建的报表可以通过基于 Web 的连接进行查看，也可以作为 Microsoft Windows 应用程序的一部分进行查看

本书主要讲解 SQL Server 数据库引擎的相关技术。

本书实训（验）环境：Windows 10、Microsoft SQL Server 2014。

任务 1.1 体验 SSMS

SQL Server Management Studio（SSMS）是面向数据库管理员和开发人员的管理工具。使用 SSMS 可以编写和执行程序代码管理数据库及对象、监视系统活动等。同时，它还可帮助数据库管理员完成日常维护和操作任务，提高数据库管理员的工作效率。

启动 SSMS

【问题 1.1】启动 SSMS。

步骤：

① 在 Windows 操作系统下单击“开始”按钮，在弹出的“开始”菜单中选择“所有程序”→“Microsoft SQL Server 2014”→“SQL Server 2014 Management Studio”菜单命令（须以管理员身份启动 SQL Server 2014 Management Studio，后续不再说明）。

② 显示如图 1-1 所示的“连接到服务器”对话框。在“服务器类型”中选择“数据库引擎”，在“服务器名称”中输入或者从下拉列表中选择已安装的数据库引擎。

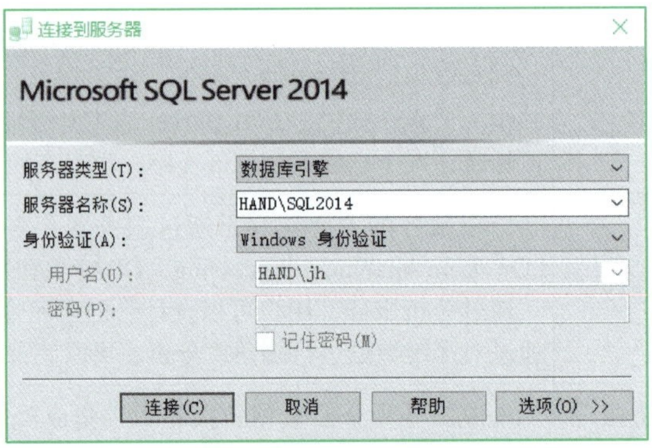

图 1-1 “连接到服务器”对话框

服务器名称的格式之一为“计算机名 \ 实例名”，这里计算机名为 HAND，安装 SQL Server 2014 时，已命名数据库实例名为 SQL2014，所以输入“HAND\SQL2014”，也可以直接输入“.\SQL2014”（“.”表示本机），读者应根据自己的计算机环境输入正确的服务器名称。

SQL Server 的默认实例名为 MSSQLSERVER，此时在服务器名称中输入“.”即可。

【注意】在一台计算机上可以同时安装 SQL Server 的不同版本。考虑到一些读者的计算机上可能已安装有 SQL Server 数据库默认实例，因此本书安装和讲解均以命名实例 SQL2014 为例。

③ 在“身份验证”中选择“Windows 身份验证”，然后单击“连接”按钮。

如果是首次使用 SSMS，则使用系统提供的默认值，单击“连接”按钮即可。

④ 打开 SSMS 窗口，如图 1–2 所示。默认情况下屏幕左窗口为“对象资源管理器”窗口，右窗口为“摘要”窗口。

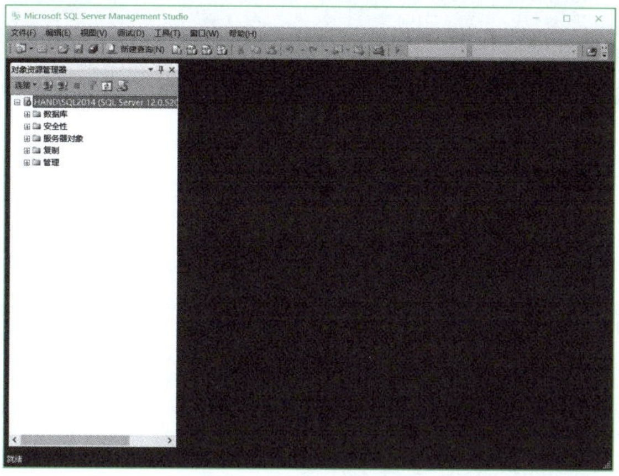

图 1–2　SQL Server Management Studio（SSMS）窗口

熟悉 SSMS 环境

1. 关闭和还原“摘要”窗口

① 单击“摘要”窗口右上角的“关闭”按钮，则关闭“摘要”窗口。

② 选择“视图”→“摘要”菜单命令，则还原“摘要”窗口。

2. 自动隐藏和打开“对象资源管理器”窗口

① 在“对象资源管理器”窗口中，单击如图 1–3 所示的鼠标指针所在位置的图钉按钮（鼠标指针移动到该按钮后会弹出“自动隐藏”的提示），则将“对象资源管理器”最小化到屏幕的左侧位置。

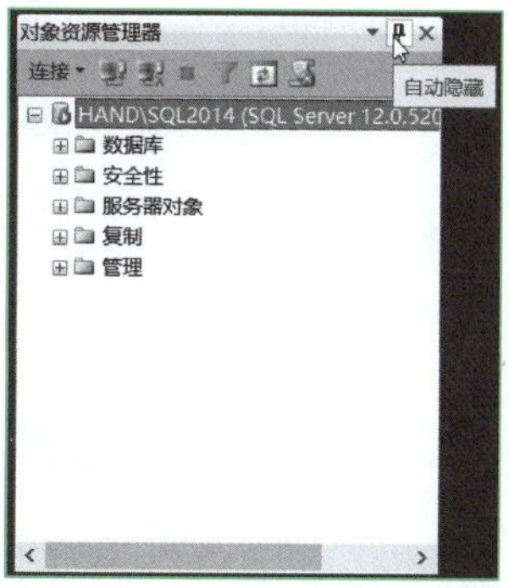

图 1–3　自动隐藏“对象资源管理器”窗口

② 将鼠标指针移动到屏幕最左边的“对象资源管理器”标题栏上，如图 1–4 所示（注意图中鼠标指针的位置），或者选择“视图”→“对象资源管理器”菜单命令，则可

重新打开“对象资源管理器”窗口。再次单击“图钉”按钮，“对象资源管理器”窗口将停留在打开时的位置。

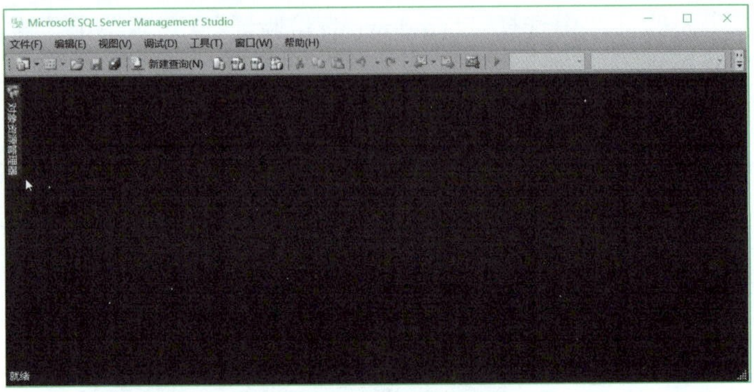

图 1–4　重新打开“对象资源管理器”窗口

3. 重置 SSMS 窗口的布局

如果 SSMS 窗口的布局比较乱，在不是特别熟悉环境的情况下，尤其作为初学者，可按如下步骤进行操作。

① 选择“窗口”→“重置窗口布局”菜单命令，如图 1–5 所示。

② 弹出 SSMS 窗口的还原确认对话框，如图 1–6 所示，单击“是”按钮，则将 SSMS 窗口还原到环境默认布局窗口。

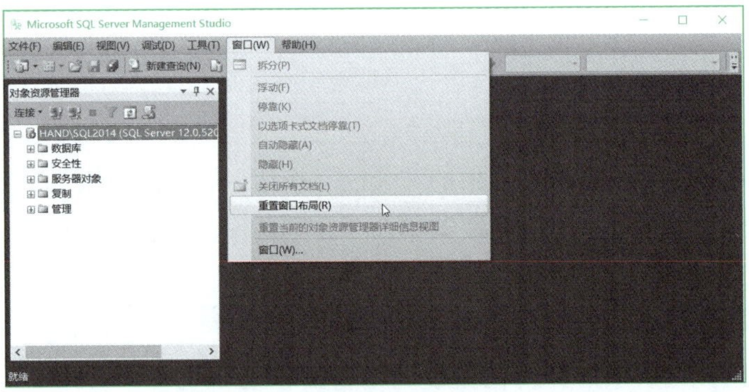

图 1–5　重置“Microsoft SQL Server Management Studio”窗口布局

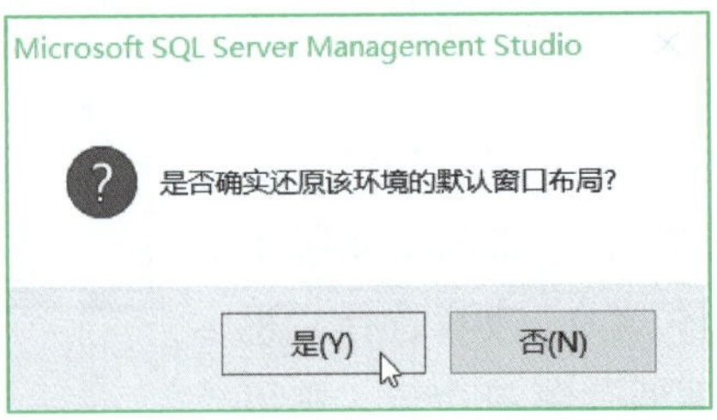

图 1–6　SSMS 窗口还原确认对话框

任务 1.2　搭建实训环境

本书例题中所使用的示例均来自选课数据库 Xk。选课数据库 Xk 包含 5 个用户表，分别是 Department 表（部门表）、Class 表（班级表）、Student 表（学生表）、Course 表（课程表）和 StuCou 表（学生选课表）。

熟悉示例数据库 Xk 用户表

部门表 Department 有 DepartNo（部门编号）和 DepartName（部门名称）2 列。表中数据如图 1-7 所示。

班级表 Class 有 ClassNo（班级编号）、DepartNo（部门编号）、ClassName（班级名称）3 列。表中数据如图 1-8 所示。

DepartNo	DepartName
01	计算机应用工程系
02	建筑工程系
03	旅游系
NULL	NULL

图 1-7　Department 表中数据

ClassNo	DepartNo	ClassName
20000001	01	00电子商务
20000002	01	00多媒体
20000003	01	00数据库
20000004	02	00建筑管理
20000005	02	00建筑电气
20000006	03	00旅游管理
20010001	01	01电子商务
20010002	01	01多媒体
20010003	01	01数据库
20010004	02	01建筑管理
20010005	02	01建筑电气
20010006	03	01旅游管理
20020001	01	02电子商务
20020002	01	02多媒体
20020003	01	02数据库
20020004	02	02建筑管理
20020005	02	02建筑电气
20020006	03	02旅游管理
NULL	NULL	NULL

图 1-8　Class 表中数据

学生表 Student 有 StuNo（学号）、ClassNo（班级编号）、StuName（姓名）、Pwd（选课密码）4 列。表中数据如图 1-9 所示。

课程表 Course 有 CouNo（课程编号）、CouName（课程名称）、Kind（课程类别）、Credit（学分）、Teacher（教师）、DepartNo（部门编号）、SchoolTime（上课时间）、LimitNum（限选人数）、WillNum（报名人数）、ChooseNum（选中人数）10 列。表中数据如图 1-10 所示。

StuNo	ClassNo	StuName	Pwd
00000001	20000001	林斌	47FE680E
00000002	20000001	彭少帆	A946EF8C
00000003	20000001	曾敏馨	777B2DE7
00000004	20000001	张晶晶	EDE4293B
00000005	20000001	曹业成	A08E56C4
00000006	20000001	甘蕾	3178C441
00000007	20000001	凌晓文	B7E6F4BE
00000008	20000001	梁亮	BFDEB84F
00000009	20000001	陈燕珊	A4A0BDFF
00000010	20000001	韩霞	4033A878
00000011	20000002	朱川	19C5653D
00000012	20000002	杜晓静	117A709E
00000013	20000002	黄元科	C6C1E2B7
00000014	20000002	罗飞	6808A559
00000015	20000002	李林	E65AF58A
00000016	20000002	赖梅	767591C7
00000017	20000002	麦嘉	B7E43E7C
00000018	20000002	李月	3B6EC650
00000019	20000002	陈艳婷	22018D60

图 1–9　Student 表中数据

CouNo	CouName	Kind	Credit	Teacher	DepartNo	SchoolTi...	LimitNum	WillNum	ChooseNum
001	SQL Server实用技术	信息技术	3.0	徐人凤	01	周二5-6节	20	43	0
002	JAVA技术的开发应用	信息技术	2.0	程伟彬	01	周二5-6节	10	34	0
003	网络信息检索原理与...	信息技术	2.0	李涛	01	周二晚	10	30	0
004	Linux操作系统	信息技术	2.0	郑星	01	周二5-6节	10	33	0
005	Premiere6.0影视制作	信息技术	2.0	李韵婷	01	周二5-6节	20	27	0
006	Director动画电影设...	信息技术	2.0	陈子仪	01	周二5-6节	10	27	0
007	Delphi初级程序员	信息技术	2.0	李兰	01	周二5-6节	10	27	0
008	ASP.NET应用	信息技术	2.5	曾建华	01	周二5-6节	10	45	0
009	水资源利用管理与保护	工程技术	2.0	叶艳茵	02	周二晚	10	31	0
010	中级电工理论	工程技术	3.0	范敏丽	02	周二5-6节	5	24	0
011	中外建筑欣赏	人文	2.0	林泉	02	周二5-6节	20	27	0
012	智能建筑	工程技术	2.0	王娜	02	周二5-6节	10	21	0
013	房地产漫谈	人文	2.0	黄强	02	周二5-6节	10	36	0
014	科技与探索	人文	1.5	顾苑玲	02	周二5-6节	10	24	0
015	民俗风情旅游	管理	2.0	杨国润	03	周二5-6节	20	33	0
016	旅行社经营管理	管理	2.0	黄文昌	03	周二5-6节	20	36	0
017	世界旅游	人文	2.0	盛德文	03	周二5-6节	10	27	0
018	中餐菜肴制作	人文	2.0	卢萍	03	周二5-6节	5	66	0
019	电子出版概论	工程技术	2.0	李力	03	周二5-6节	10	0	0
NULL	NULL	NULL	NULL	NULL	NULL	NULL	NULL	NULL	NULL

图 1–10　Course 表中数据

学生选课表 StuCou 有 StuNo（学号）、CouNo（课程编号）、WillOrder（志愿号）、State（选课状态：报名或选中）、RandomNum（随机数）5 列。表中数据如图 1–11 所示。

Xk 数据库用户表间的联系

各用户表之间的关系如图 1–12 所示，从该图中可以看到以下内容：

班级表 Class 和部门表 Department 之间通过 DepartNo（部门编号）进行连接，表示班级的部门编号来源于部门表。

课程表 Course 和部门表 Department 之间通过 DepartNo（部门编号）进行连接，表示课程的部门编号来源于部门表。

StuNo	CouNo	WillOrder	State	RandomNum
00000001	001	1	报名	NULL
00000001	002	4	报名	NULL
00000001	003	3	报名	NULL
00000001	017	5	报名	NULL
00000001	018	2	报名	NULL
00000002	001	1	报名	NULL
00000002	004	4	报名	NULL
00000002	008	3	报名	NULL
00000002	018	2	报名	NULL
00000003	002	2	报名	NULL
00000003	003	3	报名	NULL
00000003	009	1	报名	NULL
00000004	005	2	报名	NULL
00000004	013	3	报名	NULL
00000004	018	1	报名	NULL

图 1-11　StuCou 表中数据

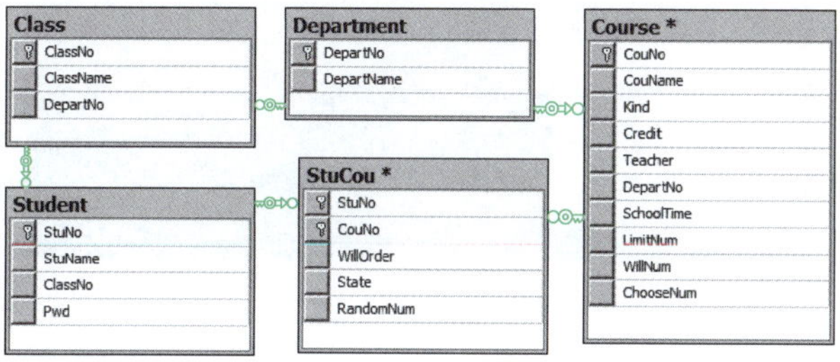

图 1-12　用户表之间的关系

学生表 Student 与班级表 Class 之间通过 ClassNo（班级编号）进行连接，表示学生的班级编号来源于班级表。

学生选课表 StuCou 与学生表 Student 通过 StuNo（学号）进行连接，学生选课表 StuCou 与课程表 Course 通过 CouNo（课程编号）进行连接，分别表示学生选课中的学号来源于学生表，课程编号来源于课程表。

新增 Xk 数据库

本书附带资源中示例数据库 Xk 的使用方法如下。

（1）删除已有 Xk 数据库

如果 SQL Server 上存在 Xk 数据库，需要先删除它，具体操作步骤如下：

① 在“对象资源管理器”窗口中，展开数据库。

② 选中 Xk 数据库并右击，在弹出的快捷菜单中选择“删除”命令。

③ 单击“确定”按钮完成操作。

④ 在本书附带资源的各单元目录下，都有 Xk.mdf 和 Xk_log.ldf 两个文件，Xk.mdf 为数据文件，Xk_log.ldf 为事务日志文件。将这两个文件复制到自己的文件目录下（如 D:\）。注意该文件目录的属性，应为由计算机系统管理员"完全控制"。

（2）新增 Xk 数据库

在 SQL Server 中附加 Xk 数据库的操作步骤如下：

① 启动 SSMS，并连接到数据库引擎（如 SQL2014）。

② 在"对象资源管理器"窗口中，右击"数据库"，在弹出的快捷菜单中选择"附加"命令，如图 1-13 所示。

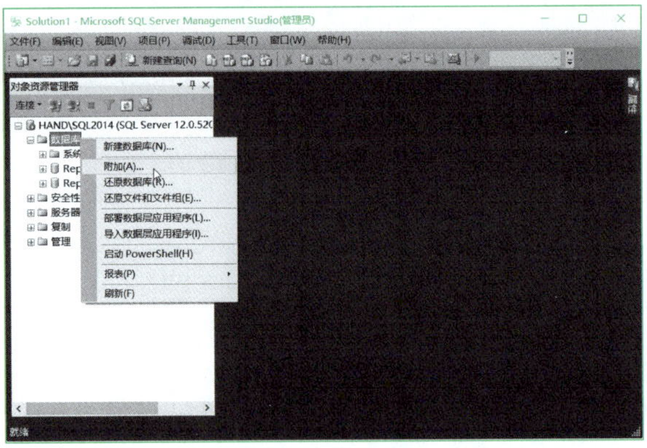

图 1-13 选择"附加"命令

③ 在弹出的如图 1-14 所示的"附加数据库"窗口中单击"添加"按钮。

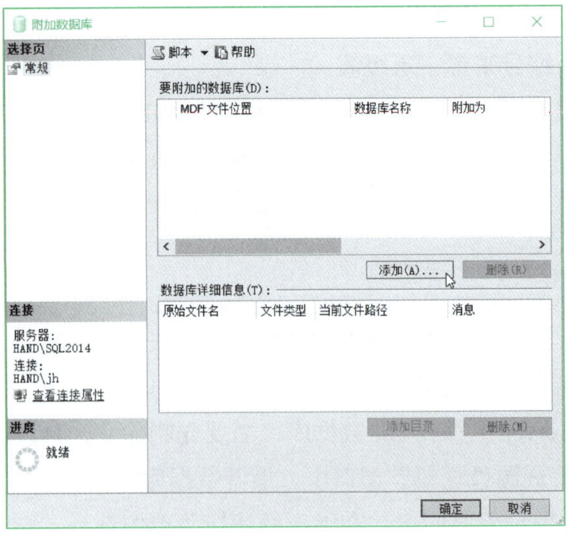

图 1-14 "附加数据库"窗口

④ 在打开的“定位数据库文件”窗口中找到 Xk.mdf 文件所在的目录，选中要附加的数据文件 Xk.mdf，单击“确定”按钮，如图 1–15 所示。

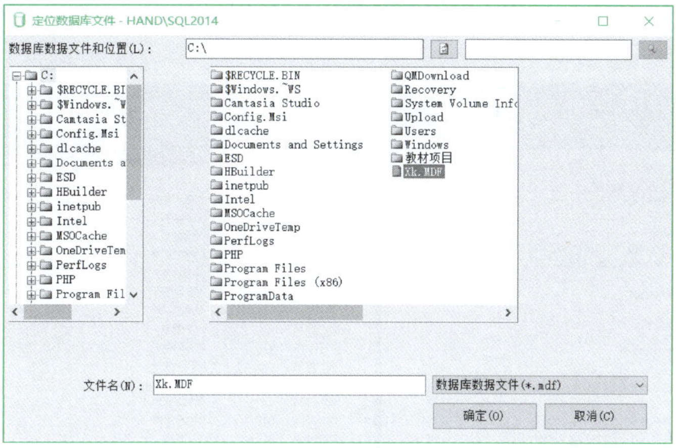

图 1–15　选择要附加的数据文件 Xk.mdf

⑤ 在“附加数据库”窗口中，单击“确定”按钮，如图 1–16 所示，完成新增 Xk 数据库的操作（可以看到信息提示“如果您已经添加了所有必需的全文目录，请单击‘确定’按钮。若要添加更多目录，请单击‘取消’按钮”，单击“确定”按钮即可）。

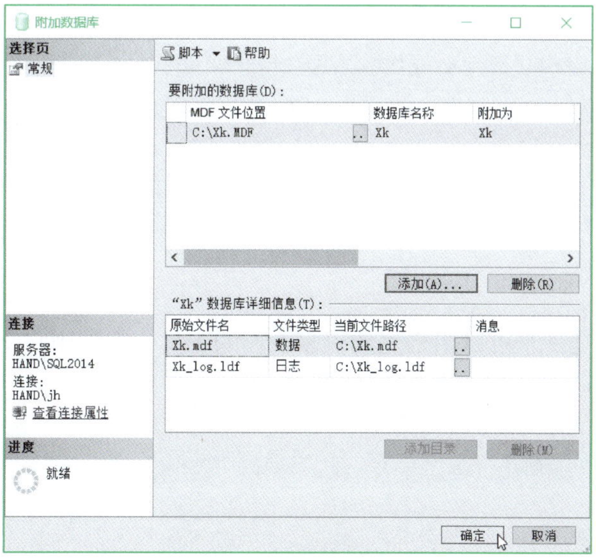

图 1–16　完成附加数据库

⑥ 检查新增 Xk 是否成功，查看表及表中数据，这里查看 Class 表的数据。在“对象资源管理器”窗口中展开“数据库”选项，看到有 Xk 数据库。

进一步展开“Xk”选项，再展开“表”选项，看到 Xk 数据库有 5 个用户表。右击“dbo.Class”选项，在弹出的快捷菜单中选择“编辑前 200 行”命令，如图 1–17 所示，显示 Xk 数据库 Class 表中的数据行。

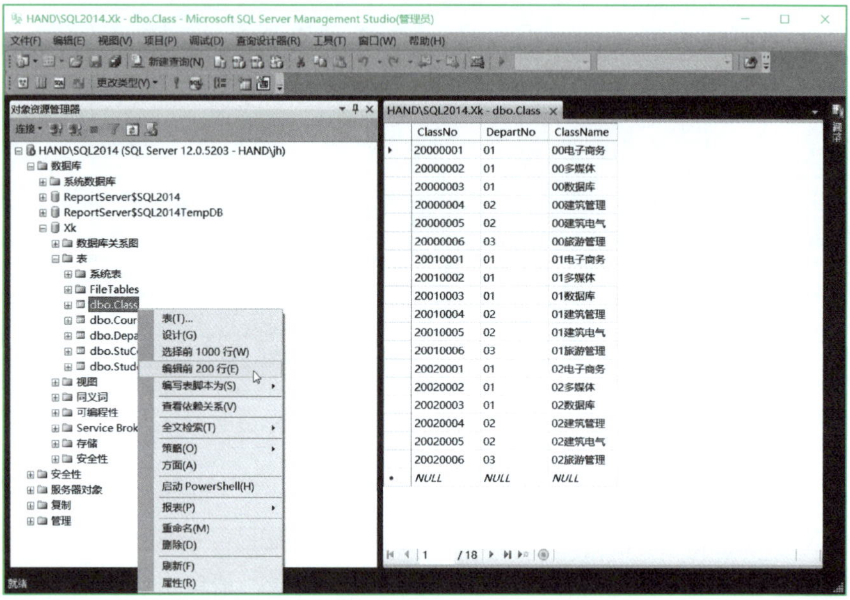

图 1–17　显示 Xk 数据库 Class 表的数据

【注意】附加数据库时如果找不到日志文件，仍可正常附加数据库。此时，选中找不到的日志文件行，单击“附加数据库”窗口右下角的“删除”按钮，删除该日志文件，再单击“确定”按钮即可，系统会自动创建一个新的日志文件。

任务 1.3　实现一个简单查询

使用查询窗口

查询窗口是一个可以用来完成很多工作的工具，常常用它交互地输入和执行各种 SQL 语句。

【问题 1.2】查询班级表 Class 的所有数据。

具体步骤如下：

① 在“对象资源管理器”窗口中展开“数据库”选项，右击“Xk”选项，选择“新建查询”命令，如图 1–18 所示。

② 注意工具栏上鼠标指针所在位置的数据库名为 Xk，如图 1–19 所示，

表明 Xk 为当前正在使用的数据库。

③ 如图 1–20 所示，右窗格为查询窗口。在查询窗口中输入一条 SQL 语句：

```
SELECT *                      /* 星号表示显示班级表的所有列 */
FROM Class                    /* 要显示的信息来自 Class 表 */
GO
```

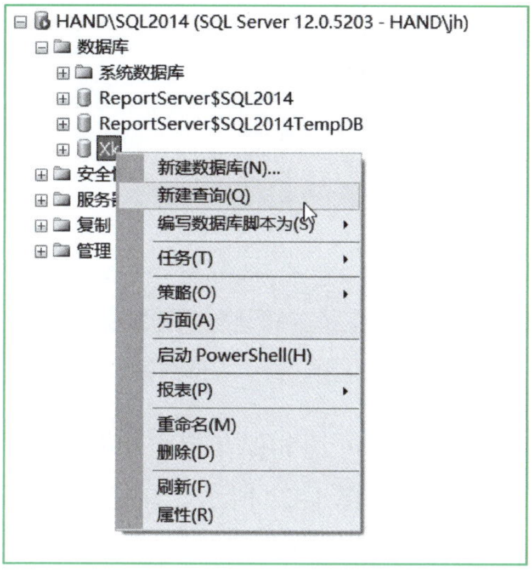

图 1–18　新建查询

图 1–19　在工具栏中选择 Xk 为当前要使用的数据库

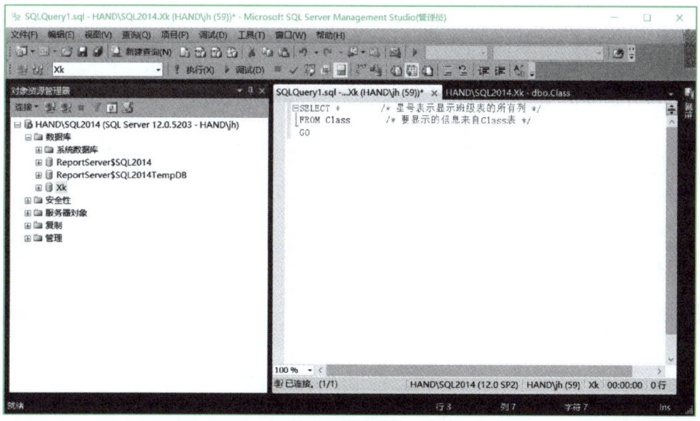

图 1–20　在查询窗口输入 SQL 语句

④ 单击工具栏中的✓按钮，可分析查询窗口中的 SQL 语句的语法是否正确。

⑤ 执行 SQL 语句进行查询。按 F5 键或单击工具栏中的 ! 执行(X) 按钮，在窗口的右下方显示查询结果，如图 1–21 所示。

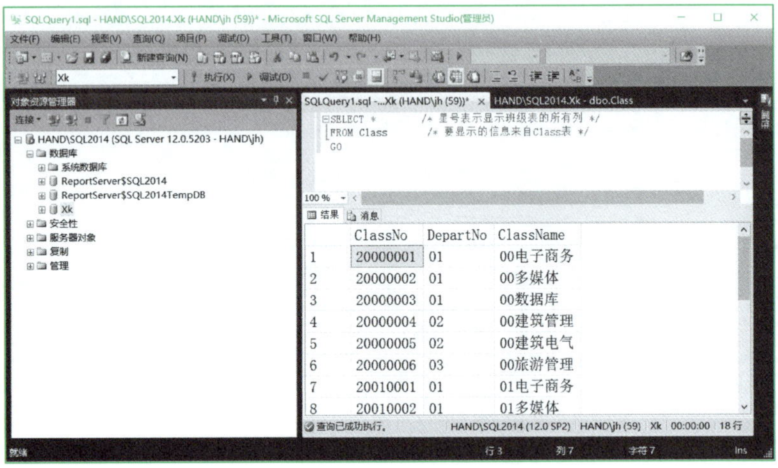

图 1–21 显示查询结果

⑥ 可将查询窗口输入的 SQL 语句保存到文件中。选择“文件”→“保存 SQLQueryX.sql”菜单命令。如图 1–22 所示，在指定的目录下将 SQL 语句保存到名为 SelectCourse 的 SQL 文件中。

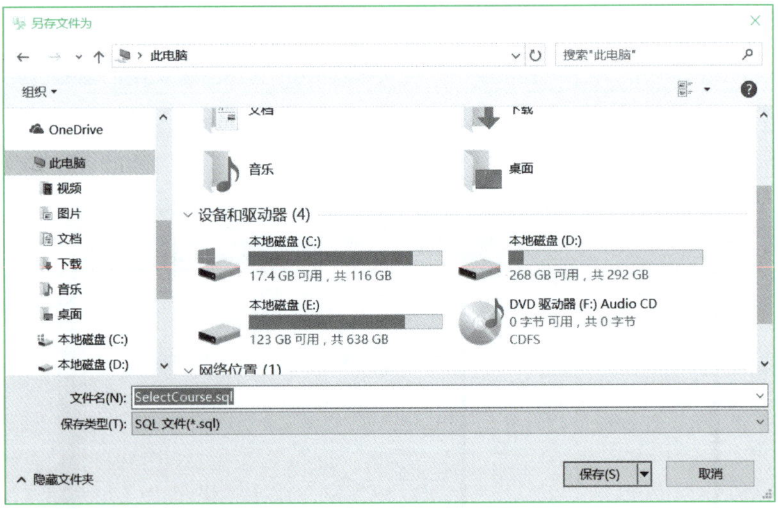

图 1–22 保存 SQL 语句到文件中

本书示例均使用 Xk 数据库，在后续单元中使用查询窗口时如果不进行特别说明，均采用上述方法打开 Xk 数据库的查询窗口。

读者也可以单击工具栏中的“新建查询”按钮新建一个查询窗口，但要注意，工具栏上当前要使用的数据库应为 Xk 数据库。

后续将在学习的过程中逐步认识其他菜单、工具栏按钮和选项。

使用 sqlcmd 实用程序

在 DOS 方式下可以使用 sqlcmd 实用程序编写、执行 SQL 语句。

【注意】sqlcmd 实用程序区分字母的大小写。

在使用 sqlcmd 实用程序时，选项行提示符以相继标有连续数字的形式出现（第 1 个 SQL 语句的数字为 1），直到输入 GO（执行）为止，才开始执行所输入的 SQL 语句。

【问题 1.3】在选课数据库 Xk 中，查询所有姓“张”同学的基本信息。

使用 sqlcmd 实现该查询的步骤如下：

① 单击“开始”按钮，在弹出的“开始”菜单中选择“运行”命令，在打开的对话框中输入“cmd”，单击“确定”按钮，或选择“所有程序”→“附件”→“命令提示符”菜单命令，显示 DOS 命令行提示符。

② 如果 Xk 数据库在 SQL Server 默认实例上，则在 DOS 提示符下输入：

```
C:\>sqlcmd -Usa
```

如果 Xk 数据库在 SQL2014（安装时由自己命名）实例上，则当计算机主机名为 HAND 时，在 DOS 提示符下输入以下命令，如图 1–23 所示。

```
C:\>sqlcmd -Usa  -SHAND\SQL2014
```

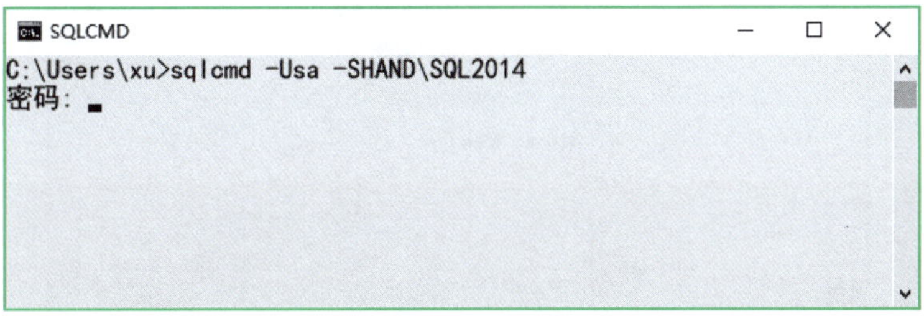

图 1–23　运行 sqlcmd 实用程序

说明：必须输入“–U”（注意“–”不是下画线，字母 U 必须为大写字母，它是 User 的首字母）。紧随字母 U 的是在 SQL Server 中已注册的登录账号。此时使用的登录账号为 sa（SQL Server 系统管理员）。字母 U 与 sa 之间不能有空格。

–S 中的字母 S 必须要大写，S 是 Server 的首字母，紧随字母 S 的是计算

机主机名 \ 命名实例名。

此时等待输入 sa 登录 SQL Server 的密码。为保密起见，系统并不在屏幕上显示输入的密码（没有任何显示，包括 * 号），输入结束后按 Enter 键。无密码时，可直接按 Enter 键。

如果输入的密码出错，系统会显示如图 1–24 所示的错误信息。

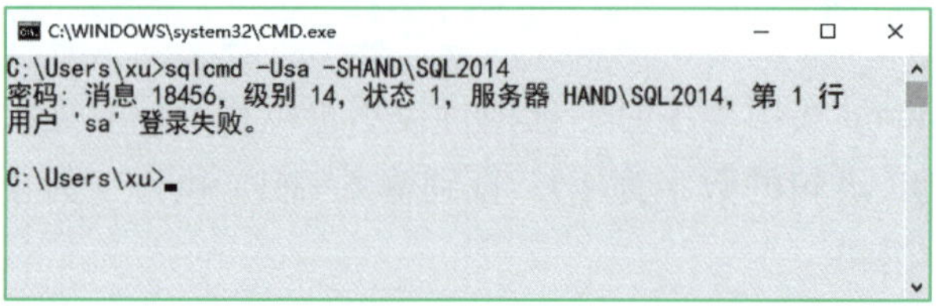

图 1–24 登录密码输入错误时的显示信息

如果不知道 sa 的登录密码，可通过如下操作重新设置。

在“对象资源管理器”窗口中展开数据库实例中的“安全性”选项，再展开“登录名”选项，右击“sa”，选择“属性”命令，打开“登录属性 –sa”窗口，在“密码”文本框和“确认密码”文本框中输入相同的 sa 密码，建议密码由 6 位以上的字母和数字混合组成。取消选中“强制实施密码策略”“强制密码过期”复选框，如图 1–25 所示。

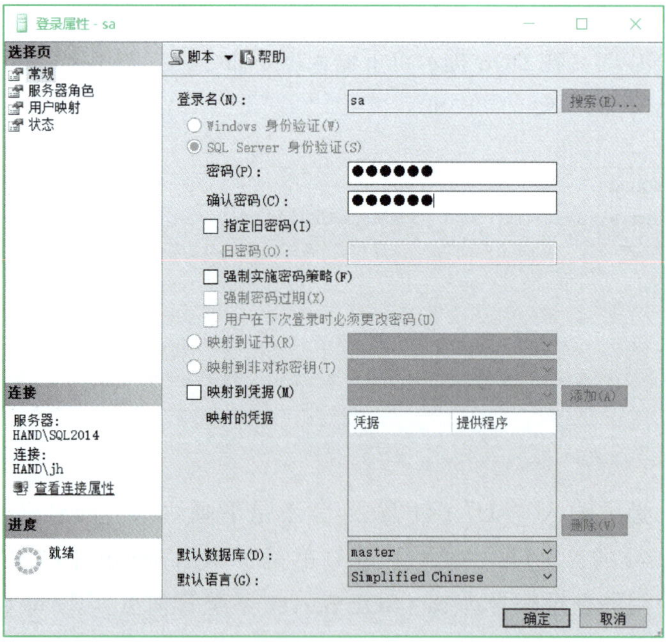

图 1–25 “登录属性 –sa”窗口中的“常规”页

单击“登录属性 –sa”窗口左上角窗口中的“状态”选项，选中右侧窗口中“登录”选项组中的“已启用”单选按钮，然后单击“确定”按钮，如图 1–26 所示。

在 DOS 窗口中输入正确的密码后，显示“1>”表示登录成功，如图 1–27 所示。

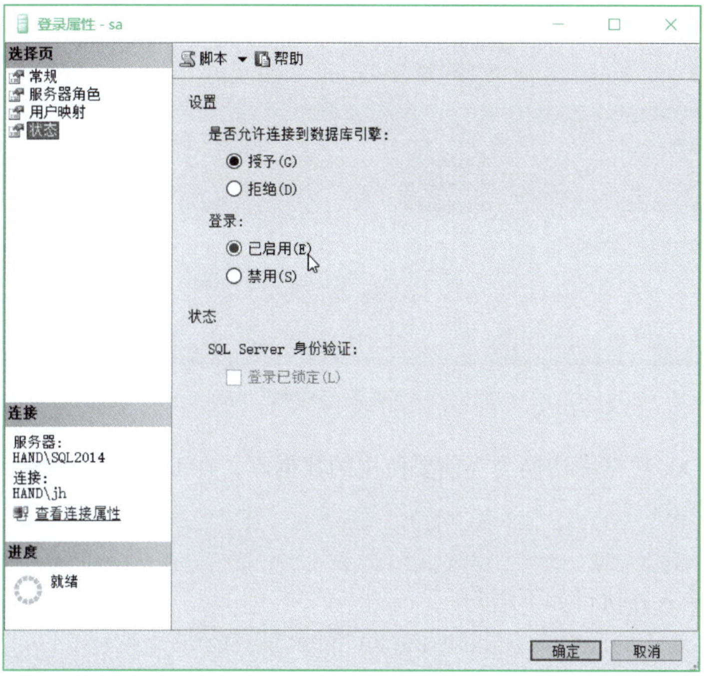

图 1–26　“登录属性 –sa”窗口中的“状态”页

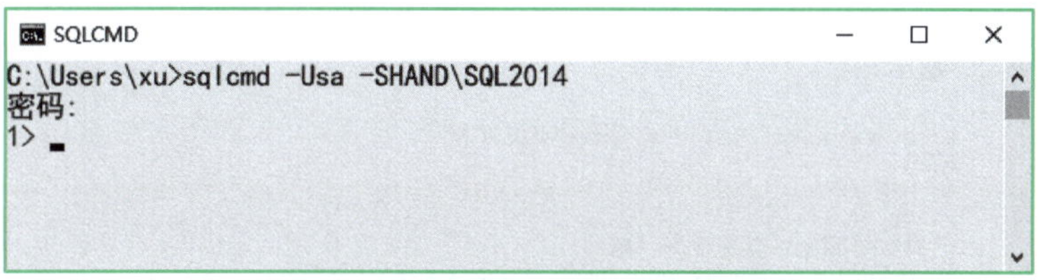

图 1–27　输入密码成功后的界面

如果在输入正确的密码后仍然显示错误信息，则在“对象资源管理器”窗口中右击“.\SQL2014 (SQL Server 12.0.5203- HAND\jh)”，在弹出的快捷菜单中选择“属性”命令，打开“服务器属性”窗口，选择“安全性”选项，在右侧窗口的“服务器身份验证”选项组中选中“SQL Server 和 Windows 身份验证模式”单选按钮，如图 1–28 所示，然后单击“确定”按钮，关闭“服务器属性”窗口。

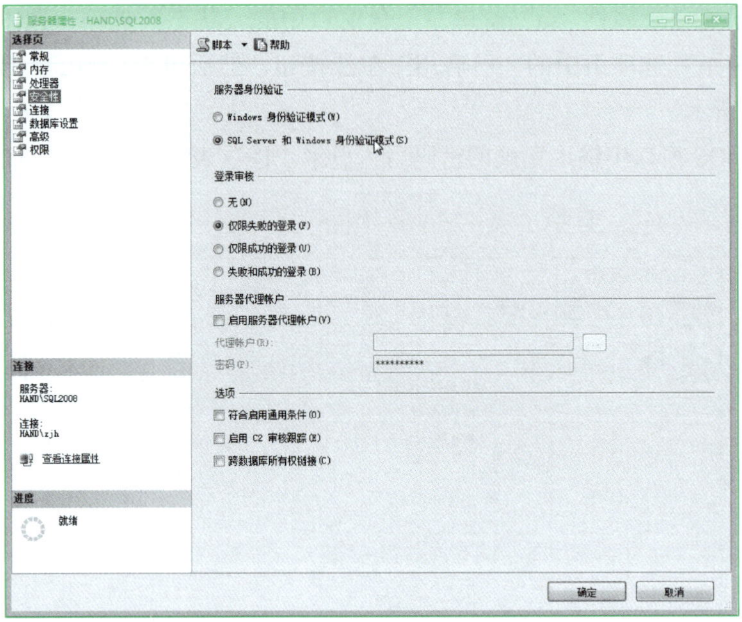

图 1-28　“服务器属性”窗口

③ 将 Xk 数据库切换为当前要使用的数据库，在 DOS 窗口中输入语句：

```
1>USE Xk
2>GO
```

然后输入并执行如下语句：

```
1>SELECT * FROM Student WHERE StuName LIKE '张%'
2>GO
```

查询结果如图 1-29 所示。

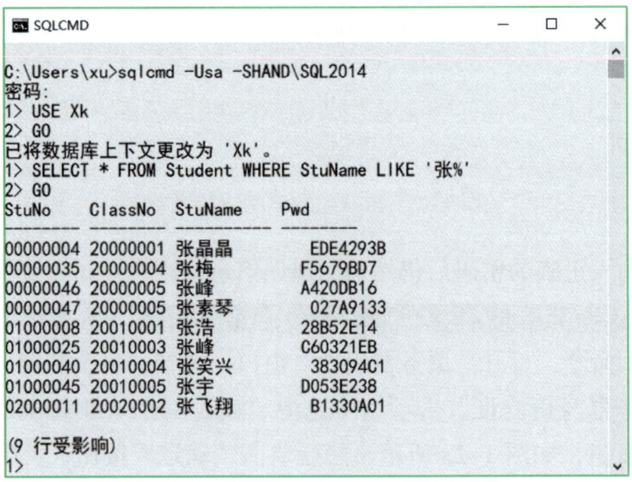

图 1-29　查询结果

④ 在 DOS 窗口中输入“EXIT”或“QUIT”，按 Enter 键即可退出 sqlcmd 实用程序。

sqlcmd 实用程序语法及其他参数说明如下：

```
sqlcmd {{-Ulogin_id [-Ppassword]}|-E}
[-Sserver_name[\instance_name]] [-ddb_name]
[-Q"query"][-q"query"][-hheaders]
```

sqlcmd 实用程序的参数区分字母大小写。选项参数与参数值之间不允许有空格。

-Ppassword：必须输入“-P”，password 是登录 SQL Server 的密码，输入的密码会直接显示在屏幕上。为密码安全考虑，可不使用 -P 参数。

-ddb_name：必须输入“-d”，db_name 为要使用的数据库名字。

-Q"Cmdline query"：必须输入“-Q”，Cmdline query 为要执行的查询语句，需要用双引号括起来，查询语句内需要使用引号时要使用单引号。执行查询后立即退出 sqlcmd。

-hheaders：必须输入“-h”，headers 指定在列标题之间显示的数据行数。默认情况每一个查询结果只显示一次标题。

GO：执行两个 GO 之间的所有 SQL 语句。

【问题 1.4】使用 -Q 参数查询所有姓“张”同学的信息。

在 DOS 命令提示符下，输入如下命令：

```
C:\>sqlcmd -Usa -SHAND\SQL2014 -dXk -Q "SELECT * FROM student
WHERE StuName LIKE '张%'"
```

输入 sa 正确的登录密码后，系统显示查询结果后立即退出 sqlcmd 实用程序返回到 DOS 状态下，如图 1-30 所示。

【问题 1.5】使用 -h 参数查询所有姓“张”的同学的信息，要求在标题之间只显示 3 行数据。

在 DOS 命令提示符下，输入如下命令：

```
C:\>sqlcmd -Usa -SHAND\SQL2014 -dXk -Q "SELECT * FROM student
WHERE StuName LIKE '张%'"  -h3
```

输入 sa 正确的登录密码后，执行结果如图 1-31 所示，每隔 3 行增加了列标题。

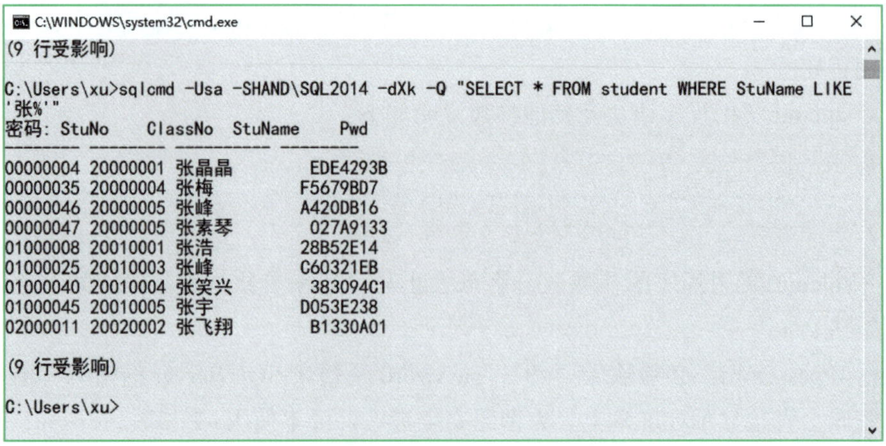

图 1-30　在 sqlcmd 实用程序中使用 -Q 参数进行查询

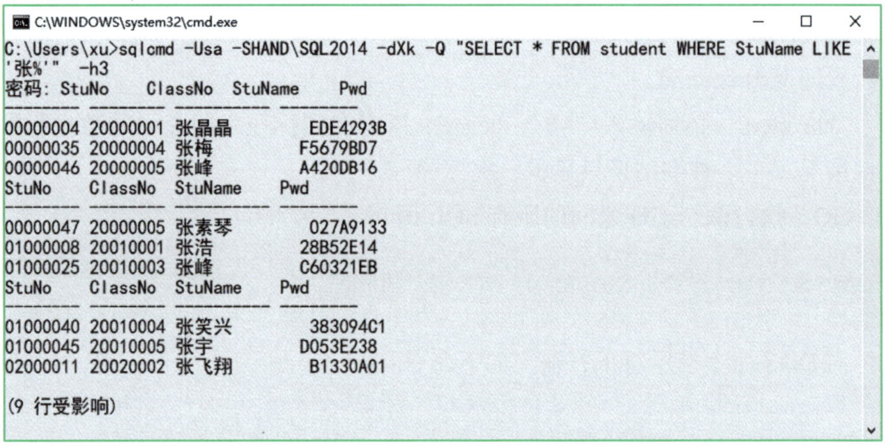

图 1-31　在 sqlcmd 实用程序中使用 -h 参数

任务 1.4　分离 Xk 数据库

数据库的数据更新后，需要及时备份数据库，此时可采用分离数据库的办法。分离 Xk 数据库可将 Xk 从 SQL Server 实例中删除，并将 Xk.mdf 数据文件和 Xk_log.ldf 事务日志文件保存在磁盘上。读者可将这些文件多保存几份，在需要时可附加到任何计算机的任何 SQL Server 实例上。

【问题 1.6】分离 Xk 数据库。

在分离数据库前需先查看 Xk.mdf 和 Xk_log.ldf 在磁盘中的位置，在“对象资源管理器”窗口中展开“数据库”选项，右击“Xk”选项，在弹出的快捷菜单中选择“属性”命令。然后在左上方的“选择页”列表框中选择“文件”选项，可看到文件保存在 C:\ 中，如图 1–32 所示。

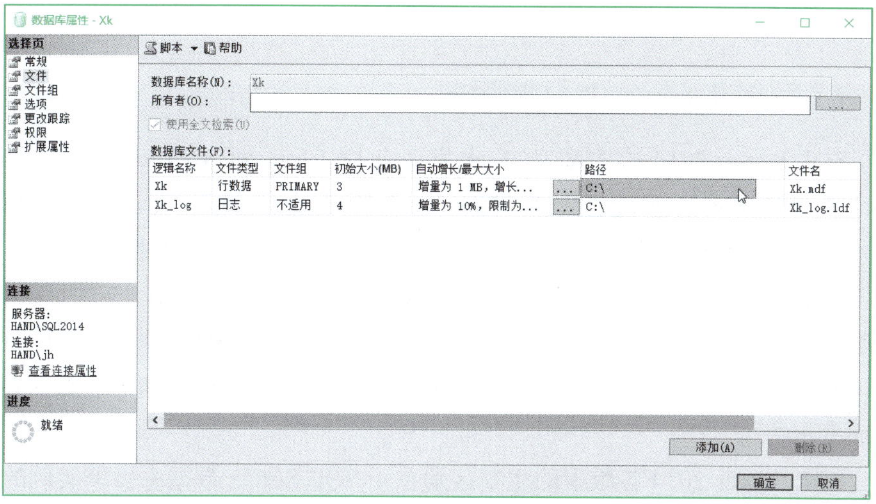

图 1–32 查看数据库文件路径

分离 Xk 数据库的具体操作步骤如下：

① 确保已关闭任何查询窗口，在“对象资源管理器”窗口中展开“数据库”选项，右击“Xk”选项，在弹出的快捷菜单中选择“任务”→“分离”菜单命令，如图 1–33 所示。

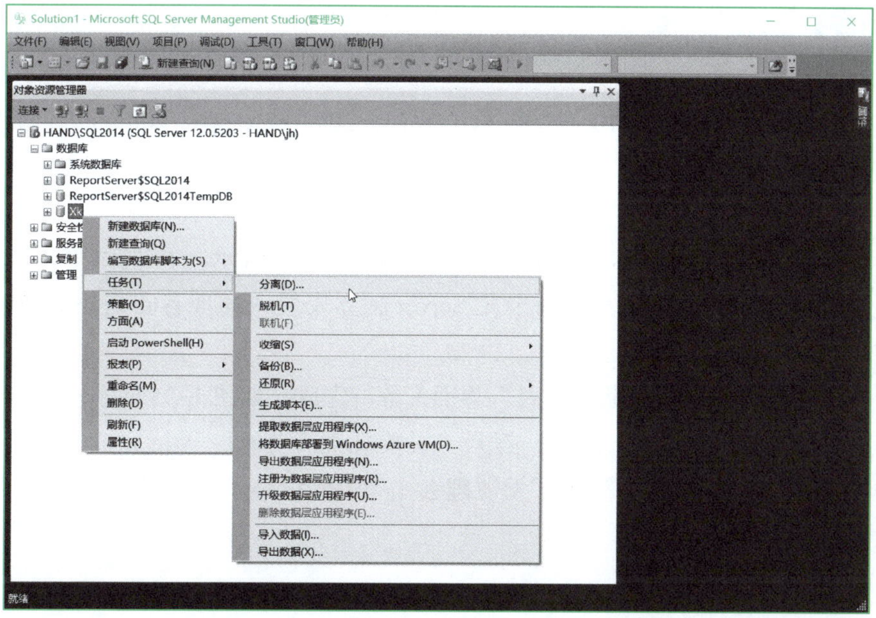

图 1–33 选择分离数据库选项

② 单击“确定”按钮，完成 Xk 数据库的分离。

知识学习 2

SQL Server 2014 的版本

SQL Server 2014 的主要版本分为企业版（Enterprise Edition）、标准版（Standard Edition）、商业智能版（Business Intelligence Edition）、Web 版和精简版（Express Edition）5 种。每一个版本都分为 64 位和 32 位两种类型。

SQL Server 2014 Express 版是 SQL Server 的一个免费版本，它拥有核心的数据库功能，其中包括了 SQL Server 2014 中最新的数据类型，但它是 SQL Server 的一个微型版本。这一版本是为了学习、创建桌面应用和小型服务器应用而发布的。

SQL Server 2014 各版本的主要区别在于 SQL Server 数据库引擎实例的大小、最大关系数据库大小等，对于初学者而言，Express 免费版就能满足各功能的学习要求了。

本书以企业版为例进行讲解，本书绝大部分内容可在 SQL Server 2014 Express 平台上学习。读者可以从微软公司网站免费下载 SQL Server 2014 Express 版。

任务 1.5 安装 SQL Server

下面以在 Windows 10 下安装 SQL Server 2014 Enterprise Edition 为例介绍 SQL Server 2014 的安装。

【安装步骤】

① 运行安装程序 setup.exe，运行后如图 1–34 所示，在左侧单击“安装”超链接，然后单击“全新 SQL Server 独立安装或向现有安装添加功能”按钮。

② 打开“安装安装程序文件”界面，等待完成，如图 1–35 所示。

③ 单击“下一步”按钮，打开“安装规则”界面，等待完成（如果出现“Windows 防火墙”警告可无须理会），如图 1–36 所示，单击“下一步”按钮。

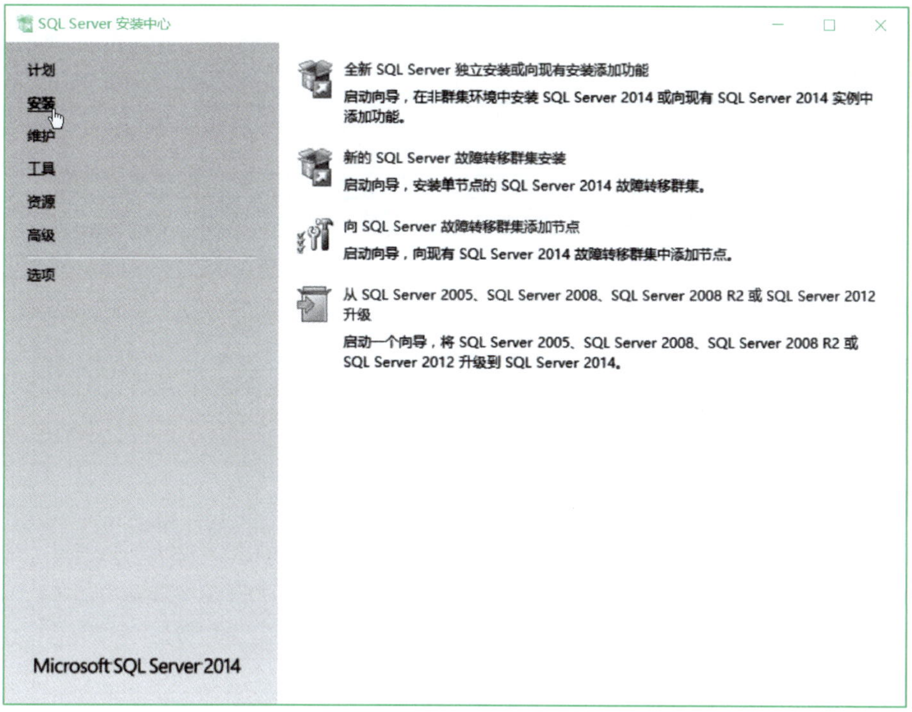

图 1–34　全新 SQL Server 独立安装或向现有安装添加功能

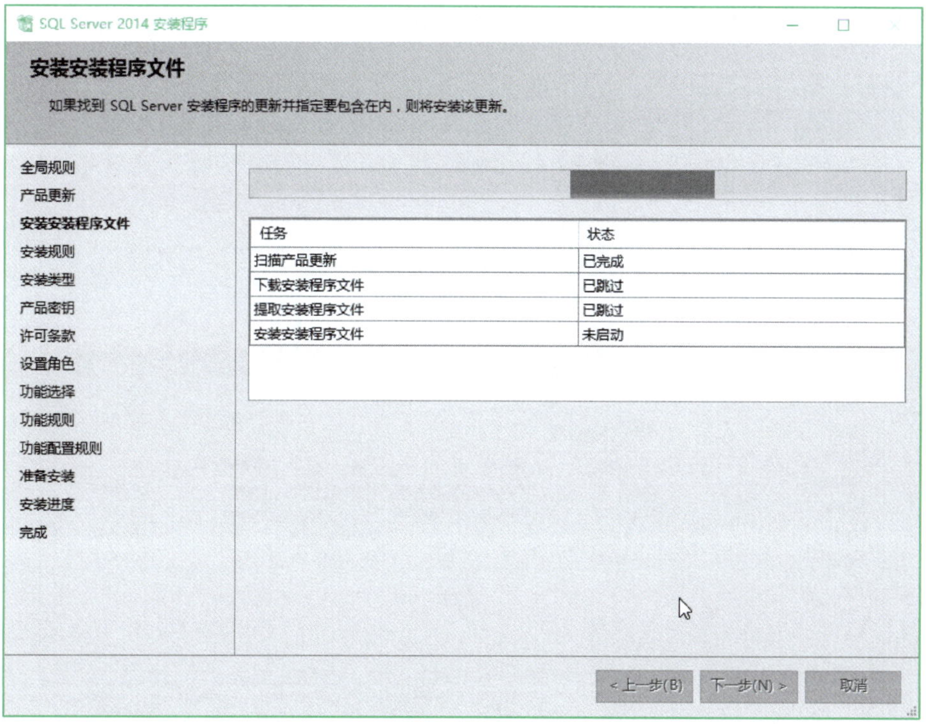

图 1–35　“安装安装程序文件”界面

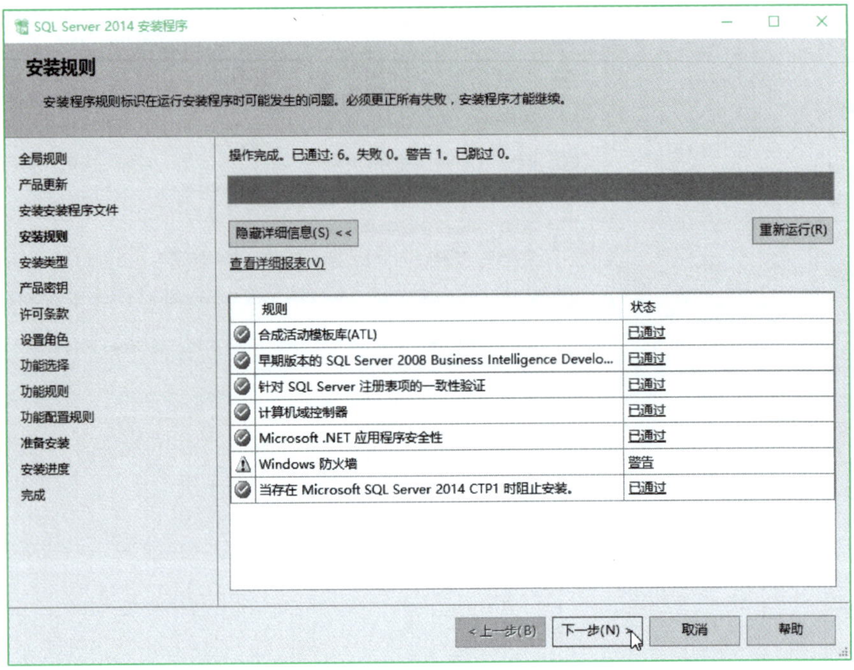

图 1-36 “安装规则”界面

④ 打开“安装类型”界面，选中默认选项“执行 SQL Server 2014 的全新安装”，如图 1-37 所示，单击“下一步”按钮。

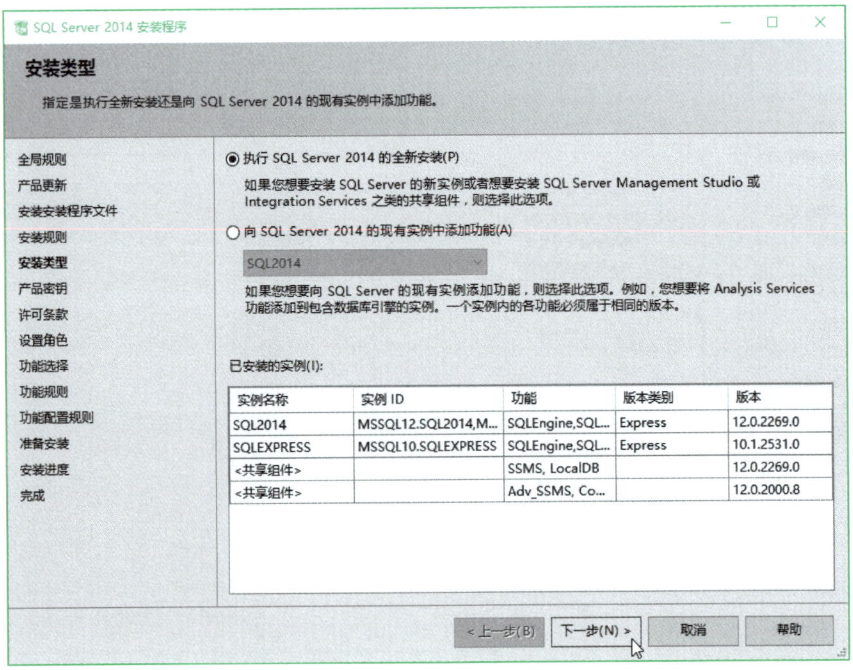

图 1-37 “安装类型”界面

⑤ 在打开的“产品密钥”界面中，如果安装免费学习版则选择“指定可用版本”中的“Express”选项，如图 1–38 所示，如果安装企业版则选中“输入产品密钥”单选按钮，然后输入 25 位的密钥，单击“下一步”按钮。

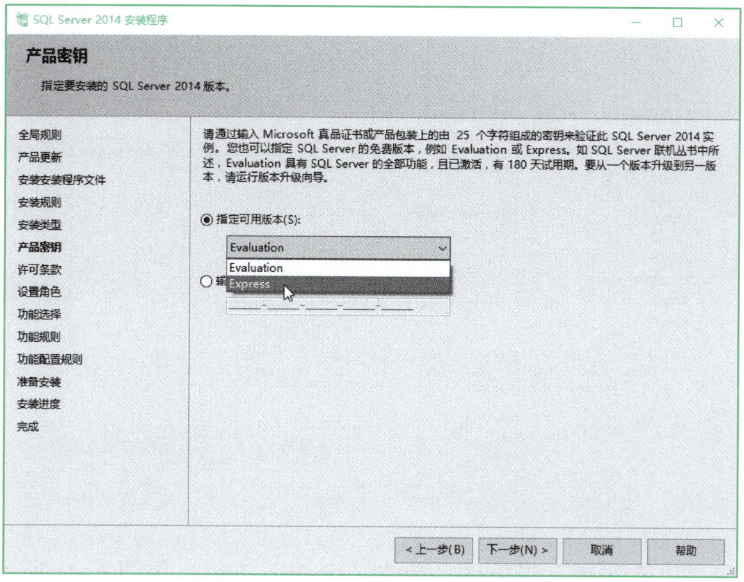

图 1–38　“产品密钥”界面

⑥ 在“许可条款”界面，选中“我接受许可条款”复选框，如图 1–39 所示，单击“下一步”按钮。

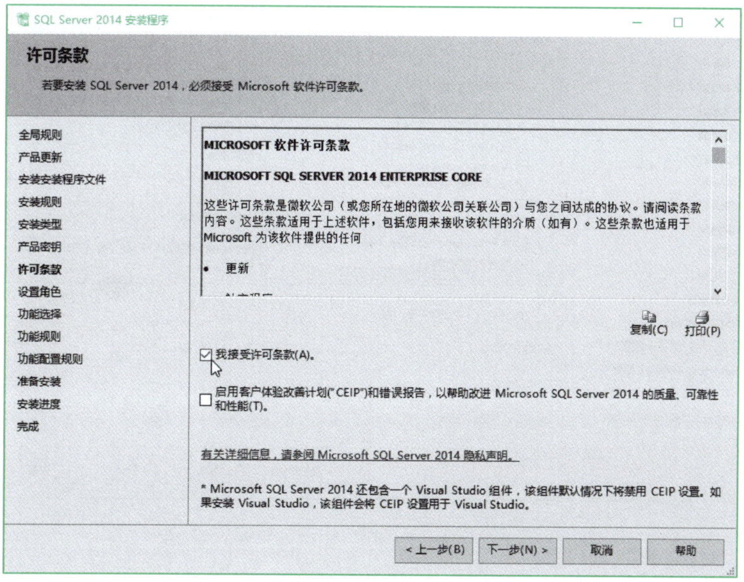

图 1–39　“许可条款”界面

⑦ 在“设置角色”界面中，选中“SQL Server 功能安装”单选按钮，如图 1–40 所示，单击“下一步”按钮。

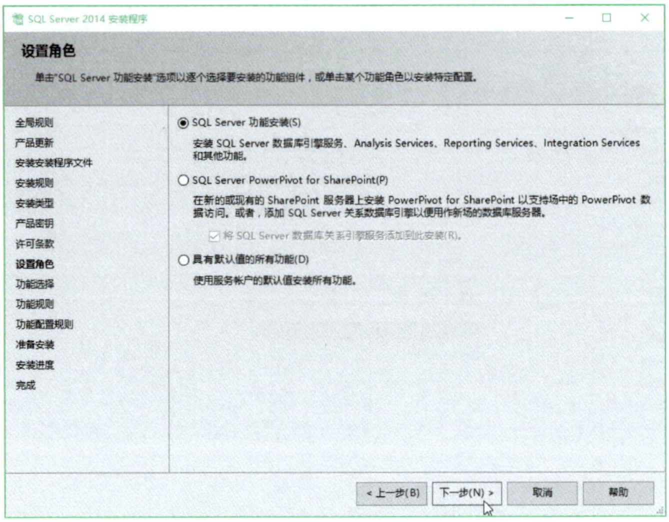

图 1–40 “设置角色”界面

⑧ 在“功能选择”界面中，单击“全选”按钮，如图 1–41 所示，单击“下一步”按钮。

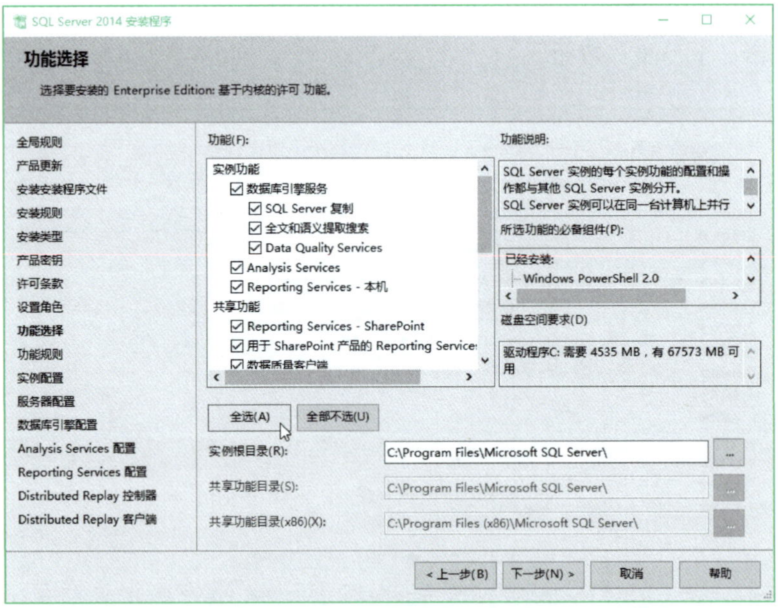

图 1–41 “功能选择”界面

⑨ 在“实例配置”界面中，默认选中“默认实例”（系统只允许有 1 个）

选项，如图 1–42 所示，系统自动将“实例 ID”设置成 MSSQLSERVER。实例，即数据库服务、数据库引擎。

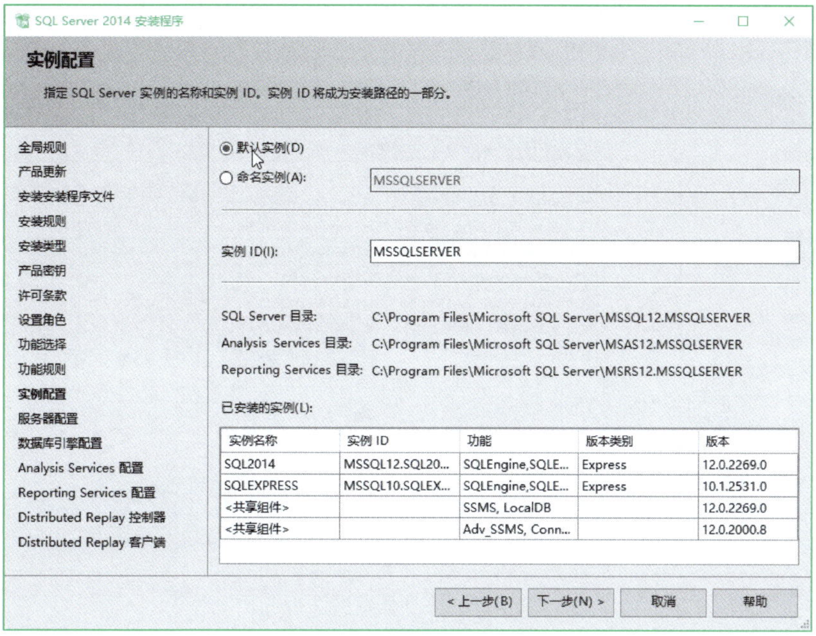

图 1–42　“实例配置”界面

此时选中“命名实例”单选按钮，将实例命名为“SQL2014”，在“命名实例”文本框中输入“SQL2014”，系统则自动将“实例 ID”置成“SQL2014”。在 SQL Server 中可以安装多个命名实例。单击“下一步”按钮。

⑩ 在“服务器配置”界面中，配置 SQL Server 相关服务的启动类型，这里采用默认值，如图 1–43 所示，单击“下一步”按钮。

⑪ 在“数据库引擎配置”界面中，“身份验证模式”保持默认选项“Windows 身份验证模式”，如图 1–44 所示，用户通过 Windows 账户连接数据库服务器。若选中“混合模式（SQL Server 身份验证和 Windows 身份验证）”单选按钮，用户可以使用 SQL Server 身份验证或 Windows 身份验证连接数据库服务器。单击“添加当前用户”按钮，当前 Windows 用户将成为 SQL Server 的管理员，再单击“下一步”按钮。

⑫ 在“Analysis Services 配置”界面中，“服务器模式”保持默认选项“多维和数据挖掘模式”，如图 1–45 所示。单击“添加当前用户”按钮，指定 Analysis Services 管理员，再单击“下一步”按钮。

⑬ 在“Reporting Services 配置”界面中，保持默认选项，如图 1–46 所示，单击“下一步”按钮。

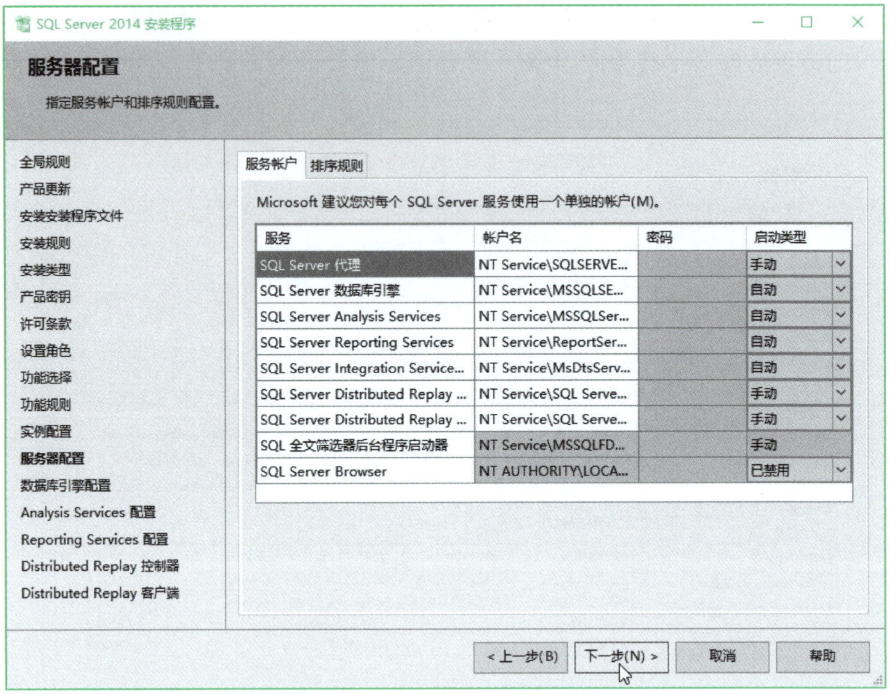

图 1-43 “服务器配置”界面

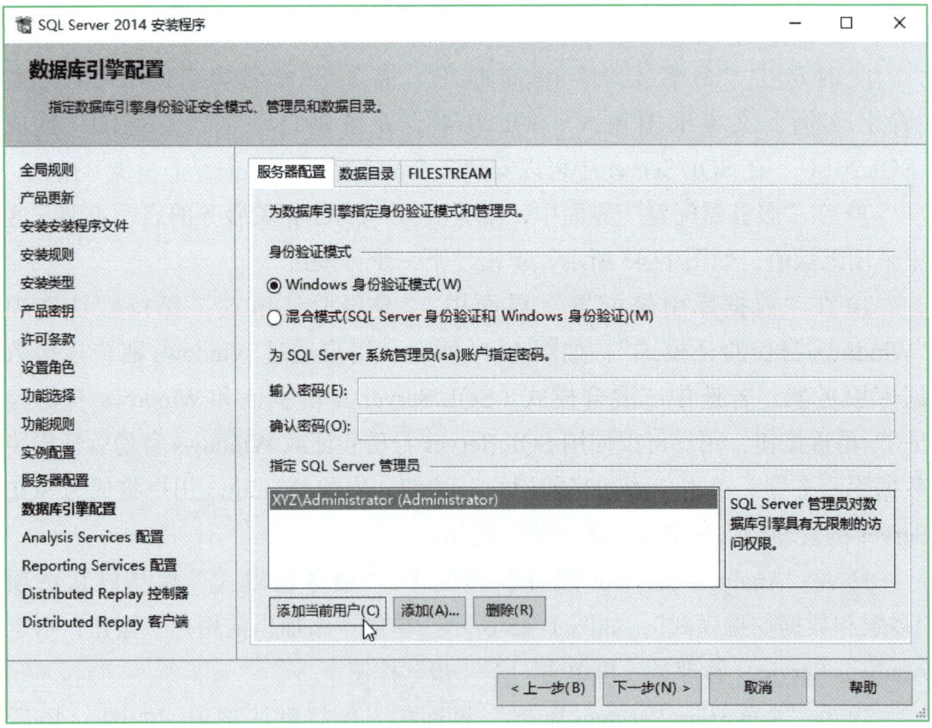

图 1-44 “数据库引擎配置”界面

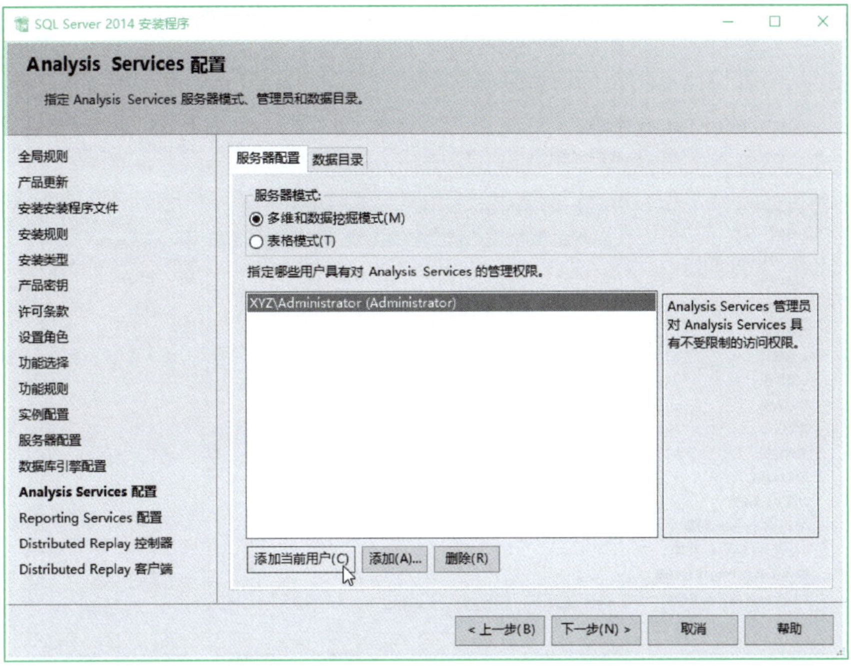

图 1–45　“Analysis Services 配置”界面

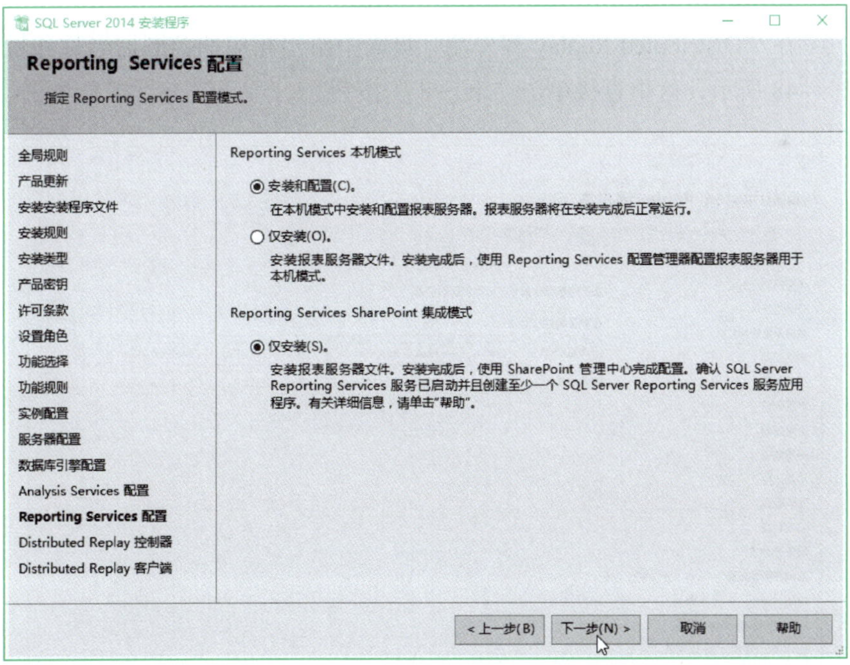

图 1–46　“Reporting Services 配置”界面

⑭ 在“Distributed Replay 控制器”界面中，单击“添加当前用户”按钮，

指定服务的访问权限，如图 1–47 所示，单击“下一步”按钮。

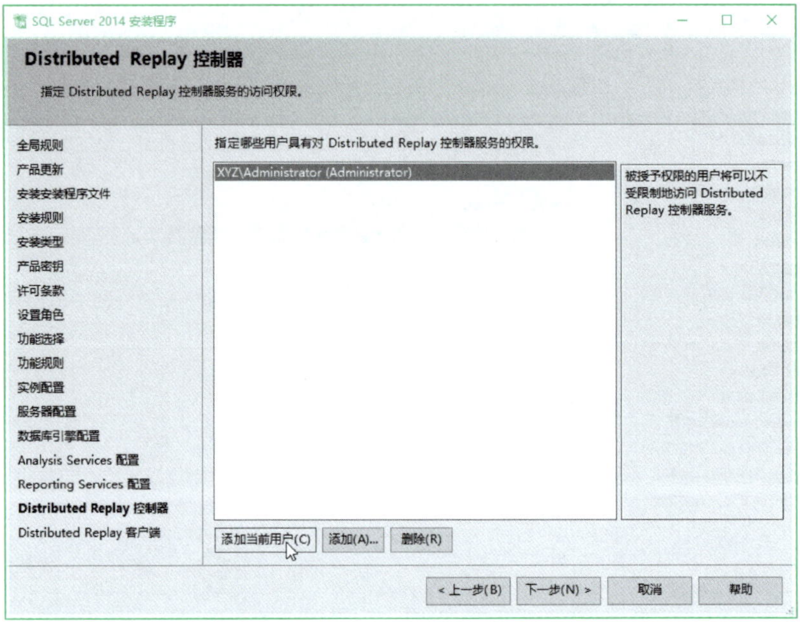

图 1–47 “Distributed Replay 控制器”界面

⑮ 在“Distributed Replay 客户端”界面中给出相应的控制器名称和目录，如图 1–48 所示，这里直接单击“下一步”按钮。

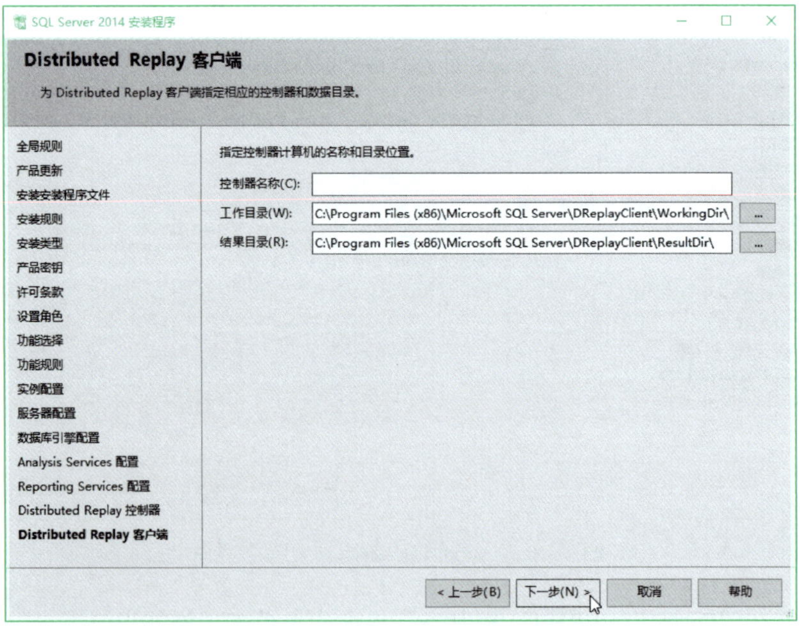

图 1–48 “Distributed Replay 客户端”界面

⑯ 在“准备安装”界面中，单击“安装”按钮，如图 1–49 所示。

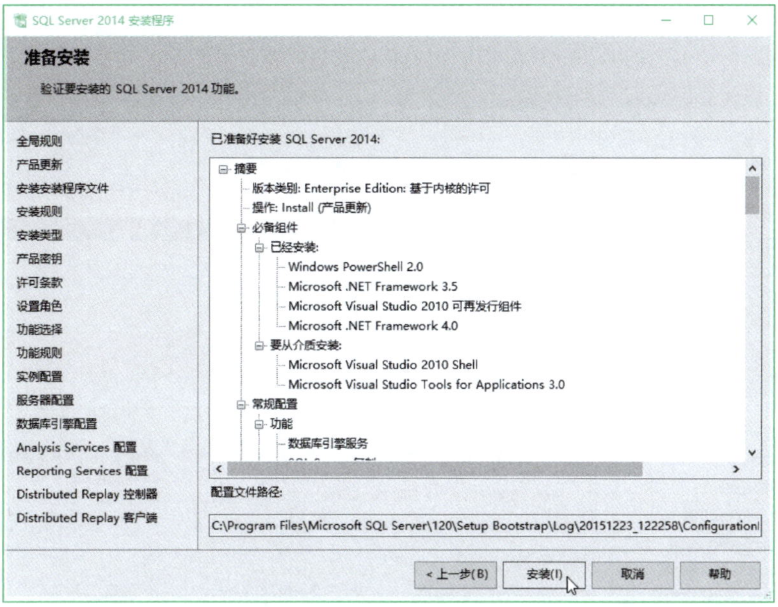

图 1–49　“准备安装”界面

⑰“安装进度”界面显示安装进度，如图 1–50 所示。根据机器配置不同，等待时间可能不一样，请耐心等待。安装完成后，单击“下一步”按钮。

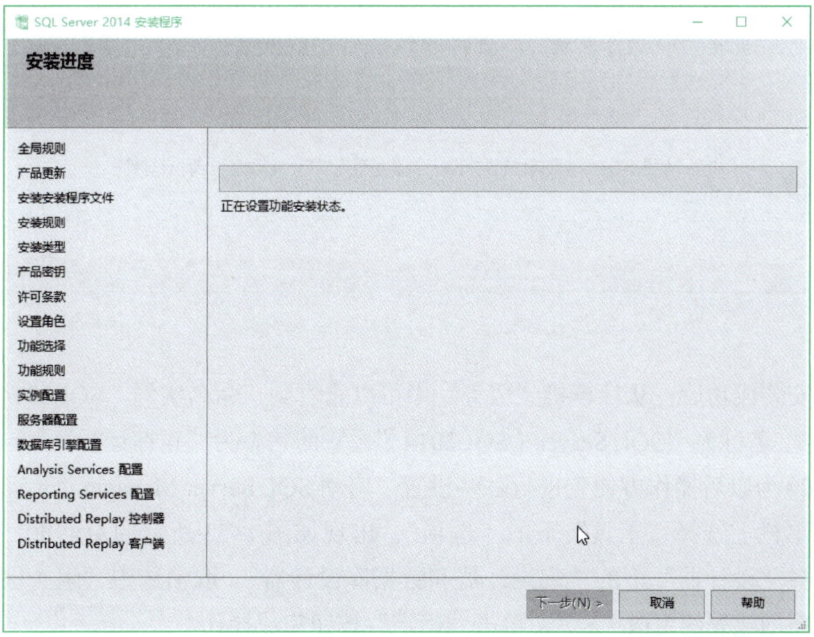

图 1–50　“安装进度”界面

⑱“完成”界面显示安装完成，如图 1–51 所示，单击“关闭”按钮。

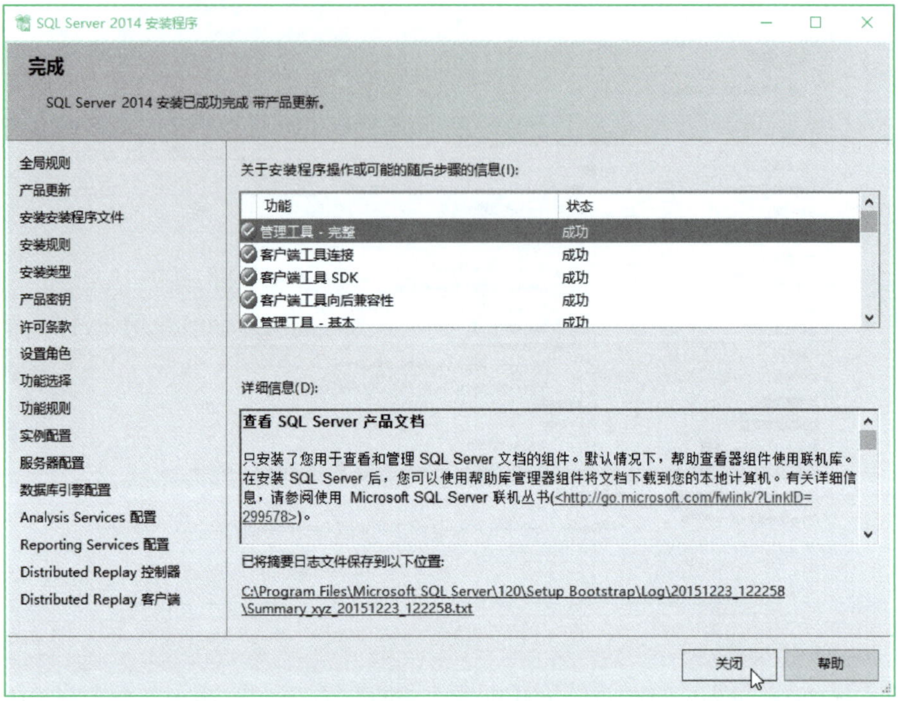

图 1–51　“完成”界面

⑲ 如果弹出如图 1–52 所示的对话框，则单击“确定”按钮（如果没出现，则无须理会该操作步骤），重启计算机后完成安装。

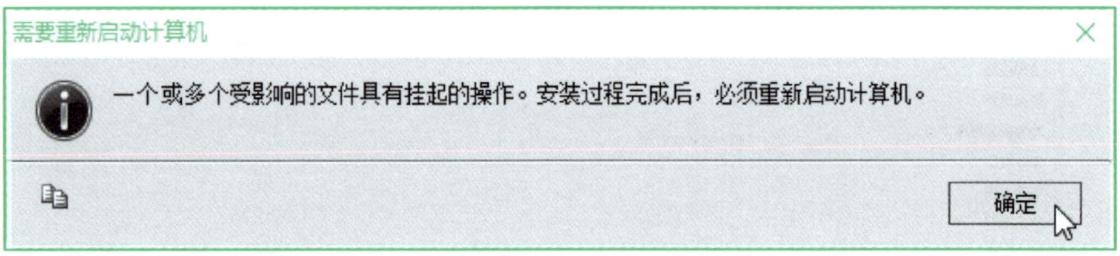

图 1–52　重启计算机后完成安装

安装成功后，从计算机“服务”中可以查看到，命名实例“SQL2014”的“服务”名称为“SQL Server（SQL2014）”，它的状态为“正在运行”。

⑳ 为以后操作方便先进行一些设置。启动 SQL Server Management Studio，在菜单栏上选择“工具”下的“选项”，出现如图 1–53 所示的对话框，在左侧选择“设计器”下的“表设计器和数据库设计器”，取消选中“阻止保存要求重新创建表的更改（S）”，单击“确定”按钮完成操作。

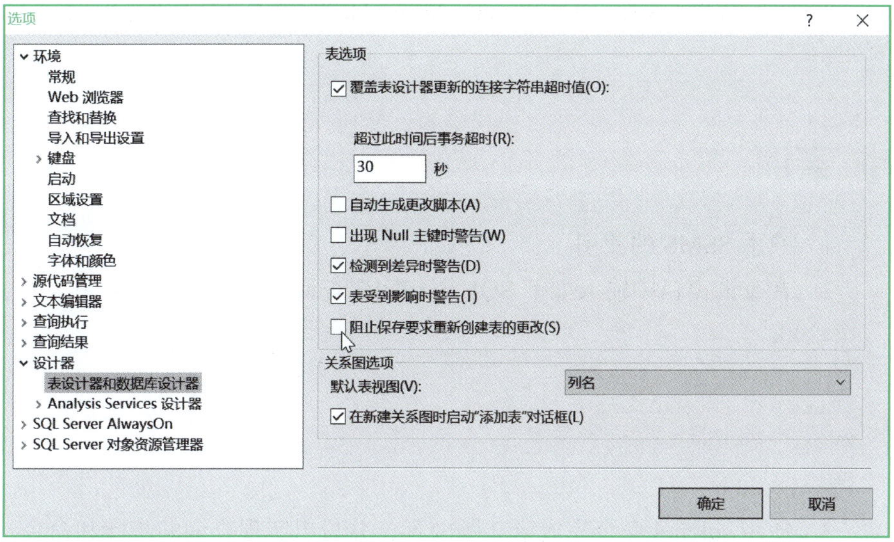

图 1-53　取消选中“阻止保存要求重新创建表的更改（S）”

单元小结

在本单元：

- 了解了数据库、数据库管理系统、数据库应用系统的概念。
- 了解数据库技术应用的场景。
- 对 SQL Server 2014 有了初步的认识。
- 掌握了启动 SSMS 的方法。
- 熟悉了 SSMS 的学习和实训环境。
- 了解了附加或分离示例数据库 Xk 的方法。
- 基本熟悉了 Xk 数据库的 5 个用户表。
- 会使用查询窗口或 sqlcmd 实用程序实现一个简单查询。

思考与练习

1. 简述 SQL Server 2014 包含的技术。
2. 如何启动 SSMS？
3. 如何启动名字为 SQL2014 的命名实例?
4. 在默认情况下，SSMS 由哪几部分窗口组成?
5. 如果 SSMS 布局窗口有些乱，如何重置该窗口的布局?
6. 如何在 SQL Server 中删除 Xk 数据库? 删除时是否会遇到什么问题? 为什么?
7. 如何在 SQL Server 中新增 Xk 数据库?

8. 删除 Xk 数据库后，存放 Xk.mdf、Xk_log.ldf 两个文件的目录中是否还存在这两个文件？

实训

1. 熟悉 SSMS 的使用。

2. 在查询窗口中输入如下 SQL 语句完成查询，并观察查询结果。

```
USE Xk
GO
SELECT * FROM Course
WHERE CouNo='004'
GO
```

3. 使用 sqlcmd 命令完成第 2 题内容，并写出实现查询的步骤和命令。

4. 分别使用查询窗口和 sqlcmd 实用程序查询课程表（Course）的所有信息。

单元 2

查询与统计

学习目标

【知识目标】

- 掌握使用 SELECT 语句查询数据的方法。
- 掌握重新排序查询结果的方法。
- 掌握分组或统计查询结果的方法。

【技能目标】

- 会使用 SELECT 语句精确查询或模糊查询数据库中的信息。
- 会重新排序查询结果。
- 会分组统计或汇总查询结果。

单元设计
教学课件 PPT
实训（验）项目单
实训参考答案
示例数据库
例题源代码

任务陈述

小李和小张都是某校的学生，他们希望从选课数据库中查看某老师开设的选修课及某门课允许多少人选修；班主任孙老师需要查看自己班学生选修课程的情况；教务处赵老师希望查看并统计学生选报选修课的情况，统计所有选修课的平均报名人数。

知识学习

T-SQL 概述

SQL（Structured Query Language）语言是用于对数据库进行操纵和管理的语言。标准 SQL 语言为 ANSI SQL-92 或称 ANSI SQL，由美国国家标准局（ANSI）发布。

Transact-SQL（简写为 T-SQL）在标准 SQL 语言基础上扩充了许多新功能。T-SQL 语言含有 DML（数据操纵语言）、DDL（数据定义语言）、数据控制语言（DCL）、存储过程、函数、数据类型和流控语句等。

SQL 本身不是独立的程序设计语言，不能用它开发用户界面，通常将 SQL 语言嵌入到程序设计语言中使用。

数据操作语言（DML）用来查询和更新用户表中的数据，常用的有 SELECT（查询）、INSERT（添加）、UPDATE（更新）、DELETE（删除）语句。

数据定义语言（DDL）用来创建和管理数据库对象，常用的有 CREATE（创建）、ALTER（修改）和 DROP（删除）等语句。

数据控制语言（DCL）用来控制和管理权限，常用的有 GRANT（授权）、REVOKE（回收）语句。

本单元结合示例数据库 Xk，通过具体实例学习数据操纵语言中的 SELECT 语句的使用。

使用 SELECT 实现查询与统计

SELECT 子句主要用于查询与统计，也用来给局部变量赋值或调用参数。

比较简单的 SELECT 语句的书写格式：

```
SELECT 选择列表          /*要查询的列，列名之间用逗号间隔*/
FROM 表的列表            /*要查询的列来自哪些表，表名之间用逗号间隔*/
WHERE 限制查询条件
```

选择列表中可以包括多个列名或者表达式，列名之间用逗号间隔，用来给出应该返回哪些列的数据。表达式可以是列名、函数或常数的列表。表的列表可以包括多个表名或者视图名，它们之间用逗号间隔。在每一个 SELECT 语句中必须有一个 FROM 子句，FROM 子句包含提供数据的表或视图的名称。WHERE 子句用来限制返回哪些数据行，无此子句时，则返回所有数据行。当在 FROM 后面给出不止一个表（或视图）时，必须在 WHERE 后面写出表（或视图）之间的连接条件，参见本单元后面的多表（或视图）查询的相关内容。

将 Xk 切换为当前数据库。

除非已为 SQL Server 每个登录账户指定了要使用的默认数据库，否则用户登录 SQL Server 时都会被自动连接到 Master 数据库，将这个系统数据库默认为当前要使用的数据库。

使用 USE 语句将要使用的数据库切换为当前连接的数据库。

例如，将要使用的 Xk 数据库切换为当前连接的数据库，在查询窗口中先执行如下语句：

```
USE Xk
GO
```

任务 2.1　查询单表

查询表中全部列

在选择列表中使用星号（*），可从 FROM 子句中指定的表或视图中查询并返回所有列。在选择列表中给出具体的列名，则只查询并返回所给定的列信息。

【问题 2.1】从课程表（Course）中查询所有课程的信息。

该题需要显示课程表中的所有行和所有列，查询所有列使用星号（*），查询所有行意味着查询时无限制条件，即 SELECT 语句中无 WHERE 子句。

在查询窗口中执行如下 SQL 语句：

```
USE Xk
GO
SELECT *
FROM Course
GO
```

默认情况下，查询结果是以网格形式显示的。在查询窗口的工具栏中，提供了 3 种不同的显示查询结果的格式，分别为“以文本格式显示结果”“以网格格式显示结果”和“将结果保存到文件”。也可以在 SSMS 窗口中选择“查询”→“将结果保存到”菜单命令下的选项来选择查询结果的显示方式。

改变查询显示结果的列标题

在查询结果中，查询结果列的标题就是表的列名，现在将显示结果的列标题改变为所需要的标题，如汉字标题。

【注意】改变的只是查询结果列的标题，并没有改变表中的列名。在输入 SQL 语句时，要注意标点符号（如单引号、逗号等）一定要在半角状态下输入。

【问题 2.2】查询课程表（Course）中的课程编号、课程名称、教师、上课时间、限制选课人数和报名人数，要求显示汉字标题（查询并返回表的所有行的部分列）。

该题查询并返回 Course 表中的部分列和所有行。改变显示结果列标题有 3 种方法。

在查询窗口执行如下 SQL 语句：

```
USE Xk
GO
SELECT '课程编号'=CouNo,'课程名称'=CouName,'教师'=Teacher,'上课时间'=SchoolTime,'限制选课人数'=LimitNum,'报名人数'=WillNum
FROM  Course
GO
```

从执行结果看到，已将查询结果的列标题改变为汉字标题。另外 2 种方法：

```
SELECT CouNo '课程编号',CouName '课程名称',Teacher '教师',
SchoolTime '上课时间',LimitNum '限制选课人数',WillNum '报名人数'
FROM  Course
GO
```

或

```
SELECT CouNo AS '课程编号',CouName AS '课程名称',
Teacher AS '教师',SchoolTime AS '上课时间',
LimitNum AS '限制选课人数', WillNum AS '报名人数'
FROM Course
GO
```

消除查询结果的重复行

将 DISTINCT 写在 SELECT 列表所有列名的前面，可消除查询结果中重复出现的那些数据行。

【问题 2.3】从课程表（Course）中查询课程类别的信息。

```
SELECT '课程类别'=Kind
FROM Course
GO
```

查询结果中有许多行是完全相同的，消除重复的那些数据行只需要在 Kind 前使用 DISTINCT 关键字即可。

```
-- 消除 Kind 列值都相同的那些重复行
SELECT DISTINCT  '课程类别'=Kind
FROM Course
GO
-- 消除 Kind 列值和 Credit 列值都相同的那些重复行
SELECT DISTINCT '课程类别'=Kind,'学分'=Credit
FROM Course
GO
```

返回查询结果的前 n（%）行

SELECT TOP n * 返回查询结果的前 n 行数据。SELECT TOP n PERCENT * 则返回查询结果的前 n% 行数据，此时 n 必须介于 0～100。如果在 SELECT 语句中包括有排序子句 ORDER BY 子句（详见本单元后面部分），则首先对查询结果按照排序要求进行排序，然后再从排序后的结果中返回前 n 行或前 n% 数据行。

【问题 2.4】从学生表（Student）中查询所有信息，要求只显示查询结果的前 6 行数据。

```
SELECT TOP 6 *
FROM Student
GO
```

如果要求显示查询结果的前 10% 数据行时，可将 SQL 语句修改为：

```
SELECT TOP 10 PERCENT *
FROM Student
GO
```

在查询结果中增加字符串

在 SELECT 子句中，可以将要增加的字符串用单引号括起来，用逗号与其他列名字分隔开。

【问题 2.5】查询课程表(Course)的信息，要求给出查询结果为：

课程名称　　　　　　　　　　　　课程编号

SQL Server 实用技术　课程编号为：　　001

……

```
SELECT '课程名称'=CouName,'课程编号为：','课程编号'=CouNo
FROM Course
GO
```

使用 WHERE 子句限制查询条件

WHERE 子句用来限制查询结果返回的数据行，WHERE 后面为条件表达式。条件表达式可由一个或多个逻辑表达式组成，查询结果为满足条件表达式的那些数据行。

【问题 2.6】查询学号为“00000001”同学的姓名和班级编号。

该题要求显示姓名 StuName、班级编号 ClassNo 两列，而且只显示学号为“00000001”的那行数据，需要使用 WHERE 子句限制要显示的数据行。

```
SELECT StuName,ClassNo          /* 显示 2 列：姓名列、班级编号列 */
FROM Student                    /* 从 Student 表进行查询 */
WHERE StuNo='00000001' /* 限制只返回学号为 "00000001" 的数据行 */
GO
```

使用逻辑运算符可以将多个查询条件连接起来。逻辑运算符有 AND(与)、OR(或)、NOT(非)。

- AND(与)：给出的所有查询条件都为真，则值为真。
- OR(或)：给出的所有查询条件中只要有一个查询条件为真，则值为真。
- NOT(非)：否定其后的表达式。

使用逻辑运算符的例子见表 2–1。

表 2–1　使用逻辑运算符的例子

例　子	描　述
SELECT * FROM Course WHERE Kind='信息技术'AND Credit=2	显示既要满足 Kind='信息技术'条件，又满足 Credit=2 条件的那些数据行
SELECT * FROM Course WHERE Kind='信息技术'OR Credit=2	显示满足 Kind='信息技术'条件或者满足 Credit=2 条件的那些数据行

续表

例 子	描 述
SELECT * FROM Course WHERE Kind=' 信息技术 ' OR NOT Credit=2	显示满足 Kind=' 信息技术 ' 条件或者满足 Credit 不等于 2 的那些数据行

算术运算符可用来进行数学运算。算术运算符有 +（加法）、-（减法）、*（乘法）、/（除法）、%（求余，返回两个整数除法的余数。例如，SELECT（5%3）返回值 2）。

算术运算符优先级别由高到低的顺序为 *（乘）、/（除）、%（求余）、+（加）或 -（减）。算术表达式优先级别相同时，按照从左到右的顺序执行。

SQL Server 还支持比较运算符、范围运算符和列表运算符。

比较运算符主要用于数值的比较、字符串的匹配等，比较结果有 TRUE（真）、FLASE（假）、UNKNOWN（未知）3 种逻辑值，表 2-2 中列出了比较运算符。

表 2-2 SQL Server 比较运算符

比较运算符	描 述	比较运算符	描 述
=	等于	<>、!=	不等于
>	大于	!>	不大于
<	小于	!<	不小于
>=	大于等于	()	用来控制优先级
<=	小于等于		

使用比较运算符的 WHERE 子句的例子见表 2-3。

表 2-3 使用比较运算符的例子

例 子	描 述
SELECT * FROM Course WHERE WillNum<15 GO	从 Course 表中查看 WillNum（报名人数）少于 15 人的课程信息
SELECT * FROM Course WHERE WillNum>=15 AND WillNum<=25	从 Course 表中查看 WillNum（报名人数）少于等于 25 人并且多于等于 15 人的课程信息
SELECT * FROM Course WHERE WillNum>25 OR WillNum<15	从 Course 表中查看 WillNum（报名人数）多于 25 人或者少于 15 人的课程信息

范围运算符用来查询在某一指定范围内的数据行，它总是和关键字 AND 一起使用。范围运算符有 BETWEEN、NOT BETWEEN。

列表运算符 IN 用来给出要查找的那些值的列表。

【问题 2.7】查询报名人数小于等于 25 并且大于等于 15 人的课程信息。

使用范围运算符 BETWEEN 的 WHERE 子句：WHERE WillNum BETWEEN 15 AND 25。注意，WHERE 子句中 WillNum 列的数据类型必须与 BETWEEN 运算符中给出的值的数据类型相同。

```
SELECT *
FROM Course
WHERE WillNum BETWEEN 15 AND 25
GO
```

【问题 2.8】查询报名人数大于 25 人或者小于 15 人的课程信息。

使用范围运算符 BETWEEN 的 WHERE 子句：WHERE WillNum NOT BETWEEN 15 AND 25。

```
SELECT *
FROM Course
WHERE WillNum NOT BETWEEN 15 AND 25
GO
```

【问题 2.9】查询课程编号分别为“004”“007”“013”的课程信息。

该题的限定条件可以写为 WHERE CouNo='004'OR CouNo='007'OR CouNo='013'，也可以使用列表运算符 IN 写为 WHERE CouNo IN('004','007','013')。

```
SELECT *
FROM Course
WHERE CouNo IN('004','007','013')
GO
```

【问题 2.10】查询课程编号不为“004”“007”“013”的课程编号和课程名称。

该题的限定条件可以写为 WHERE CouNo<>'004' AND CouNo<>'007'AND CouNo<>'013'，也可以使用列表运算符 IN 写为 WHERE CouNo NOT IN('004','007','013')。

```
SELECT CouNo,CouName
FROM Course
WHERE CouNo NOT IN('004','007','013')
GO
```

表达式作为查询列

SELECT 子句中的选项列表也可以是算术表达式。

【问题 2.11】查询课程表（Course）的课程信息、报名人数与限选人数之比。

该题的 WillNum 与 LimitNum 之比写为 WillNum/LimitNum，它是一个算术表达式。

```
SELECT *,'WillNum/LimitNum'=WillNum/LimitNum
FROM Course
GO
```

重新排序查询结果

使用 ORDER BY 子句对查询结果重新排序，既可以规定升序（从低到高）排序，也可以规定降序（从高到低）排序。在要排序的列名后使用关键字 ASC，则指明为升序，使用 DESC，则指明为降序。如果省略 ASC 或 DESC，则系统默认为按升序排序。

在 ORDER BY 子句中可以指定多个列，它表明查询结果首先按第 1 列的值进行排序，当第 1 列的值相同时，再按照第 2 列进行排序，以此类推，ORDER BY 子句写在 WHERE 子句之后。

【问题 2.12】查询课程信息、报名人数与限选人数之比。要求查询结果按照报名人数升序排序。

查询结果按照报名人数升序排序的 ORDER BY 子句写为 ORDER BY WillNum，也可写为 ORDER BY WillNum ASC。

```
SELECT *,WillNum/LimitNum '报名人数与限选人数之比'
FROM Course
ORDER BY WillNum
GO
```

在 ORDER BY 子句中也可以使用查询结果中改变后的列标题进行排序，如果要求按报名人数与限选人数之比排序，SELECT 子句也可写成如下形式。

```
SELECT *,WillNum/LimitNum '报名人数与限选人数之比'
```

```
FROM Course
ORDER BY 报名人数与限选人数之比
GO
```

【问题 2.13】查询课程表（Course）的教师名、课程编号、课程名，要求查询结果首先按照教师名降序排序，教师名相同时，则按照课程编号升序排序。

根据题意，将 ORDER BY 子句写为 ORDER BY Teacher DESC,CouNo。

```
SELECT Teacher AS '教师名',CouNo AS '课程编号',CouName AS '课
程名'
FROM Course
ORDER BY Teacher DESC,CouNo
GO
```

执行结果如图 2–1 所示，其是按照教师名降序、课程编号升序进行排序的。

使用 LIKE 实现模糊查询

在应用中经常会遇见这样的问题，查看周二有哪些选修课，查看含有“制作”两字的课程名，或者查询姓名中第 2 个字为“宝”的学生信息等，即查询与给定的某些字（符）相匹配的那些数据行，这些字（符）只是某些列值中的一部分。这样的查询不要求与列值完全相等（精确查询），因此将其称为模糊查询。

图 2–1 在 ORDER BY 中指明多列排序的结果

使用 LIKE 关键字可以实现对所需要信息的模糊查询，它要与通配符配合在一起使用。SQL Server 的 4 个通配符及描述见表 2-4。

表 2-4　SQL Server 通配符及描述

通配符	描述
%	表示匹配 0 个或多个长度的字符
_（下画线）	表示匹配任意单个字符
[ ]	表示匹配指定范围内的任意单个字符
[^]	表示匹配不在指定范围内的任意单个字符

通配符和要匹配的值必须括在单引号内。当需要查找通配符本身时，需将它们用方括号括起来。

【问题 2.14】在课程表（Course）中查看周二有哪些选修课，要求按上课时间的升序排列查询结果。

该题查看课程表（Course）中上课时间（SchoolTime）为周二的课程信息，对要查看哪些列没做限制，可以查看所有列，也可以只查看感兴趣的那些列，如课程名、学分、上课时间和教师。模糊查询的 WHERE 子句可写为 WHERE SchoolTime LIKE '周二%'。

```
SELECT '课程名称'=CouName,'学分'=Credit,'上课时间'=School-
Time,'教师'=Teacher
FROM Course
WHERE SchoolTime LIKE '周二%'
ORDER BY SchoolTime
GO
```

如果要查看非周二开设的选修课信息，模糊查询的 WHERE 子句为 WHERE SchoolTime NOT LIKE'周二%'。

表 2-5 给出使用通配符表达式的例子。

表 2-5　使用通配符表达式的例子

例子	描述
WHERE CouName LIKE '[m–p]'	所有 CouName 中含有 m、n、o、p 中任意一个字符的
WHERE CouName LIKE '[^m–p]'	所有 CouName 中不包含 m、n、o、p 中任意一个字符的
WHERE Credit LIKE [1–6]	所有 Credit 中含有 1 到 6 中任何一个数的
WHERE CouName LIKE 'D%'	所有 CouName 中以字母 D 或字母 d 开始的

续表

例 子	描 述
WHERE CouName LIKE '% 制作 %'	所有 CouName 中含有“制作”两个字的
WHERE StuName LIKE '_ 宝 %'	所有 StuName 中第 2 个字为“宝”的
LIKE '[ck]ars[eo]n'	匹配 carsen、carson、karsen、karson 中的任一个字符串
LIKE ' m[^c]% '	匹配所有以 m 开始、第 2 个字符不是字符 c 的所有字符串
LIKE ' [[]'	匹配“[”字符
LIKE '5[%]'	匹配“5%”

查询指定列未输入值的数据行

指定列未输入值意味要判断指定列的值是否为 NULL 值，WHERE 子句可写为：WHERE 指定列 IS NULL。NULL 值是一个未知值，它不等于零（0）、空格或零长度的字符串。

【问题 2.15】查询学生选课表（StuCou）中随机数为空的课程信息。

由题意，WHERE 子句可写为 WHERE RandomNum IS NULL。

```
SELECT *
FROM StuCou
WHERE RandomNum IS NULL
GO
```

任务 2.2 使用聚合函数统计汇总

聚合函数也称为统计函数，它对一组值进行计算并返回一个数值。聚合函数经常与 SELECT 语句一起使用。表 2-6 列出了常用的聚合函数及其功能。

表 2-6 SQL Server 中的聚合函数及其功能

聚合函数	功能及举例
SUM ([ALL|DISTINCT]expression)	计算一组数据的和。例如查看总学分： SELECT SUM(Credit) FROM Course 与 SELECT SUM(ALL Credit) FROM Course 作用相同，计算所有课程的学分和。 SELECT SUM(DISTINCT Credit) FROM Course 计算消除重复学分后的和

续表

聚合函数	功能及举例
MIN ([ALL|DISTINCT]expression)	给出一组数据的最小值。例如，查看最小的学分： SELECT MIN(Credit) FROM Course
MAX ([ALL|DISTINCT]expression)	给出一组数据的最大值。例如，查看最大的学分： SELECT MAX(Credit) FROM Course
COUNT ({ [[ALL|DISTINCT] expression]|* })	计算总行数。COUNT(*) 表示给出总行数，包括含有空值的行。COUNT(expression) 表示去掉 expression 值为空的那些行。 例如，查看学生总数。 SELECT COUNT(*) FROM Student 表示计算 Student 表的总行数。 SELECT COUNT(StuNo) FROM Student 表示去掉 StuNo 值为空后的总行数
AVG ([ALL|DISTINCT]expression)	计算一组值的平均值。例如，查看平均学分： SELECT AVG(Credit) FROM Course

说明：ALL 为默认选项，指计算所有的值；DISTINCT 指去掉重复值。

【问题 2.16】统计课程表（Course）中共有多少门选修课。

课程表 Course 中一行数据就是一门课的信息，统计有多少门课就是要统计 Course 表中有多少行。统计总行数使用 Count（ * ）。

```
SELECT COUNT(*) AS '课程表中选修课程门数'
FROM Course
GO
```

【问题 2.17】查看课程表（Course）中能提供多少人选修课程。

该题计算限制选课人数 LimitNum 列的总和，使用 SUM（ ）函数。

```
SELECT SUM(LimitNum) AS '课程表可提供选修课程的总人数'
FROM Course
GO
```

【问题 2.18】查看课程表（Course）中最少报名人数、最多报名人数和平均报名人数。

最少报名人数使用 MIN（WillNum），最多报名人数使用 MAX（WillNum），平均报名人数使用 AVG（WillNum）。

```
SELECT MIN(WillNum)AS '最少报名人数',MAX(WillNum) AS '最多报名
人数',
AVG(WillNum) AS '平均报名人数'
FROM Course
GO
```

执行结果如图 2-2 所示。

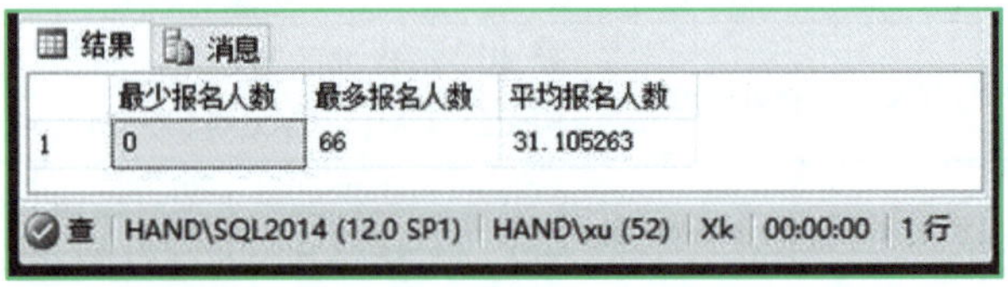

图 2-2　统计 Course 表中最少报名人数、最多报名人数和平均报名人数

如果平均报名人数只保留两位小数，则修改 SELECT 语句如下：

```
SELECT MIN(WillNum)AS '最少报名人数',MAX(WillNum) AS '最多报名人数', CAST(AVG(WillNum) AS DECIMAL(5,2)) AS '平均报名人数'
FROM Course
```

或者：

```
SELECT MIN(WillNum)AS '最少报名人数',MAX(WillNum) AS '最多报名人数', CONVERT(DECIMAL(5,2),AVG(WillNum))AS '平均报名人数'
FROM Course
```

CAST()、CONVERT() 为转换数据类型函数。DECIMAL（5，2）表示数据的最大长度为 5 位，其中小数位 2 位，整数位 3 位。

任务 2.3　分组查询结果

可用来进行分组查询的有 GROUP BY 子句、CUBE 运算符、HAVING 子句、GROUP BY ALL 子句等。

使用 GROUP BY 子句分组查询时需要使用聚合函数。在 GROUP BY 子句中使用 CUBE 运算符，会在查询结果中增加一个汇总行。CUBE 运算符可用于所有的聚合函数。

HAVING 子句用于对分组后的数据进行条件限定，写在 GROUP BY 子句之后。在 HAVING 子句中允许使用聚合函数。

GROUP BY ALL 子句用于显示所有的组，包括那些被 WHERE 排除的组。

【问题 2.19】按课程类别分组统计各类课程的门数。

该题需要显示课程类别、该类别的课程门数，需要按照课程类别进行分组，再统计每组的行数。使用 GROUP BY 子句，并且与聚合函数配合使用。

```
SELECT '课程类别'=Kind,'该类别的课程门数'=COUNT(Kind)
FROM Course
```

```
GROUP BY Kind
GO
```

执行结果如图 2–3 所示。

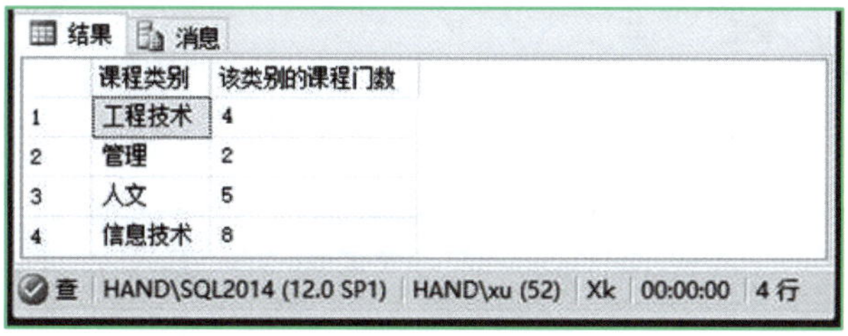

	课程类别	该类别的课程门数
1	工程技术	4
2	管理	2
3	人文	5
4	信息技术	8

图 2–3 使用 GROUP BY 子句按课程类别分组统计的查询结果

【问题 2.20】按课程类别分组统计各类课程的门数，并给出课程总门数。

使用 CUBE 运算符会在分组的查询结果中增加课程总门数的汇总行。将 GROUP BY 子句写为 GROUP BY Kind WITH CUBE。

```
SELECT '课程类别'=Kind,'课程门数'=COUNT(Kind)
FROM Course
GROUP BY Kind WITH CUBE
GO
```

执行结果如图 2–4 所示。

	课程类别	课程门数
1	工程技术	4
2	管理	2
3	人文	5
4	信息技术	8
5	NULL	19

图 2–4 按课程类别分组统计汇总查询结果并给出汇总行

【问题 2.21】查看报名人数大于 15 的各类课程的最少报名人数和最多报名人数。

使用 GROUP BY 子句。

```
SELECT '课程类别'=Kind,'最少报名人数'=MIN(WillNum),'最多报名人
数'= MAX(WillNum)
FROM Course
WHERE WillNum>15
GROUP BY Kind
GO
```

执行结果如图 2–5 所示。

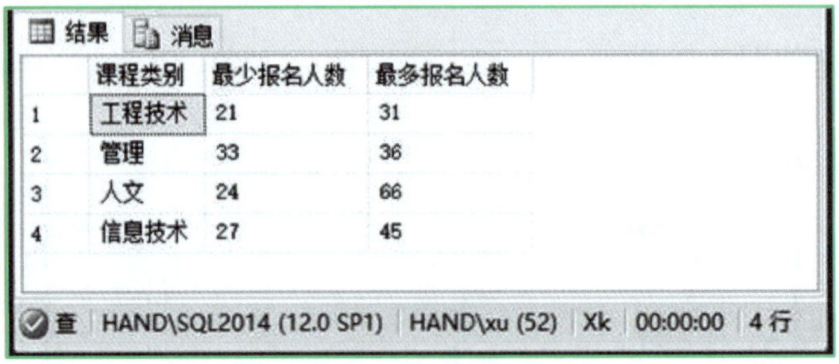

结果　消息

	课程类别	最少报名人数	最多报名人数
1	工程技术	21	31
2	管理	33	36
3	人文	24	66
4	信息技术	27	45

查 | HAND\SQL2014 (12.0 SP1) | HAND\xu (52) | Xk | 00:00:00 | 4 行

图 2–5　包含有 GROUP BY 子句限制条件的分组统计

【问题 2.22】查看报名人数大于 15 并且每组平均报名人数大于 30 的课程类别和各组的平均报名人数。

使用 HAVING 对分组进行限制。

```
SELECT '课程类别'=Kind,'平均报名人数'=AVG(WillNum)
FROM Course
WHERE WillNum>15
GROUP BY Kind
HAVING AVG(WillNum)>30
GO
```

执行结果如图 2–6 所示。

如果在分组前对数据进行限定，则需使用 WHERE 子句。注意，在 WHERE 子句中不允许使用聚合函数。

在使用 GROUP BY 子句时 SELECT 子句中出现的列名，或者出现在聚合函数内，或者出现在 GROUP BY 子句的列表中，否则系统会给出错误信息。

结果　消息

	课程类别	平均报名人数
1	管理	34.500000
2	人文	36.000000
3	信息技术	33.250000

查 | HAND\SQL2014 (12.0 SP1) | HAND\xu (52) | Xk | 00:00:00 | 3 行

图 2–6　包含有 HAVING 子句限制条件的分组统计

【问题 2.23】查看课程类别为“信息技术”“管理”的平均报名人数，并给出其他课程类别。

使用 GROUP BY ALL 子句，不仅显示满足限制条件的组，也显示不满足限制条件的那些组。

```
SELECT '课程类别'=Kind,'平均报名人数'=AVG(WillNum)
FROM Course
WHERE Kind IN('信息技术','管理')
GROUP BY ALL Kind
GO
```

执行结果如图 2–7 所示。

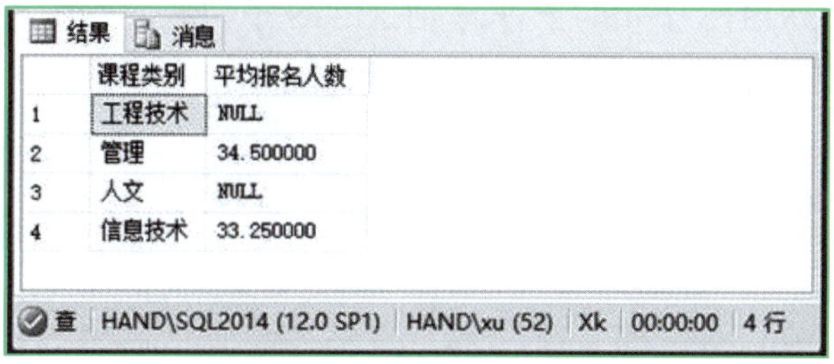

	课程类别	平均报名人数
1	工程技术	NULL
2	管理	34.500000
3	人文	NULL
4	信息技术	33.250000

图 2–7　使用 GROUP BY ALL 子句的执行结果

任务 2.4　使用子查询

子查询是指一个查询语句嵌套在另一个查询语句内部的查询，在 SELECT 子句中先计算子查询，子查询结果作为外层另一个查询的过滤条件。查询可以基于一个表或者多个表，还可以在 INSERT、UPDATE、DELETE 语句中嵌套子查询。

【问题 2.24】查询报名人数大于平均报名人数的课程信息。

使用带有聚合函数的子查询。平均报名人数由 SELECT AVG(WillNum) FROM Course 得到。

```
SELECT  *
FROM  Course
WHERE  WillNum>(SELECT AVG(WillNum) FROM  Course)
GO
```

【问题 2.25】查询学生选课表（StuCou）中报名状态为“报名”的课程名。

使用带有列表运算符 IN 的子查询。学生选课表报名状态为“报名”的值有多个，所以限定条件 WHERE 子句中可使用列表运算符 IN。

```
SELECT '课程名称'=CouName
FROM Course
```

```
WHERE CouNo IN(SELECT distinct CouNo
                FROM StuCou
                WHERE State='报名')
GO
```

【问题 2.26】查询已经报名选修课程的学生信息，要求显示学号和姓名。

使用带有 EXISTS 子句的子查询。EXISTS 子句的值为真或为假。该题只显示 EXISTS 子句值为真的学生信息（学号和姓名）。

```
SELECT StuNo,StuName
FROM Student
WHERE EXISTS (SELECT StuNo
FROM StuCou
WHERE StuNo=Student.StuNo AND State='报名')
GO
```

执行结果如图 2-8 所示。

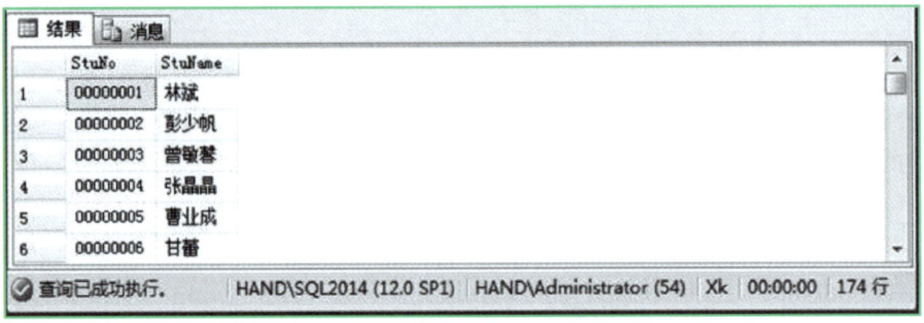

图 2-8 带有 EXISTS 子句的子查询的执行结果

任务 2.5 排名查询结果

SQL Server 的排名函数能将查询结果按照所指定的列排出顺序，还可根据需要给出有间隔的排名和没有间隔的排名。排名函数见表 2-7。

表 2-7 排名函数

排名函数	功能
ROW_NUMBER() OVER (<order_by_clause>)	在查询结果中给出连续的排名序号，其中 order_by_clause 为要排名的列
RANK() OVER (<order_by_clause>)	在查询结果中给出排名序号（允许出现间隔），其中 order_by_clause 为要排名的列
DENSE_RANK () OVER (<order_by_clause>)	在查询结果中给出连续的排名序号（允许出现重复），其中 order_by_clause 为要排序的列

【问题 2.27】查询课程表（Course）的所有信息，要求查询结果按照报名人数排名，给出连续的排名序号、允许出现间隔的排名序号、连续的排名序号（允许出现重复），并比较执行结果。

查询结果按照报名人数 WillNum 排名，给出连续的排名序号的语句：

```
SELECT ROW_NUMBER() OVER(ORDER BY WillNum) AS 'Row Number',*
FROM Course
GO
```

执行结果如图 2-9 所示。

结果　消息

	Row Number	CouNo	CouName	Kind	Credit	Teacher	DepartNo	SchoolTime	LimitNum	WillNum	ChooseNum
1	1	019	电子出版概论	工程技术	2.0	李力	03	周二5-6节	10	0	0
2	2	012	智能建筑	工程技术	2.0	王娜	02	周二5-6节	10	21	0
3	3	010	中级电工理论	工程技术	3.0	范敬丽	02	周二5-6节	5	24	0
4	4	014	科技与探索	人文	1.5	顾苑玲	02	周二5-6节	10	24	0
5	5	017	世界旅游	人文	2.0	盛德文	03	周二5-6节	10	27	0
6	6	011	中外建筑欣赏	人文	2.0	林泉	02	周二5-6节	20	27	0
7	7	005	Premiere6.0影视制作	信息技术	2.0	李韵婷	01	周二5-6节	20	27	0

查询已成功执行。　HAND\SQL2014 (12.0 SP1)　HAND\Administrator (54)　Xk　00:00:00　19 行

图 2-9　使用 ROW_NUMBER 函数排名并给出连续排名序号的执行结果

查询结果按照报名人数 WiuNum 排名、允许出现有间隔的排名序号的语句：

```
SELECT RANK() OVER(ORDER BY WillNum) AS 'Rank Number',*
FROM Course
GO
```

执行结果如图 2-10 所示。

结果　消息

	Rank Number	CouNo	CouName	Kind	Credit	Teacher	DepartNo	SchoolTime	LimitNum	WillNum	ChooseNum
1	1	019	电子出版概论	工程技术	2.0	李力	03	周二5-6节	10	0	0
2	2	012	智能建筑	工程技术	2.0	王娜	02	周二5-6节	10	21	0
3	3	010	中级电工理论	工程技术	3.0	范敬丽	02	周二5-6节	5	24	0
4	3	014	科技与探索	人文	1.5	顾苑玲	02	周二5-6节	10	24	0
5	5	017	世界旅游	人文	2.0	盛德文	03	周二5-6节	10	27	0
6	5	011	中外建筑欣赏	人文	2.0	林泉	02	周二5-6节	20	27	0
7	5	005	Premiere6.0影视制作	信息技术	2.0	李韵婷	01	周二5-6节	20	27	0

查询已成功执行。　HAND\SQL2014 (12.0 SP1)　HAND\Administrator (54)　Xk　00:00:00　19 行

图 2-10　使用 RANK 函数排名（允许出现间隔）的排名序号的执行结果

查询结果按照报名人数 WillNum 排名、给出连续的排名序号（允许出现重复）的语句：

```
SELECT DENSE_RANK() OVER(ORDER BY WillNum) AS 'DENSE_RANK',*
FROM Course
GO
```

执行结果如图 2-11 所示。

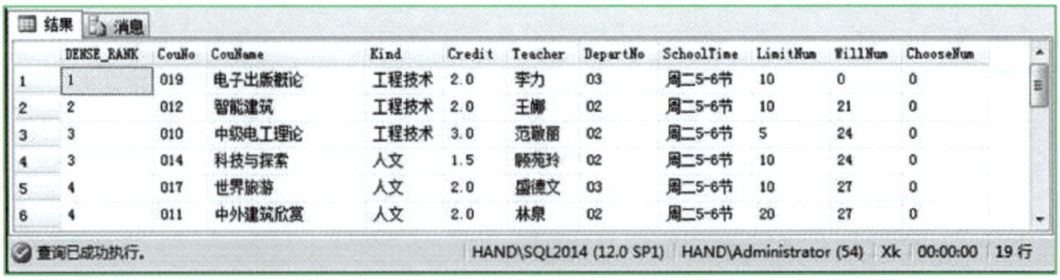

	DENSE_RANK	CouNo	CouName	Kind	Credit	Teacher	DepartNo	SchoolTime	LimitNum	WillNum	ChooseNum
1	1	019	电子出版概论	工程技术	2.0	李力	03	周二5-6节	10	0	0
2	2	012	智能建筑	工程技术	2.0	王娜	02	周二5-6节	10	21	0
3	3	010	中级电工理论	工程技术	3.0	范敬丽	02	周二5-6节	5	24	0
4	3	014	科技与探索	人文	1.5	顾苑玲	02	周二5-6节	10	24	0
5	4	017	世界旅游	人文	2.0	盛德文	03	周二5-6节	10	27	0
6	4	011	中外建筑欣赏	人文	2.0	林泉	02	周二5-6节	20	27	0

查询已成功执行。 | HAND\SQL2014 (12.0 SP1) | HAND\Administrator (54) | Xk | 00:00:00 | 19 行

图 2-11　使用 DENSE_RANK 函数排名给出连续排名序号（允许出现重复）的执行结果

任务 2.6　多表连接查询

现在需要查询学生信息（如学号、姓名）和学生选修的课程信息（课程号、课程名）及选修的状态，需要从多个表（学生表、课程表、学生选课表）中查询得到数据。

从多个表中查询数据需要建立起表与表之间的连接，连接的类型有交叉连接、内连接和外连接。

1. 交叉连接查询

使用 CROSS JOIN 子句将一个以上的表连接起来的查询称为交叉连接（Cross Join）查询，结果为笛卡尔积。两个表（分别有 m 列、n 列）的交叉连接结果中前 m 列来自第 1 个表，后 n 列来自第 2 个表，第 1 个表的每一行依次与第 2 个表中的每一行进行连接，生成查询结果中的数据行，总行数为两个表行数的乘积。

【问题 2.28】查询学生表（Student）和班级表（Class）的信息（使用交叉连接查询）。

```
SELECT *
FROM Class CROSS JOIN Student
GO
```

执行结果如图 2-12 所示。可以看到前 3 列来自 Class 表，后 4 列来自 Student 表。第 1 行数据来自 Class 表的第 1 行和 Student 表的第 1 行，第 2 行数据来自 Class 表的第 1 行和 Student 表的第 2 行，……，交叉连接结果集行数为 3 240，它是 Class 行数 18 和 Student 行数 180 的乘积。

图 2-12 右下角显示查询花费的时间。花费时间的多少与机器速度有关。在实际应用中如果数据稍微多一些，都会造成查询花费时间的急剧增长。

分析执行结果可知，第 11 行～第 190 行、第 201 行～第 380 行都是无意义的数据。这样无意义的数据行还有很多，读者可以自己找出来。第 11 行

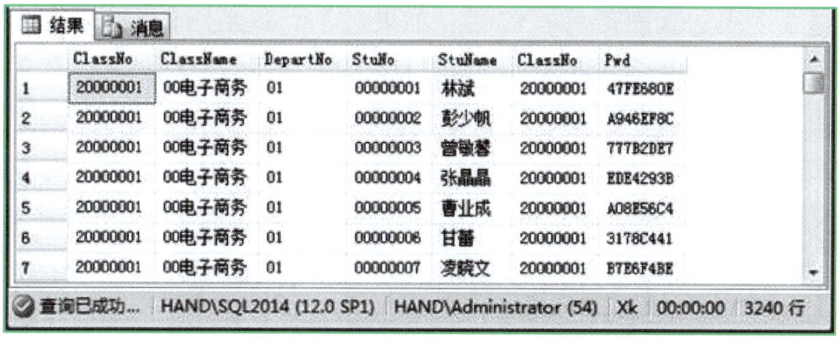

	ClassNo	ClassName	DepartNo	StuNo	StuName	ClassNo	Pwd
1	20000001	00电子商务	01	00000001	林斌	20000001	47FE680E
2	20000001	00电子商务	01	00000002	彭少帆	20000001	A946EF8C
3	20000001	00电子商务	01	00000003	曾敏馨	20000001	777B2DE7
4	20000001	00电子商务	01	00000004	张晶晶	20000001	EDE4293B
5	20000001	00电子商务	01	00000005	曹业成	20000001	A08E56C4
6	20000001	00电子商务	01	00000006	甘蕾	20000001	3178C441
7	20000001	00电子商务	01	00000007	凌晓文	20000001	B7E6F4BE

查询已成功... HAND\SQL2014 (12.0 SP1) HAND\Administrator (54) Xk 00:00:00 3240 行

图 2–12　交叉连接查询的结果

数据说明朱川同学即既在 ClassNo 为“20000001”的班级，又在 ClassNo 为“20000002”的班级，很显然这是矛盾的。因为 Class.ClassNo<>Student.ClassNo，所以第 11 行数据是无意义的数据。

第 191 行数据表明，朱川同学是班级编号为“20000002”、班级名称为“00 多媒体”班级的学生。该行数据中，班级表（Class）的班级编号 ClassNo 与学生表（Student）的班级编号 ClassNo 相等。

从查询结果中看到，Class.ClassNo=Student.ClassNo 的那些数据行都是有意义的，而 Class.ClassNo<>Student.ClassNo 的那些数据行都是无意义的。

三个表交叉连接举例。查询“00 电子商务”班级同学的选课情况，要求显示学生信息、班级信息和学生选课信息。从分析知道，本查询涉及班级表（Class）、学生表（Student）、学生选课表（StuCou）这 3 个表的查询。

```
SELECT *
FROM Class CROSS Join  Student CROSS Join  StuCou
GO
```

执行结果如图 2–13 所示。查询结果行数为 1 921 320 行（3 个表行数的乘积），查询结果有 12 列，分别来自 Class 表（3 列）、Student 表（4 列）、StuCou 表（5 列）。先将前两个表连接查询，然后再将连接结果与第 3 个表连接查询。

执行 SQL 语句的查询时间为 17 秒（因计算机不同，查询时间会有所不同）。

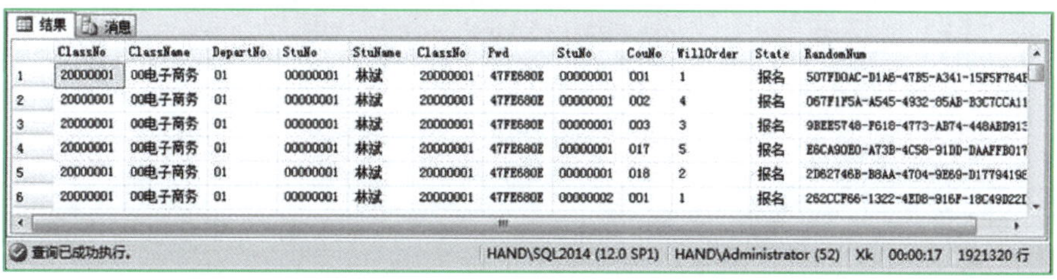

	ClassNo	ClassName	DepartNo	StuNo	StuName	ClassNo	Pwd	StuNo	CouNo	WillOrder	State	RandomNum
1	20000001	00电子商务	01	00000001	林斌	20000001	47FE680E	00000001	001	1	报名	507FD0AC-D1A6-47B5-A341-15F5F764E
2	20000001	00电子商务	01	00000001	林斌	20000001	47FE680E	00000001	002	4	报名	067F1F5A-A545-4932-85AB-B3C7CCA11
3	20000001	00电子商务	01	00000001	林斌	20000001	47FE680E	00000001	003	3	报名	9BEE5748-F618-4773-AB74-448ABD913
4	20000001	00电子商务	01	00000001	林斌	20000001	47FE680E	00000001	017	5	报名	E6CA90E0-A73B-4C58-91DD-DAAFFB017
5	20000001	00电子商务	01	00000001	林斌	20000001	47FE680E	00000001	018	2	报名	2D82746B-B8AA-4704-9E69-D17794198
6	20000001	00电子商务	01	00000001	林斌	20000001	47FE680E	00000002	001	1	报名	262CCF66-1322-4ED8-916F-18C49D22I

查询已成功执行。 HAND\SQL2014 (12.0 SP1) HAND\Administrator (52) Xk 00:00:17 1921320 行

图 2–13　查询 Class、Student 和 StuCou 表所产生的笛卡儿积

对这 3 个表的查询花费了 17 秒，如果对 3 个都有上千行数据的表进行查询，花费的时间会更长，而查询结果中大量的数据是没有任何具体意义的。读者自己可以在查询结果中找出那些无意义的数据。

交叉连接是一种很少使用的连接，因为查询结果笛卡尔积中含有许多没有具体意义的数据。

2. 内连接查询

内连接查询给出与连接条件相匹配的数据行，它使用比较运算符比较被连接列的列值。使用 JOIN 子句连接两个表，在 ON 子句中给出表与表之间的连接条件。内连接分为相等连接、自然连接、比较连接和自连接。

（1）相等连接查询

相等连接就是作相等比较的连接。相等连接的查询结果中存在完全相同的两个列（连接两个表的列）。

（2）自然连接查询

在相等连接中只保留一个连接列的连接称为自然连接。

【问题 2.29】查看学生基本信息和所在班级的信息。

先使用相等连接查询。查看 Student 表、Class 表的所有列，两个表之间连接列为 ClassNo，连接条件为：Class.ClassNo=Student. ClassNo。

```
SELECT *
FROM Class JOIN Student
ON Class.ClassNo=Student.ClassNo
GO
```

执行结果如图 2–14 所示，查询结果有完全相同的两个 ClassNo 列。

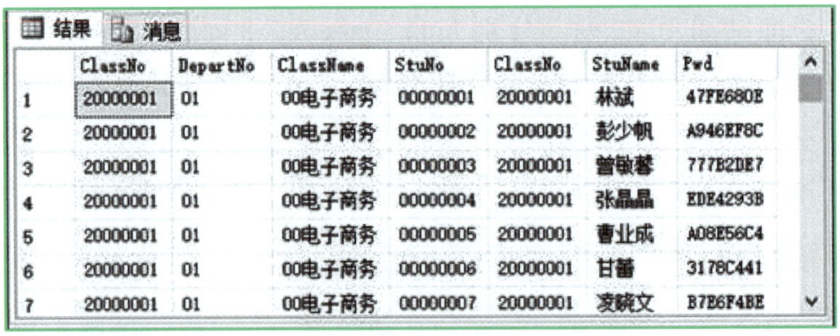
结果　消息

	ClassNo	DepartNo	ClassName	StuNo	ClassNo	StuName	Pwd
1	20000001	01	00电子商务	00000001	20000001	林斌	47FE680E
2	20000001	01	00电子商务	00000002	20000001	彭少帆	A946EF8C
3	20000001	01	00电子商务	00000003	20000001	曾敏馨	777B2DE7
4	20000001	01	00电子商务	00000004	20000001	张晶晶	EDE4293B
5	20000001	01	00电子商务	00000005	20000001	曹业成	A08E56C4
6	20000001	01	00电子商务	00000006	20000001	甘蕾	3178C441
7	20000001	01	00电子商务	00000007	20000001	凌晓文	B7E6F4BE

图 2–14　相等连接查询的结果

【问题 2.30】查看学生基本信息和学生所在班级名称。

使用自然连接查询。班级表（Class）中只查询班级名称（ClassName）。

```
SELECT Student.*,ClassName
FROM Class JOIN Student
ON Class.ClassNo=Student.ClassNo
GO
```

执行结果如图 2–15 所示。

【问题 2.31】查询学生的选课信息，要求显示学号、姓名、课程编号、课程名称、志愿号，并按照学号升序排序，当学号相同时则按照志愿号升序排序。

经分析，查看的信息来自 Student 表、Course 表和 StuCou 表。3 个表的 2 个连接条件为：Student.StuNo= StuCou.StuNo、Course.CouNo= StuCou.CouNo。

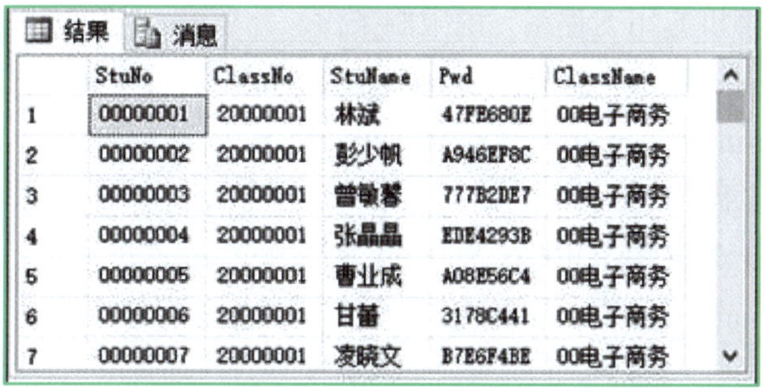

	StuNo	ClassNo	StuName	Pwd	ClassName
1	00000001	20000001	林斌	47FE680E	00电子商务
2	00000002	20000001	彭少帆	A946EF8C	00电子商务
3	00000003	20000001	曾敏馨	777B2DE7	00电子商务
4	00000004	20000001	张晶晶	EDE4293B	00电子商务
5	00000005	20000001	曹业成	A08E56C4	00电子商务
6	00000006	20000001	甘蕾	3178C441	00电子商务
7	00000007	20000001	凌晓文	B7E6F4BE	00电子商务

图 2–15　自然连接查询的结果

SQL Server 先将 Student 表与 StuCou 表进行自然连接查询，然后将这两个表连接后的结果与第 3 个表 Course 表再进行自然连接查询。

```
  SELECT '学号'=Student.StuNo,'姓名'=StuName,'课程编号'=Course.
CouNo, '课程名称'= CouName,'志愿号'= WillOrder
  FROM  Student  JOIN StuCou
  ON Student.StuNo= StuCou.StuNo
  JOIN Course
  ON StuCou.CouNo=Course.CouNo
  ORDER BY Student.StuNo, WillOrder
  GO
```

执行结果如图 2–16 所示。

对多表进行连接查询，除了连接条件，还可以包含其他限制查询条件。

【问题 2.32】查询学生报名"计算机应用工程系"开设的选修课程情况，显示信息包括学生姓名、课程名称和教师名。

经分析，查询的信息来自部门表（Department）、课程表（Course）、学生表（Student）和学生选课表（StuCou）4 个表，需要写出 3 个连接条件，还要

	学号	姓名	课程编号	课程名称	志愿号
1	00000001	林斌	001	SQL Server实用技术	1
2	00000001	林斌	018	中餐菜肴制作	2
3	00000001	林斌	003	网络信息检索原理与技术	3
4	00000001	林斌	002	JAVA技术的开发应用	4
5	00000001	林斌	017	世界旅游	5
6	00000002	彭少帆	001	SQL Server实用技术	1
7	00000002	彭少帆	018	中餐菜肴制作	2
8	00000002	彭少帆	008	ASP.NET应用	3
9	00000002	彭少帆	004	Linux操作系统	4
10	00000003	曾敏馨	009	水资源利用管理与保护	1

图 2-16　涉及 3 个表的自然连接查询结果

写出查询“计算机应用工程系”的限制条件。

3 个连接条件为：Student.StuNo=StuCou.StuNo、Course.CouNo=StuCou.CouNo、Department.DepartNo=Course.DepartNo。限制条件为：DepartName='计算机应用工程系'。

SQL Server 先使用 JOIN 将 Student 表与 StuCou 表进行自然连接查询，随后再分别与 Course 表、Department 表进行自然连接查询。

```
SELECT '学生姓名'=StuName,'课程名称'=CouName,'教师'=Teacher
FROM Student JOIN StuCou
      ON Student.StuNo=StuCou.StuNo
      JOIN Course
      ON StuCou.CouNo=Course.CouNo
      JOIN Department
      ON Course.DepartNo=Department.DepartNo
WHERE DepartName='计算机应用工程系'
GO
```

执行结果如图 2-17 所示。

	学生姓名	课程名称	教师
1	林斌	SQL Server实用技术	徐人凤
2	林斌	JAVA技术的开发应用	程伟彬
3	林斌	网络信息检索原理与技术	李涛
4	彭少帆	SQL Server实用技术	徐人凤
5	彭少帆	Linux操作系统	郑星
6	彭少帆	ASP.NET应用	曾建华
7	曾敏馨	JAVA技术的开发应用	程伟彬
8	曾敏馨	网络信息检索原理与技术	李涛

图 2-17　涉及 4 个表的自然连接并有限制条件的查询

（3）比较连接查询

表与表之间使用比较运算符进行的连接。

【问题 2.33】查询每个班级可以选修的、不是自己所在部门开设的选修课程的信息，显示信息包括班级、课程名、课程类别、学分、老师、上课时间和报名人数。

经分析，查看的信息来自班级表（Class）和课程表（Course）。两个表之间的连接条件可写为 Class.DepartNo<>Course.DepartNo，使用的是比较运算符 <>。

```
SELECT ClassName AS '班级',CouName AS '课程名',Kind AS '课程类别',
Credit AS '学分',Teacher AS '教师',
SchoolTime AS '上课时间',WillNum AS '报名人数'
FROM Class JOIN Course
ON Course.DepartNo<>Class.DepartNo
GO
```

执行结果如图 2–18 所示。

结果　消息

	班级	课程名	课程类别	学分	教师	上课时间	报名人数
1	00电子商务	水资源利用管理与保护	工程技术	2.0	叶艳茵	周二晚	31
2	00电子商务	中级电工理论	工程技术	3.0	范敬丽	周二5-6节	24
3	00电子商务	中外建筑欣赏	人文	2.0	林泉	周二5-6节	27
4	00电子商务	智能建筑	工程技术	2.0	王娜	周二5-6节	21
5	00电子商务	房地产漫谈	人文	2.0	黄强	周二5-6节	36
6	00电子商务	科技与探索	人文	1.5	顾苑玲	周二5-6节	24
7	00电子商务	民俗风情旅游	管理	2.0	杨国润	周二5-6节	33
8	00电子商务	旅行社经营管理	管理	2.0	黄文昌	周二5-6节	36

图 2–18　比较连接的查询结果

（4）自连接查询

自连接就是一个表和它自身进行连接，是多表连接的特例。

为方便查询时对表列的引用，简化连接条件的书写，可以给表定义别名。其方法为：在 FROM 子句中，先写出要使用的表名，用空格进行分隔，然后给出定义的别名。

例如，FROM Class C 是将 C 定义为 Class 表的别名。在 SELECT 子句中对 Class 表 ClassNo 列的引用就可以写为 C.ClassNo。注意，在同一个数据库中引用的列名唯一时，不需要在列名前加表名或表的别名。

在自连接中，要先在 FROM 子句中为表分别定义两个不同的别名，然后使用这两个别名写出一个连接条件。

【问题 2.34】查询课程类别相同但开课部门不同的课程信息，要求显示课程编号、课程名称、课程类别和部门编号，并按照课程编号升序排序查询结果。

本题查看的信息来自课程表（Course）。先给 Course 分别定义两个别名 C1，FROM Course C1 JOIN Course C2。按题意，C1 表与 C2 表的连接条件可写为 ON C1.Kind=C2.Kind AND C1.DepartNo<>C2.DepartNO。

```
SELECT C1.CouNo AS 课程编号 ,C1.CouName AS 课程名称 ,
C1.Kind AS '课程类别',C1.DepartNo AS '部门编号'
FROM Course C1 JOIN Course C2
ON C1.Kind=C2.Kind AND C1.DepartNo<>C2.DepartNo
ORDER BY 课程编号
GO
```

从查询结果看到，有许多行完全相同，需要消除查询结果重复行。

```
SELECT DISTINCT C1.CouNo AS 课程编号 ,C1.CouName AS 课程名称 ,
C1.Kind AS '课程类别',C1.DepartNo AS '部门编号'
FROM Course C1 JOIN Course C2
ON C1.Kind=C2.Kind AND C1.DepartNo<>C2.DepartNo
ORDER BY 课程编号
GO
```

执行结果如图 2-19 所示。在 Course 表中，课程编号为“001”～“008”的课程只有“计算机应用工程系”开设；课程编号为“015”“016”的课程只有“旅游系”开设，其他系不开设，所以没有出现在查询结果中。

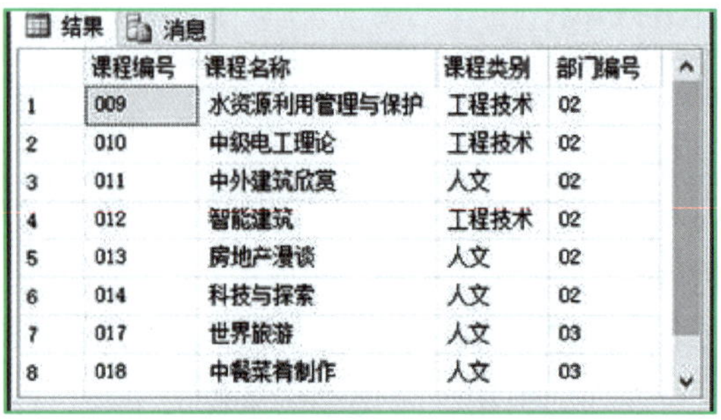

结果　消息

	课程编号	课程名称	课程类别	部门编号
1	009	水资源利用管理与保护	工程技术	02
2	010	中级电工理论	工程技术	02
3	011	中外建筑欣赏	人文	02
4	012	智能建筑	工程技术	02
5	013	房地产漫谈	人文	02
6	014	科技与探索	人文	02
7	017	世界旅游	人文	03
8	018	中餐菜肴制作	人文	03

图 2-19　自连接查询开课信息结果

3. 外连接查询

本单元示例数据库 Xk 与其他单元的 Xk 略有不同。为了有助于读者理解外连接，在学生选课表（StuCou）中增加了课程编号 CouNo 为“020”的一行数据：

StuNo	CouNo	WillOrder	State
02000060	020	5	报名

课程编号 CouNo 为“020”的课程在课程表 Course 中并不存在。

另外，课程表（Course）中有课程编号 CouNo 为“019”的课程，但没有学生选修该课程，即学生选课表（StuCou）中没有课程编号 CouNo 为“019”的数据行。

在某些情况下，使用内连接会出现查询信息不完整的问题。例如，查询所有选修课程的详细报名情况，要求既包括已有学生报名的选修课程，也包括没有学生报名的选修课程，显示内容有学号 StuNo、课程编号 CouNo、课程名称 CouName。使用内连接查询的 SQL 语句如下：

```
SELECT Course.CouNo,CouName,StuNo
FROM Course JOIN StuCou
ON Course.CouNo=StuCou.CouNo
ORDER BY Course CouNo
GO
```

执行结果如图 2-20 所示。

查询结果行数为 592。在查询结果中没有找到课程编号 CouNo 为“019”的课程。虽然在课程表 Course 中有课程编号为“019”的课程，但因为没有学生报名，“019”的课程不满足 Course 表与 StuCou 表的连接条件 Course.CouNo=StuCou.CouNo，所以使用内连接进行查询会过滤掉课程表（Course）中存在但没有学生报名的那些课程。

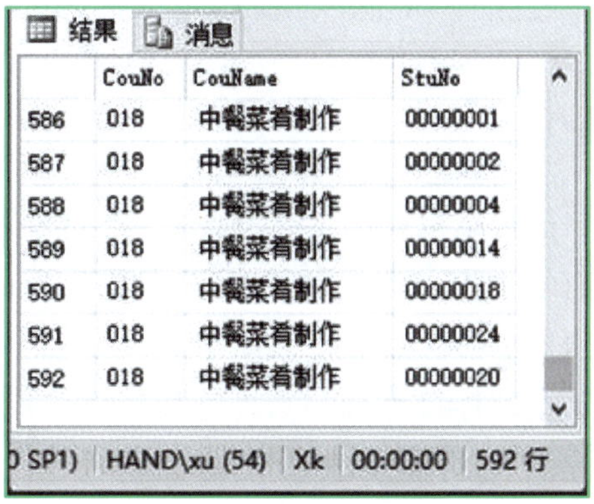

	CouNo	CouName	StuNo
586	018	中餐菜肴制作	00000001
587	018	中餐菜肴制作	00000002
588	018	中餐菜肴制作	00000004
589	018	中餐菜肴制作	00000014
590	018	中餐菜肴制作	00000018
591	018	中餐菜肴制作	00000024
592	018	中餐菜肴制作	00000020

图 2-20　内连接查询结果

使用外连接查询可以解决使用内连接查询所产生的显示信息不完整的问题。外连接分为左外连接（左连接）、右外连接（右连接）和全外连接。

（1）左外连接查询

左外连接查询的 FROM 子句写为：FROM 左表名 LEFT JOIN 右表名。

左外连接查询是在两个表进行内连接查询结果的基础上，再增加不满足连接条件的那些行，这些行的右表的列值显示为空值（NULL）。

（2）右外连接查询

右外连接查询的 FROM 子句写为：FROM 左表名 RIGHT JOIN 右表名。

右外连接查询是在两个表进行内连接查询结果的基础上，再增加不满足连接条件的那些行，这些行的左表的列值显示为空值（NULL）。

（3）全外连接查询

全外连接查询的 FROM 子句写为：FROM 左表名 FULL JOIN 右表名。

全外连接查询完成左外连接查询和右外连接查询的操作，查询结果包括了左外连接查询和右外连接查询都不满足连接条件的那些数据行。

【问题 2.35】使用左外连接查询所有选修课程的详细报名情况，要求既包括已有学生报名的选修课程，也包括没有学生报名的选修课程情况，显示内容有学号、课程编号和课程名称。

该题要查看的内容来自课程表（Course）和学生选课表（StuCou），现在要确定这两个表哪个是左表名，哪个是右表名。

在内连接查询时，因被过滤掉的是课程表（Course）中课程编号 CouNo 为“019”的课程，现在选择将 Course 表作为左表名，StuCou 作为右表名，那么就使用左外连接查询。左外连接的 FROM 子句写为：FROM Course LEFT JOIN StuCou。

```
SELECT StuNo,Course.CouNo,CouName
FROM Course LEFT JOIN StuCou
ON Course.CouNo=StuCou.CouNo
GO
```

执行结果如图 2-21 所示，查询结果行数为 593。可以看出，没有过滤掉没有学生报名选修的“019”课程，CouNo 为“019”行的 StuCou 表的 StuNo 列值显示为 NULL。

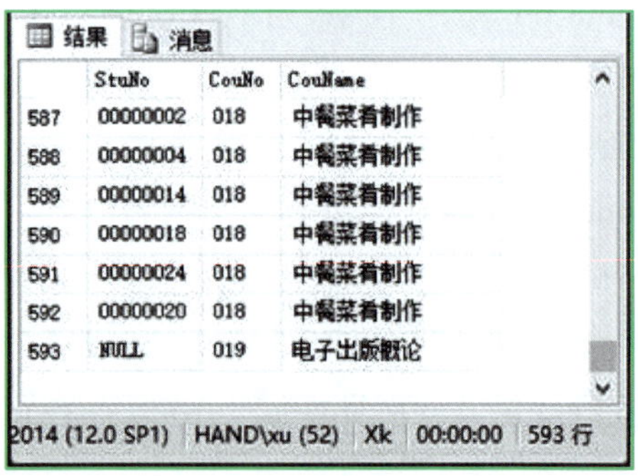

图 2-21 左外连接查询结果

左外连接查询与右外连接查询都是针对所使用表所在的位置而言。如果将【问题 2.35】FROM 子句中 Course 表与 StuCou 表互换位置，那么就要进行右外连接查询，此时需要将 LEFT 关键字修改为 RIGHT 关键字，FROM 子句为：FROM StuCou RIGHT JOIN Course。

实现左外连接查询和右外连接查询的关键是：首先要确定需要保证哪个表的信息完整，再根据该表是位于 JOIN 关键字的左侧还是右侧，决定进行左外连接查询还是右外连接查询。

为了引出全外连接查询的使用，下面再给出一个右外连接查询的例子。

【问题 2.36】使用右外连接查询学生已报名和未报名的课程信息（课程编号、课程名称、学号）。

StuCou 表中有学生选修了 CouNo 为“020”的课程，该课程在 Course 表中并不存在（约束数据完整性后不会出现这种情况）。为了不过滤掉 StuCou 表中“020”的课程，现在使用右外连接查询，将 FROM 子句写为：FROM Course RIGHT JOIN StuCou。

```
SELECT Course.CouNo,CouName,StuNo
FROM Course RIGHT JOIN StuCou
ON Course.CouNo=StuCou.CouNo
GO
```

执行结果如图 2-22 所示。StuCou 表中“020”的课程没有过滤掉，因 Course 表中不存在“020”的课程，所以将课程编号为“020”的 Course 表的课程编号 CouNo 列和课程名称 CouName 列值均显示为 NULL。

从图 2-22 所示的查询结果中发现，不存在“019”的课程。

在进行左外连接查询时，查询结果中有“019”的课程，没有“020”的课程；在进行右外连接查询时，查询结果中有“020”的课程，没有“019”的课程。为了在外连接的查询结果中既包含“019”的课程，又包含“020”的课程，即同时实现左外连接查询和右外连接查询的功能，就要使用全外连接查询。

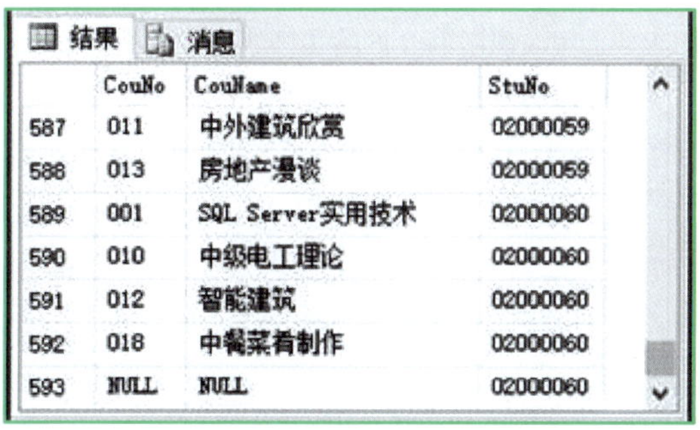

结果　消息

	CouNo	CouName	StuNo
587	011	中外建筑欣赏	02000059
588	013	房地产漫谈	02000059
589	001	SQL Server实用技术	02000060
590	010	中级电工理论	02000060
591	012	智能建筑	02000060
592	018	中餐菜肴制作	02000060
593	NULL	NULL	02000060

图 2-22　右外连接查询结果

【问题 2.37】使用全外连接查询学生报名信息（课程编号、课程名称、学号）。

```
SELECT Course.CouNo,CouName,StuNo
FROM Course FULL JOIN StuCou
ON Course.CouNo=StuCou.CouNo
GO
```

执行结果如图 2-23 所示，查询结果有 594 行数据。注意最后两行数据，显示了左表和右表中不满足连接条件的两行数据行。

结果 消息

	CouNo	CouName	StuNo
588	013	房地产漫谈	02000059
589	001	SQL Server实用技术	02000060
590	010	中级电工理论	02000060
591	012	智能建筑	02000060
592	018	中餐菜肴制作	02000060
593	NULL	NULL	02000060
594	019	电子出版概论	NULL

图 2-23　全外连接查询结果

单元小结

在本单元：

- 会将要使用的数据库切换为当前数据库。
- 查询时会使用星号（*）显示表的全部列。
- 会根据需要改变查询结果的列标题。
- 会使用 DISTINCT 消除查询结果的重复数据行。
- 会使用 TOP n [PERCENT] 返回查询结果的前 n（%）行。
- 会在查询结果中增加要显示的字符串。
- 会使用 WHERE 子句写出限制查询的条件。
- 会将表达式作为查询的列。
- 会使用 ORDER BY 子句按要求重新排序查询结果。
- 会在查询中根据需要使用列表运算符 IN。
- 会在查询中根据需要使用范围运算符 BETWEEN。
- 了解精确查询和模糊查询的区别。会使用 LIKE 及 4 个通配符（%、_、[ ]、[^]）实现模糊查询。
- 会使用 IS NULL 查询指定列未输入值的数据行。
- 会根据需要使用聚合函数（SUM 函数、MAX 函数、MIN 函数、COUNT 函数、AVG 函数）进行统计或汇总。
- 会根据需要分组查询结果。掌握 GROUP BY 子句、CUBE 运算符、HAVING 子句、GROUP BY ALL 子句的使用。了解 HAVING 子句与 WHERE 子句的区别。
- 会实现子查询。
- 能根据需要按照要求排名查询结果。
- 了解笛卡儿积的概念。会实现交叉连接查询。
- 会根据需要实现多表连接查询，写出正确的表与表之间的连接条件。会实现内连接查询中的相等连接查询、自然连接查询、比较连接查询、自连接查询。
- 了解外连接查询要解决的问题。会实现外连接查询中的左外连接查询、右外连接查询和全外连接查询。

- 会定义表别名及使用表别名进行查询。
- 了解 SELECT 语句的语法：

```
SELECT [ALL | DISTINCT] select_column_list
        [INTO [new_table_name]]
[FROM {table_name | view_name}[(optimizer_hints)]]
[[,{table_name2 | view_name2}[(optimizer_hints)]]]
[WHERE clause]
[GROUP BY clause]
[HAVING clause]
[ORDER BY clause]
[COMPUTE clause]
[FOR BROWSE]
```

- 了解 T-SQL 应遵循的语法规则，见表 2-8。

表 2-8 T-SQL 语法规则

书写规则	说明
大写	T-SQL 关键字
斜体或小写字母	T-SQL 语法中用户提供的参数
|（竖线）	分隔括号或大括号内的语法项目，只能选择一个项目
[ ]（方括号）	可选项，不必输入方括号
{ }（大括号）	必选项，不必输入大括号
( )（小括号）	语句的组成部分，必须输入
[,...n]	表示前面的项可重复 n 次，项之间由逗号分隔
[...n]	表示前面的项可重复 n 次，项之间由空格分隔
加粗	数据库名、表名、列名、索引名、存储过程、实用程序、数据类型名以及必须按所显示的原样输入的文本
<标签>::=	语法块的名称。此规则用于对可在语句中的多个位置使用的过长语法或语法单元部分进行分组和标记

思考与练习

1. 通常情况下，用户登录到 SQL Server 时，被自动连接到哪个数据库上？如何将要使用的数据库切换为当前数据库？

2. SELECT 语句的书写格式通常为：

SELECT ?

FROM ?

WHERE ?

ORDER BY ?

请简述在问号（？）处应填写什么。

实训

使用查询窗口或 sqlcmd 实施查询。

1. 查看部门编号为“03”的部门名称。

2. 查看部门名称中包含有“工程”两个字的系的全名。

3. 显示共有多少个部门。

4. 显示“01”年级共有多少个班级。

5. 查看在“周二晚”上课的课程名称和教师。

6. 查看姓“张”“陈”“黄”同学们的基本信息，要求按照姓名降序排序查询结果。

7. 按部门统计课程的平均报名人数，要求显示部门名称、平均报名人数。

8. 统计各个部门的班级数，要求显示部门编号、部门名称和班级数量。

9. 查看“甘蕾”同学选修的课程名、学分、上课时间、志愿号，并按志愿号（升序）排序查询结果。

10. 查看“00 电子商务”班的选修报名情况。要求显示学号、姓名、课程编号、课程名称、志愿号，并按学号（升序）、志愿号（升序）排序。

11. 按部门统计各系的最少报名人数、最多报名人数、平均报名人数和报名总数，并汇总显示所有部门的报名总数。要求平均报名人数保留两位小数。

单元 3

管理用户表数据

学习目标

【知识目标】

- 掌握 INSERT、UPDATE、DELETE 语句的使用方法。
- 掌握 UNION 运算符的使用方法。
- 掌握将 SELECT 查询结果保存到新表中的方法。
- 掌握合并查询结果的方法。

【技能目标】

- 会使用 INSERT 语句添加数据。
- 会使用 UPDATE 语句更新数据。
- 会使用 DELETE 语句删除数据。
- 会将查询结果保存到新表中。
- 会合并查询结果。

单元设计
教学课件 PPT
实训（验）项目单
实训参考答案
示例数据库
例题源代码

任务陈述

小赵提出，需要向用户表中输入数据，或者修改、删除用户表中的数据。小赵还需要将查询结果保存到一个新表中、合并查询结果。

任务 3.1 维护数据表数据

使用 T-SQL 语言不仅可以查询表中的数据，还可以对表中的数据进行维护，包括向表中添加数据、修改或删除表中的数据，将 SELECT 查询结果保存到新表中。

SQL Server 为了保证数据的安全性，只有系统管理员（sa）、数据库所有者（dbo）和表的创建者以及被授予权限的用户才能维护数据库中的数据。

向表中添加数据

1. 使用 INSERT 语句

向用户表中添加数据可以使用 INSERT 语句和 SSMS。

首先确定要在哪个表中添加数据，其次确定要添加什么数据，使用什么方法添加数据。

【问题 3.1】向部门表（Department）添加如下 3 行数据（3 种不同的写法）。

DepartNo='11'，DepartName='数学系'

DepartNo='12'，DepartName='物理系'

DepartNo='13'，DepartName='化学系'

使用 INSERT 语句向表中添加数据。

```
USE Xk        /*一定先切换到 Xk 数据库，以后不再写此语句*/
GO
INSERT Department
VALUES ('11','数学系')
INSERT Department(DepartName,DepartNo)
VALUES ('物理系','12')
INSERT Department(DepartNo,DepartName)
VALUES ('13','化学系')
GO
SELECT * FROM Department
GO
```

执行结果如图 3-1 所示。

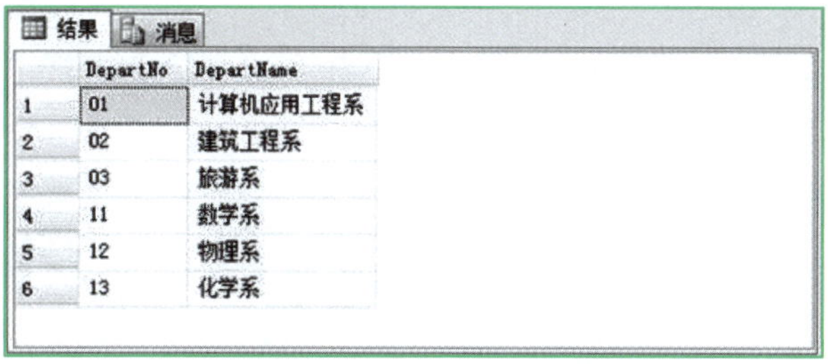

	DepartNo	DepartName
1	01	计算机应用工程系
2	02	建筑工程系
3	03	旅游系
4	11	数学系
5	12	物理系
6	13	化学系

图 3-1　使用 INSERT 语句向表中输入数据的执行结果

对于向部门表（Department）中添加 3 行数据的 SQL 语句说明如下。

输入“数学系”数据行时，在 Department 表名后没有给出列名。在 VALUES 子句中要按照 Department 表中定义的列的顺序依次给出所有列的值，并且注意数据类型要和列的定义相同。

输入“物理系”数据行时，在 Department 表名后给出列名。注意，此时列的顺序与表中不同，所以在 VALUES 子句给出列值时，要注意列值顺序与给定的列名顺序相同。

输入“化学系”数据行时，列名顺序与表中列的顺序一致。在某列值允许为空的情况下，允许省略该列名和列值。

【注意】

① 在向 Department 表添加数据时，如果系统显示如图 3-2 所示的错误信息，其原因是，部门编号 DepartNo 的值必须是唯一的，在值已存在的情况下，系统不允许添加重复值。

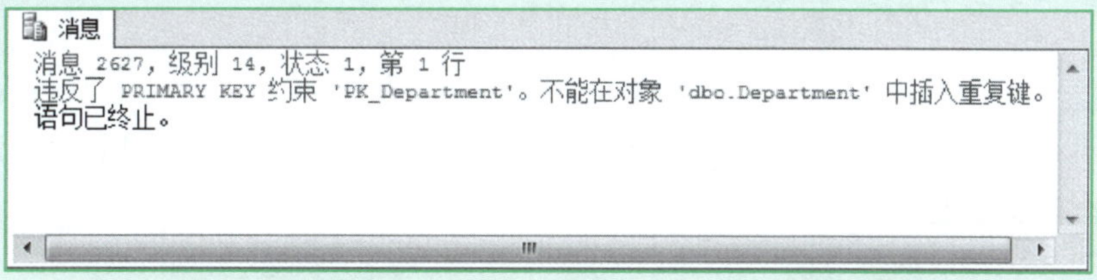

图 3-2　对已经存在的 DepartNo，系统禁止输入重复值的错误信息

② 如果系统显示如图 3-3 所示的错误信息，其原因是，表中的一些列定义为不允许为空，在使用 INSERT 语句向表中添加数据时，如果省略该列，系统自动向该列添加空值，导致添加出错。

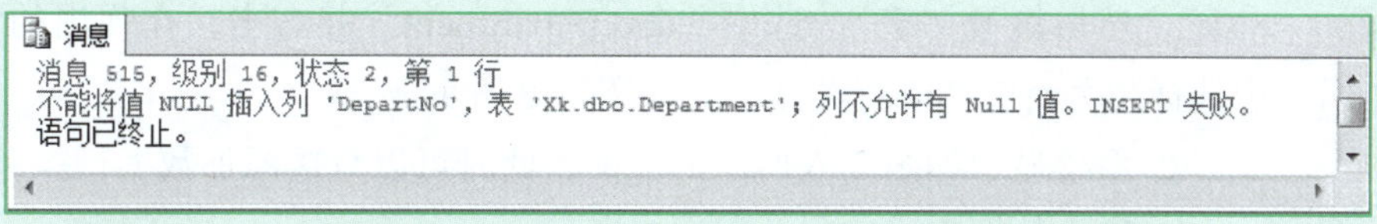

图 3-3　Department 表的 DepartName 列不允许为空值的错误提示

③ 如果系统显示如图 3-4 所示的错误信息，其原因是，左括号是在全角状态下输入的，应在半角状态下输入。

图 3-4　在全角状态下输入括号的错误提示

在表中添加多行数据还可以使用 INSERT 与 UNION 运算符。

【问题 3.2】向班级表（Class）添加如下 4 行数据。

ClassNo='20110001'，ClassName='03 旅游管理 '，DepartNo='03'

ClassNo='20110002'，ClassName='03 旅游管理 '，DepartNo='03'

ClassNo='20110003'，ClassName='02 建筑管理 '，DepartNo='02'

ClassNo='20110004'，ClassName='02 建筑管理 '，DepartNo='02'

这里使用 INSERT INTO 语句，并使用 SELECT 语句与 UNION 相配合的方法。

```
INSERT INTO Class
SELECT '20110001','03 旅游管理 ','03'
UNION
SELECT '20110002','03 旅游管理 ','03'
UNION
SELECT '20110003','02 建筑管理 ','02'
UNION
SELECT '20110004','02 建筑管理 ','02'
GO
```

使用 INSERT INTO 语句将 UNION 运算合并后的 SELECT 结果集添加到 Class 表中。

2. 使用 SSMS

使用 SSMS 图形界面向表（如 Department 表）中添加数据行的具体步骤如下：

① 打开 SSMS，在“对象资源管理器”窗口中展开“数据库”，再展开“Xk”，然后展开“表”，选中“dbo.Department”并右击，在弹出的快捷菜单中选择“编辑前 200 行”命令，如图 3-5 所示。

② 系统显示如图 3-6 所示的界面，此时可以直接添加数据行。

③ 输入数据完毕后，关闭窗口即可。

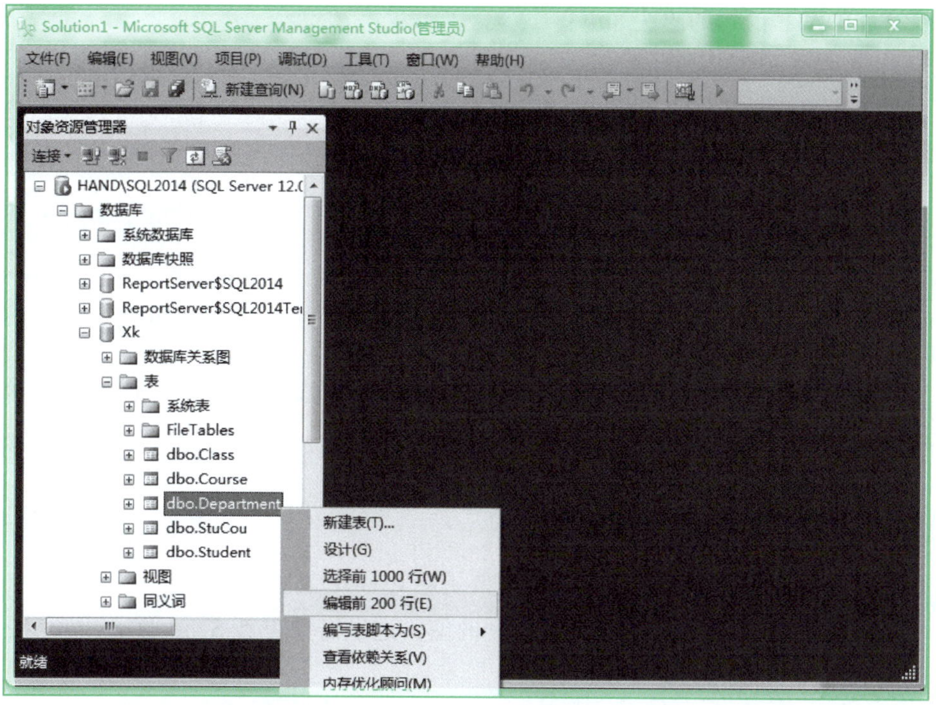

图 3-5 在对象资源管理器中选择“编辑前 200 行”命令

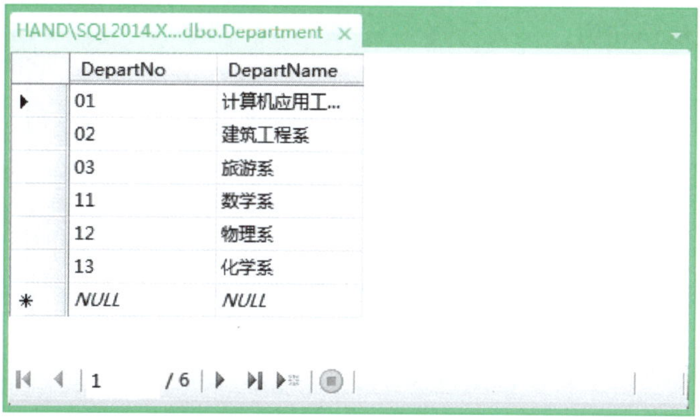

图 3-6 向表中录入数据窗口

更新数据表数据

更新数据表数据的方法有两种：使用 UPDATE 语句或使用 SSMS。使用 SSMS 的步骤在输入数据时已进行介绍，只需在要进行更新的地方直接进行更新即可，不再详述。

UPDATE 语句用来更新表中已经存在的数据。UPDATE 语句一次可以更新一行数据，也可以一次更新多行数据，甚至可以一次更新表中所有数据行。

UPDATE 语句的语法如下：

```
UPDATE  要更新的表名
SET 要更新的列名 = 更新后的值
[FROM 涉及的表名列表 ]
[WHERE 条件 ]
```

【注意】方括号中的内容为可选项。更新后的值可以是常量，也可以是指定的表达式。WHERE 子句限制要更新哪些数据行，如果缺少 WHERE 子句，则更新表中所有数据行。如果更新涉及多个表，需要在 FROM 子句中列出涉及的那些表名（用逗号间隔），而且要在 WHERE 子句中给出多表之间的连接条件。

使用 UPDATE 语句更新数据时，如果破坏了数据完整性（即数据的正确性、一致性），则更新操作会失败。

【问题 3.3】需要将课程表（Course）中“电子出版概论”课程的上课时间修改为“周二晚”。

首先确定需要更新的表，这里需要更新 Course 表。

然后确定需要更新的列及更新后的值，这里需要更新 SchoolTime 列，更新后的值为“周二晚”。

接着确定更新涉及哪些表，这里只涉及 Course 表。

最后确定需要更新的数据行。这里更新课程名称为“电子出版概论”的那行数据。SQL 语句为：

```
UPDATE Course
SET SchoolTime='周二晚'
FROM Course
WHERE CouName='电子出版概论'
GO
```

查看 Course 表，可以看到已完成数据的更新。

【问题 3.4】将“01 数据库”班级所有学生的选课密码初始化为“#*3456”。

首先确定需要更新的表，这里需要更新 Student 表。

然后确定需要更新的列及更新后的值，需要更新 Pwd 列，更新后的值为“#*3456”。

接着确定更新涉及哪些表，该更新涉及 Student 表、Class 表，两个表之间的连接条件为 Student.ClassNo=Class.ClassNo。

最后确定需要更新的数据行，这里需要更新班级名称为“01 数据库”的那些数据行。在查询窗口中编辑并执行如下 SQL 语句：

```
UPDATE Student
```

```
SET Pwd='#*3456'
FROM Student,Class
WHERE Class.ClassNo=Student.ClassNo AND ClassName='01 数据库'
GO
```

使用 SELECT 语句查询可以看到“01 数据库”班级所有学生的选课密码已改为“#*3456”。

删除数据表数据

DELETE 语句用于从表中删除数据。一次可以删除一行数据，也可以删除多行数据。DELETE 语句的简化语法如下：

```
DELETE 要删除数据的表名
[FROM 涉及的表名列表]
[WHERE 条件]
```

WHERE 子句给出限制条件，如果缺少 WHERE 子句，则删除表中所有数据行。如果删除涉及多个表，需要在 FROM 子句中列出涉及的那些表名（用逗号间隔），而且在 WHERE 子句中要给出多表之间的连接条件。

使用 DELETE 语句删除数据时，如果破坏了数据完整性（即正确性、一致性），则删除操作会失败。

【问题 3.5】学号为“00000005”的同学因故取消课程编号为“017”的选修课。

首先确定要删除哪个表中的数据，本题要删除学生选课表（StuCou）中的数据。

然后确定删除数据时涉及哪些表，这里只涉及 StuCou 表。

接着确定要删除哪些行，这里删除 StuNo='00000005' 并且 CouNo='017' 的那行数据。

最后还需要更新 Course 表 CouNo 为“017”的报名人数，将“017”课程的报名人数减 1。SQL 语句如下：

```
DELETE StuCou
FROM StuCou
WHERE StuNo='00000005' AND CouNo='017'
GO
UPDATE Course
SET WillNum=WillNum-1
WHERE CouNo='017'
GO
```

【问题 3.6】学号为“00000005”的同学因故取消“中餐菜肴制作”选修课。

首先确定要删除哪个表中的数据，这里删除学生选课表（StuCou）中的数据。

然后确定删除数据时涉及哪些表，这里涉及 StuCou 表、Course 表，两个表之间的连接条件为 StuCou.CouNo=Course.CouNo。

接着确定要删除哪些行，这里同时要满足两个限制条件：StuNo='00000005' 并且 CouName=' 中餐菜肴制作 '。

最后更新 Course 表中“中餐菜肴制作”课程的报名人数，将其减 1。SQL 语句如下：

```
DELETE StuCou
FROM StuCou,Course
WHERE StuCou.StuNo='00000005'AND CouName = '中餐菜肴制作' AND
      StuCou.CouNo=Course.CouNo
GO
UPDATE Course
SET WillNum=WillNum-1
WHERE CouName ='中餐菜肴制作'
GO
```

执行后查询数据，可以看到已成功删除和修改。

任务 3.2 查询结果保存到表中

使用 SELECT INTO 语句可以将 SELECT 查询结果保存在当前数据库中并不存在的一个新表中。如果指定的表已经存在，那么操作会失败。也可以使用 INSERT INTO 语句将 SELECT 查询结果添加到已存在的表中。

【问题 3.7】从课程表（Course）中将报名人数超过 40（含）人的课程数据保存到 CourseWillNum 表中（注意：Xk 数据库中无 CourseWillNum 表）。

本题首先要确定需要添加的数据行，然后使用 SELECT INTO 语句将要添加的那些数据行添加到新创建的 CourseWillNum 表中。SQL 语句：

```
SELECT * INTO CourseWillNum
FROM Course
   WHERE WillNum>=40
GO
```

执行 SQL 语句后，在 Xk 数据库中创建了 CourseWillNum 表，并且将

Course 表中报名人数超过 40（含）人的课程信息保存到 CourseWillNum 表中。

【问题 3.8】将“01 旅游管理”班同学的学号、姓名和选修的课程编号、课程名称数据保存到名为 My_Class 的新表中。

经分析，该题涉及班级表（Class）、学生表（Student）、课程表（Course）和学生选课表（StuCou），需要写出 3 个连接条件。

在查询窗口中编辑并执行 SQL 语句：

```
SELECT S.StuNo,StuName,C.CouNo,CouName INTO My_Class
FROM Student S,Course C,StuCou SC,Class CL
WHERE S.StuNo=SC.StuNo AND C.CouNo=SC.CouNo AND
       CL.ClassNo=S.ClassNo AND ClassName='01 旅游管理'
GO
```

【问题 3.9】在 CourseWillNum 表中添加报名人数大于 30 人并且小于 40 人的课程。

使用 INSERT INTO 语句将 Course 表中满足限定条件的那些数据行添加到 CourseWillNum 表中。SQL 语句：

```
INSERT INTO CourseWillNum
SELECT * FROM Course
WHERE WillNum>=30 AND WillNum<40
GO
```

查看 CourseWillNum 表，可以看到该表中已添加了所需要的那些数据行。

工作中常常会遇到这样的问题，要将两个或更多的查询结果合并为一个查询结果，或将合并后的结果保存到一个新表中，此时可以使用 UNION 或 UNION ALL，其区别是使用 UNION ALL 合并的查询结果中会包含重复行。

【问题 3.10】查看课程编号、课程名称及报名状态。

经分析，课程编号、课程名称来自 Course 表，而课程编号、报名状态来自 StuCou 表，使用 UNION ALL 合并两个查询结果。

在查询窗口中编辑并执行如下 SQL 语句：

```
SELECT CouNo,CouName
FROM Course
UNION ALL
SELECT CouNo,State
FROM StuCou
```

```
ORDER BY CouNo
GO
```

执行结果如图 3-7 所示。

可以看到合并后的查询结果有 610 行，其中 19 行数据来自 Course 表，591 行数据来自 StuCou 表。从该查询结果可以了解到有多少学生报名了某门课程。如果只是了解是否有学生报名，而不关心有多少名学生报名，就需要去掉查询结果中重复出现的那些数据行，此时将 UNION ALL 修改为 UNION。SQL 语句如下：

```
SELECT CouNo,CouName
FROM Course
UNION
SELECT CouNo,State
FROM StuCou
ORDER BY CouNo
GO
```

执行结果如图 3-8 所示。

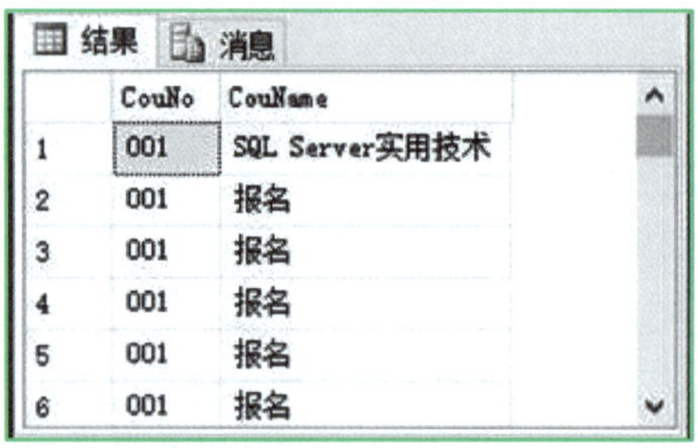

图 3-7 使用 UNION ALL 合并两个查询结果

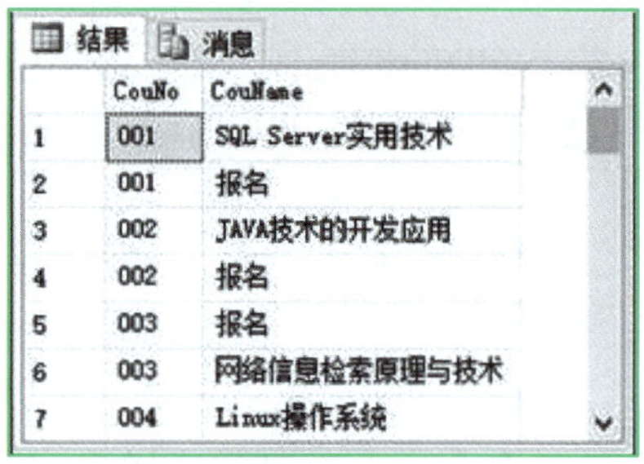

图 3-8 使用 UNION 合并两个查询结果

该查询结果只有 38 行，消除了合并的查询结果中重复出现的那些数据行。从查询结果可以看到有学生报名的那些课程名称。

从合并后的结果看到，合并后结果的列标题为第 1 个查询的列标题。

【问题 3.11】查看课程编号、课程名称及报名状态的情况，并将数据保存到名为 CourseState 的表中（注意，数据库中没有 CourseState 表）。

该题使用 SELECT INTO 语句将查询结果保存到 INTO 后面的 CourseState 表中。SQL 语句为：

```
SELECT CouName,CouNo INTO CourseState
FROM Course
UNION
```

```
SELECT State,CouNo
FROM StuCou
ORDER BY CouNo
GO
```

执行成功。如果 CourseState 表已经存在，那么操作会失败。

使用 UNION 运算符，可以将两个或更多个查询结果合并为一个查询结果。当使用 UNION 时，需要注意如下事项：

① 用来合并的每个查询结果中的列数必须相同，并且对应列的数据类型必须相同或兼容。

② 第 1 个查询结果的列标题作为合并后查询结果的列标题。

③ 使用 UNION ALL 合并后的查询结果会包含重复出现的数据行。

④ INTO 子句只能出现在第 1 个查询语句中，不可以出现在其他查询中，并且 INTO 后面的表名在数据库中不能存在。

⑤ UNION 运算符也可以和 INSERT 语句一起使用。

数据类型必须相同或者兼容，意味着不同查询结果对应列的数据类型必须相同，或使用转换函数将不同的数据类型转换为同一数据类型的数据。

单元小结

在本单元：

- 会使用 INSERT 语句添加数据
- 会使用 UPDATE 语句更新数据。
- 会使用 DELETE 语句删除数据。
- 会将查询结果保存到新表中。
- 会合并查询结果。

思考与练习

1. 向表中添加数据有几种方法，各有什么不同？
2. 更新数据需要使用哪个语句？请写出语句结构。
3. 删除数据需要使用哪个语句？请写出语句结构。
4. 如何将查询结果保存到一个新的表中？
5. 如何合并查询结果？

实训

1. 学号为“00000025”的学生第 1 志愿报名选修“001”课程，请在数据库中进行处理。

2. 删除学号为“00000025”的学生的选课报名信息。

3. 将“00 多媒体”班的“杜晓静”的名字修改为“杜小静”。

4. “00 电子商务”班的“林斌”申请将已选修的“网络信息检索原理与技术”课程修改为“Linux 操作系统”。

单元 4

数据库设计

学习目标

【知识目标】

■ 理解实体、属性、属性间联系及联系类型。

■ 掌握信息化现实世界的方法，理解实体关系图（E-R 图）。

■ 掌握关系模型的概念，掌握规范化关系数据模型的方法。

■ 理解数据完整性概念。

【技能目标】

■ 会将现实世界的事物和特性抽象为信息世界的实体与属性。

■ 会用 E-R 图描述实体、属性与实体间的联系。

■ 会将 E-R 图转换为关系数据模型，并规范化到一定的程度（范式）。

单元设计
教学课件 PPT
实训（验）项目单
实训参考答案
示例数据库
例题源代码

任务陈述

每学期学生选报选修课程，人工处理烦琐，效率不高，又易出错，因此学校计划开发网上学生选课系统。现在，首先需要将现实世界中的学生选课数据进行处理，建立概念数据模型，然后将概念数据模型转换为关系模型，并将关系模型规范到一定化的程度。

知识学习

现实世界数据化步骤

在建设某幢高楼前，设计单位的设计师先对要建造的建筑物进行设计，绘制出详细、完整的一套建筑设计图，使建设单位、施工单位提前对建筑物竣工后的最终效果有直观的认识，设计单位再根据建设单位的反馈意见修改设计图，以满足建设单位的要求。而不是施工单位先施工，等高楼建造好后建设部门表示不满意时推倒重来。

对数据库的设计如同建造高楼一样，在 SQL Server 中创建数据库和数据表之前，需要先设计数据库和用户表，绘出设计图纸（称数据建模），以便于技术人员与用户进行沟通，然后根据用户的意见或建议及时修改设计，避免在数据库投入运行后用户再提出修改意见，造成开发成本高，不能按计划完成工作。

现实世界中存在的客观事物不能直接进入计算机中进行处理，必须先将它们数据化，然后才可以在计算机中进行处理。

将现实世界存在的客观事物数据化需要经历从现实世界到信息世界，再从信息世界到数据世界两个阶段。现实世界、信息世界和数据世界三者之间的关系如图 4-1 所示。

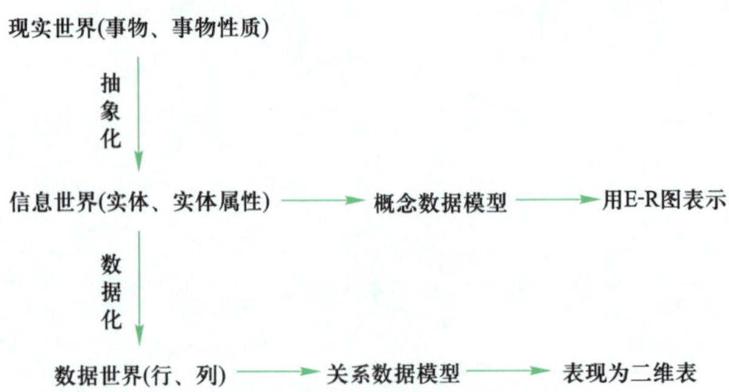

图 4-1　现实世界、信息世界和数据世界之间的关系

首先将现实世界中客观存在的事物及它们所具有的特性抽象为信息世界的实体和属性。然后使用实体关系（Entity Relationship，E–R）图表示实体、属性、实体之间的联系（即概念数据模型），接着将 E–R 图转换为数据世界中用二维表表示的关系数据模型，最后根据实际情况规范化关系数据模型。

任务 4.1　信息化现实世界

【问题 4.1】将现实世界的学生、课程抽象为信息世界的实体和属性。

首先介绍实体、属性、属性值、实例、实体标识符、联系及联系类型的概念。

实体：现实世界中客观存在的并可相互区别的事物或概念。实体可以是具体的人、事、物，也可以是抽象的概念或联系。实体表示的是一类事物，将其中的一个具体事物称为**实例**。

属性：实体所具有的某种特性。一个实体可以使用许多属性进行描述。属性的具体取值称为**属性值**。

在学校的学生选课系统中，学生、课程都是实体。

学生实体本身有很多属性，如身份证号、学号、姓名、性别、出生日期、籍贯、班级、选课密码等。在学生选课系统中，需要关心的学生实体属性有学号、姓名、班级及选课密码；课程实体属性有课程编号、课程名称、课程类别、学分、教师、部门编号、部门名称、上课时间、限选人数、选中人数等。

“林斌”是姓名属性的属性值；“SQL Server 实用技术”是课程名称属性的属性值。

“002”“JAVA 技术的开发应用”“信息技术”、2、“程伟彬”“01”“计算机应用工程系”“周二 5–6 节”、40、34 则具体表示了一门课程的完整信息，它是课程实体的一个实例。它表明课程编号为“002”，课程名称为“JAVA 技术的开发应用”，课程类别为“信息技术”，学分为 2，教师为“程伟彬”等。

实体标识符：唯一标识实体中的每一行的属性或属性的组合。

当学生的学号值唯一时，学号是学生的实体标识符。当课程的课程编号值唯一时，课程编号是课程的实体标识符。

联系及联系类型：实体不是孤立存在的，实体间有着相互联系。实体间的联系分为 1 对 1（表示为 1∶1）、1 对多（表示为 $1:n$）和多对多（表示为 $m:n$）联系类型。

经分析，每名学生可以选修多门课程，每门课程可以有多名学生选修，所以课程和学生间的联系是多对多，可用 $m:n$ 表示。用学生 - 选课作为课程、学生间的联系名，它具有志愿号、选课状态等属性。

任务 4.2 画出实体关系图

【问题 4.2】画出学生选课实体关系图。

实体关系图（E–R 图）：通常使用 E–R 图（或称 E–R 模型）描述现实世界的信息结构。E–R 图有以下几个要素。

① 矩形：表示实体，矩形内标出实体名。

② 椭圆：表示实体和联系所具有的属性，椭圆内标出属性名。如果属性较多，为使图形更加简明，也可另外用表格表示实体及属性。

③ 菱形框：表示实体之间的联系，菱形框内标出联系名。

④ 连线：用来在实体与实体属性、联系与联系属性、实体与联系间建立连接。

在【问题 4.1】中已分析出学生、课程、学生选课所具有的属性和联系类型。学生选课 E–R 图如图 4–2 所示。

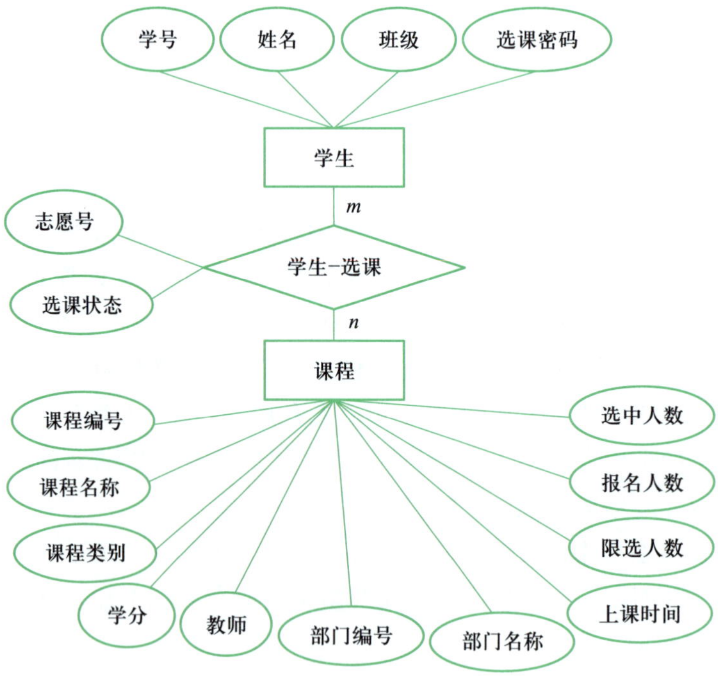

图 4–2 学生选课 E–R 图

【问题 4.3】在一所学校中，每个班级有 1 名班主任，请分析班主任与班级属性，画出班主任与班级的 E–R 图。

经分析，班主任是实体，班主任有工号、姓名、职称等属性。班级也是实体，班级具有班级编号、班级名称、班级人数等属性。班主任与班级的联系类型是 1 : 1。工号是班主任的实体标识符，班级编号是班级的实体标识符。E–R 图如图 4–3 所示。

【问题 4.4】在一所学校中，每个班级都有 1 名班主任和多名学生，请分析班主任与学生的属性，画出班主任与学生的 E–R 图。

经分析，班主任管理一个班级，班主任具有工号、姓名、职称和班级名称等属性。班主任管理的班级里学生具有学号、姓名、性别、电话、宿舍等属性。班主任与学生之间的联系类型是 1 : m。工号是班主任的实体标识符，学号是学生的实体标识符。班主任与学生 E–R 图如图 4–4 所示。

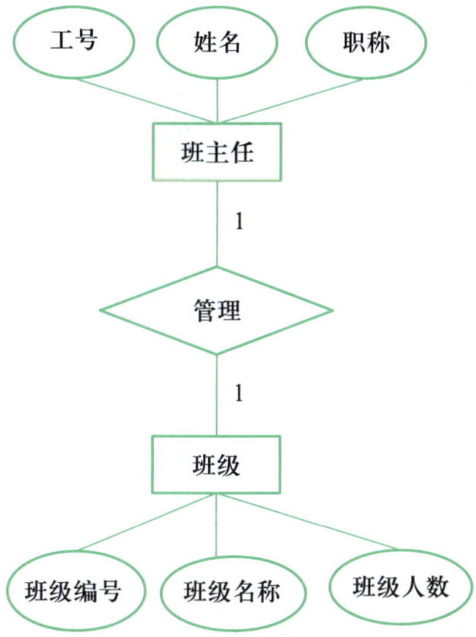

图 4–3　班主任与班级 E–R 图

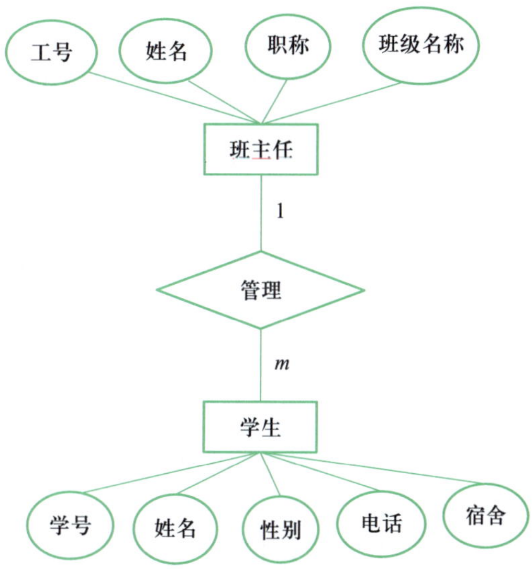

图 4–4　班主任与学生 E–R 图

任务 4.3　将 E–R 图转为关系数据模型

关系数据模型：数据库应用系统广泛采用的数据模型之一。关系数据模型用二维表来表示实体及实体之间的联系。只有具有如下特点的二维表才是关系数据模型。

① 表中的每列都是不可再细分的基本数据项。

② 每列的名字不同，数据类型相同或者兼容。

③ 行的顺序无关紧要。

④ 列的顺序无关紧要。

⑤ 关系中不能存在完全相同的两行。

很多时候又将关系数据模型简称为关系模型、关系或表（本书后续称为表）。表由表结构、行（也称为元组或记录）和列（也称为属性或字段）所组成，见表 4–1。

表结构，学生表有 4 列

表 4–1　学　生　表

学　号	姓　名	班　级	选课密码
00000001	林斌	00 电子商务	47FE680E
00000002	彭少帆	00 电子商务	A946EF8C
00000011	朱川	00 多媒体	19C5653D
…	…	…	…

从表 4–1 可以看出，学生表的表结构由 4 列（学号、姓名、班级、选课密码）组成。每行表示一名学生的基本信息，有多少数据行就表明有多少名学生，学生表中不可能出现完全相同的两行数据。

将 E–R 图转换为关系模型：将每一个实体单独转换为一个表，将实体属性转换为表中的列，实体标识符作为表的主关键字（简称主键），它能唯一标识表中的每一行。

对于联系的转换，联系类型不同转换方法也不同。

（1）联系类型为多对多的 E–R 图。将联系单独转换为一个表，该表中的列有联系的属性、联系两方实体的实体标识符。该表的主键由两个实体的实体标识符共同组成。

（2）联系类型为 1 对 1 的 E–R 图。不将联系单独转换为一个表。将联系的属性及一个表的主键加入另一个表中。由此可以得到两种转换结果。

（3）联系类型为 1 对多的 E–R 图。不将联系单独转换为一个表，将联系的属性及 1 端对应表的主键加入 n 端对应的表中，n 端表的主键不变。

【问题 4.5】将如图 4–2 所示的学生选课 E–R 图转换为关系数据模型（联系类型为多对多）。

将课程实体、学生实体单独转换为课程表、学生表。课程编号为课程表的主键。学号为学生表的主键。写成关系模式：

课程表（课程编号，课程名称，课程类别，学分，教师，部门编号，部门名称，上课时间，限选人数，报名人数，选中人数）

学生表（学号，姓名，班级，选课密码）

将联系单独转换为学生选课表。（学号，课程编号）为主键，写成关系模式：

学生选课表（学号，课程编号，志愿号，选课状态）

也可将学生实体、课程实体及联系转换为表 4–1、表 4–2、表 4–3 所示的二维表。注意，这里为便于理解，在表中添加了数据。

表 4–2　课　程　表

课程编号	课程名称	课程类别	学分	教师	部门编号	部门名称	上课时间	限选人数	报名人数	选中人数
001	SQL Server 实用技术	信息技术	3	徐人凤	01	计算机应用工程系	周二 5-6	20	43	20
002	Java 技术的开发应用	信息技术	2	程伟斌	01	计算机应用工程系	周二 5-6	40	34	34
011	中外建筑欣赏	人文	2	林泉	02	建筑工程系	周二 5-6	20	27	20
012	智能建筑	工程技术	2	王娜	02	建筑工程系	周二 5-6	20	35	20

表 4–3　学生选课表

学号	课程编号	志愿号	选课状态
00000001	001	1	报名
00000002	002	3	报名
00000011	017	4	…
…	…	…	…

【问题 4.6】将图 4–3 所示的班主任与班级 E–R 图转换为关系数据模型（联系类型为 1 对 1）。

将班主任、班级两个实体单独转换为两个表：班主任表、班级表，工号为班主任表的主键，班级编号为班级表的主键。写为：

班主任表（工号，姓名，职称）

班级表（班级编号，班级名称，班级人数）

不将联系单独转换为一个表。将班主任表的主键工号加到班级表中，或者将班级表的主键班级编号加到班主任表中，得到两种转换结果：

班主任表（工号，姓名，职称）

班级表（班级编号，班级名称，班级人数，工号）

或者

班主任表（工号，姓名，职称，班级编号）

班级表（班级编号，班级名称，班级人数）

【问题 4.7】将图 4–4 所示的班主任与学生 E–R 图转换为关系数据模型（联系类型为 1 对多）。

将班主任、学生两个实体单独转换为两个表：班主任表、学生表，工号为班主任表的主键，学号为学生表的主键。写为：

班主任表（工号，姓名，职称，班级名称）

学生表（学号，姓名，性别，电话，宿舍）

不将联系单独转换为一个表，a 将 1 端班主任的主键（工号）加到多端学生表中，n 端学生表的主键不变。转换结果为：

班主任表（工号，姓名，职称，班级名称）

学生表（学号，姓名，性别，电话，宿舍，工号）

任务 4.4 规范化关系数据模型

【问题 4.8】规范化表 4–1 学生表、表 4–2 课程表、表 4–3 学生选课表，并将其规范到Ⅲ范式的程度。

关系模型规范化：为消除存储异常，减少数据冗余（即重复），保证数据完整性（数据的正确性、一致性）和存储效率，一般将关系模型规范到Ⅲ范式。

关系数据模型规范化程度，可使用“范式”进行衡量，记作 NF。满足最低要求的为Ⅰ范式，简称 1NF。在Ⅰ范式的基础上，进一步满足一些要求的为Ⅱ范式，简称 2NF。同理，还可进一步规范为Ⅲ范式。

Ⅰ范式：一个关系的每个属性都是不可再分的基本数据项，则该关系是Ⅰ范式。

经分析，表 4–1 学生表、表 4–2 课程表、表 4–3 学生选课表均满足Ⅰ范式的条件，所以都是Ⅰ范式。

为理解Ⅱ范式和Ⅲ范式，先给出函数依赖、部分函数依赖和函数传递依赖的概念。

函数依赖：表中某属性 B 的值完全能由另一个属性 A（主关键字）值所决定，则称属性 B 函数完全依赖于属性 A，或称属性 A 决定了属性 B，记作属性 A →属性 B。

经分析，表 4–1 学生表中的姓名、班级、选课密码都函数依赖于主关键字学号。表 4–2 课程表中的课程名称、课程类别、学分等都函数依赖于主关键字课程编号。

部分函数依赖：表中某属性 B 只函数依赖于主关键字中的部分属性。表 4–3 学生选课表的主键为（学号，课程编号），非主键的两个属性志愿号、选课状态既依赖于主键中的学号，又依赖于主键中的课程编号，完全依赖主键中的两个属性，学生选课表不存在部分函数依赖。

函数传递依赖：属性之间存在传递的函数依赖关系。在表 4–2 课程表中，课程编号决定了部门编号，部门编号决定了部门名称，部门名称是通过部门编号的传递而依赖于主关键字课程编号的，则称课程编号和部门名称之间存在函数传递依赖关系。

Ⅱ范式：首先是Ⅰ范式，而且关系中的每一个非主属性完全函数依赖于主关键字，则该关系是Ⅱ范式。

经分析，表 4–1 学生表、表 4–2 课程表、表 4–3 学生选课表均是Ⅱ范式。

将非Ⅱ范式规范为Ⅱ范式的方法：将部分函数依赖关系中的主属性（决定方）和非主属性从关系中提取出来，单独构成一个关系；将关系中余下的其他属性加上主关键字，构成关系。

Ⅱ范式仍然存在数据冗余、数据不一致的问题，需要进一步将其规范为Ⅲ范式。

Ⅲ范式：首先是Ⅱ范式，且关系中的任何一个非主属性都不函数传递依赖于主关键字。

下面分析表 4–1 学生表、表 4–2 课程表、表 4–3 学生选课表是否是Ⅲ范式。经分析，学生表、学生选课表是Ⅲ范式，而课程表因存在函数传递关系，所以不是Ⅲ范式。

消除函数传递依赖关系：将部门编号属性、部门名称属性分离出来组成一个关系，删除重复的数据行后构成表 4–4 部门表，该表的主关键字为部门编号，它是Ⅲ范式。表 4–2 课程表删除部门名称属性后组成表 4–5 课程表，它是Ⅲ范式。

学生选课规范为Ⅲ范式的结果：表 4–1 学生表、表 4–3 学生选课表、表 4–6 部门表、表 4–5 课程表。

表 4–4 部 门 表

部门编号	部门名称
01	计算机工程系
02	建筑工程系
03	旅游系

表 4-5 课 程 表

课程编号	课程名称	课程类别	学分	教师	部门编号	上课时间	限选人数	报名人数	选中人数
001	SQL Server 实用技术	信息技术	3	徐人凤	01	周二 5-6	20	43	20
002	JAVA 技术的开发应用	信息技术	2	程伟斌	01	周二 5-6	40	34	34
011	中外建筑欣赏	人文	2	林泉	02	周二 5-6	20	27	20
012	智能建筑	工程技术	2	王娜	02	周二 5-6	20	35	20

在表 4-1 学生表中，更新班级属性值时有可能会出现数据不一致的情况，所以需要将班级属性分离出来构成表 4-6 班级表，该表的主关键字为班级编号。再将表 4-1 中的班级属性修改为班级编号后将表 4-1 规范为表 4-7 学生表。

公共关键字：对表 4-7 学生表中的每一个班级编号，都能在表 4-8 班级表中找到与给定的班级编号所对应的班级名称，称班级编号为表 4-6 班级表和表 4-7 学生表的公共关键字（简称公共键）。

表 4-6 班 级 表

班级编号	班级名称	部门编号
20000001	00 电子商务	01
20000002	00 多媒体	01
20000003	00 数据库	01
…	……	…

表 4-7 学 生 表

学 号	姓 名	班级编号	选课密码
00000001	林斌	20000001	47FE680E
00000002	彭少帆	20000001	A946EF8C
00000011	朱川	20000002	19C5653D

该问题规范为Ⅲ范式的最终结果为：学生表（表 4-7）、课程表（表 4-5）、学生选课表（表 4-3）、部门表（表 4-4）、班级表（表 4-6）（后续不再写表号）。

【想一想】这 5 个表中还有哪些公共关键字？

Ⅲ范式的表数据基本独立，表和表之间通过公共关键字进行联系，从根本上消除了数据冗余、数据不一致的问题。

如何在 SQL Server 中创建选课数据库？如何在选课数据库中创建已规范为Ⅲ范式的 5 个表？这些内容分别在单元 5、单元 6 中进行介绍。

任务 4.5　保证数据完整性规则

【问题 4.9】阐述如何保证学生表、课程表、学生选课表、部门表、班级表的数据完整性。

数据完整性用来保证数据的一致性和正确性，它可分为列数据完整性（列完整性）、表数据完整性表（表完整性）和表与表之间的参照完整性。

列完整性也被称为域完整性或用户定义完整性。列完整性指表中任一列的数据必须在所允许的有效范围内。例如，学生选课志愿最多只允许报 5 个，志愿号的值只能为 1、2、3、4、5；课程编号为字符型，长度为 3，不允许为空，并且 3 个字符都是数字，并且不允许同时为 0。

表完整性也被称为实体完整性。表完整性指表中必须有一个主键，且主键值不能为空（NULL）。例如，学生表学号为主键，且值不允许为空，保证了学生表的数据完整性。

参照完整性也被称为引用完整性，指外关键（简称外键）值必须与相应的主键值相互参照。一个表的外键不是本表的主键，但它一定是其他表的主键。外键值来源于主键值，外键值可以为空（NULL）值。外键是一个来自两个表的公共键，通过使用主键和外键以建立表与表之间的联系。

对外键所在的表执行添加（INSERT）操作时，要保证外键值一定要在主表的主键值中存在。

例如，向学生表中添加数据行时，要保证添加的班级编号值（外键值）一定要在班级表的班级编号值中存在。

更新（UPDATE）外键值时，要保证更新后的外键值在主表的主键值中存在。

例如，更新学生表的班级编号值时，如果更新后的班级编号值在班级表的主键值中不存在，就破坏了数据参照完整性。

更新（UPDATE）主键值时，一定要注意外键值中是否存在该值，如果存在，则禁止进行更新或级联更新与更新的主键值完全相同的所有那些外键值。

删除（DELETE）主键的数据行时，一定注意删除的数据行的主键值在外键值中是否存在，如果存在，则禁止删除或级联删除与删除的主键值完全相同的那些外键值。

例如，要删除部门表中部门编号为“01”的数据行，因课程表、班级表中都存在部门编号为“01”的外键值，此时要么不允许删除部门表中部门编号为“01”的数据行，要么同时（级联）删除课程表、班级表中部门编号为“01”的那些数据行。

保证部门表、课程表、班级表、学生表、学生选课表数据完整性的描述见表 4-8。

表 4-8　保证学生选课的数据完整性

表　名	保证数据完整性
部门表	**保证列数据完整性**： 部门编号：字符型，长度 2，不允许空 部门名称：字符型，长度 20 ，不允许空
	保证表数据完整性：部门编号为主键，并且值不允许空
	保证数据参照完整性：表中无外键
课程表	**保证列数据完整性**： 课程编号：字符型，长度 3，不允许空；值只允许 3 位数字，不能同时为 0 课程名称：字符型，长度 30，不允许空；值唯一 课程类别：字符型，长度 8，不允许空 学分：带小数位的数值型（整数位 1 位、小数位 1 位），不允许空；值只允许为下列之一：1、1.5、2、2.5、3、3.5、4、4.5、5 教师：字符型，长度 20，不允许空；列值未输入值时自动输入“待定” 部门编号：字符型，长度 2，不允许空 上课时间：字符型，长度 10，不允许空 限选人数：整型数值型，不允许空，值大于等于 0 报名人数：整型数值型，不允许空，值大于等于 0 选中人数：整型数值型，不允许空，值大于等于 0
	保证表数据完整性：课程编号为主键，并且值不允许空
	保证数据参照完整性：部门编号为外键，其值需要参照主键部门编号所在的部门表
班级表	**保证列数据完整性**： 班级编号：字符型，长度 8，不允许空 班级名称：字符型，长度 20，不允许空 部门编号：字符型，长度 2，不允许空 2
	保证表数据完整性：班级编号为主键，并且值不允许空
	保证数据参照完整性：部门编号为外键，其值需要参照主键部门编号所在的部门表

续表

<table>
<tr><th>表 名</th><th>保证数据完整性</th></tr>
<tr><td rowspan="3">学生表</td><td>保证列数据完整性：
学号：字符型，长度 8，不允许空；值只允许为 8 位数字，并且不可以为 8 个 0
姓名：字符型，长度 10，不允许空
班级编号：字符型，长度 8，不允许空
选课密码：字符型，长度 8，不允许空</td></tr>
<tr><td>保证表数据完整性：学号为主键，并且值不允许空</td></tr>
<tr><td>保证数据参照完整性：班级编号为外键，其值需要参照主键班级编号所在的班级表</td></tr>
<tr><td rowspan="3">学生选课表</td><td>保证列数据完整性：
学号：字符型，长度 8，不允许空
课程编号：字符型，长度 3，不允许空
志愿号：整型数值型，不允许空；列值只允许为下列值之一：1、2、3、4、5
选课状态：字符型，长度 2，不允许空；列值默认为“报名”</td></tr>
<tr><td>保证表数据完整性：（学号，课程编号）为主键，并且两个属性值不能同时为空</td></tr>
<tr><td>保证数据参照完整性：有两个外键。
学号为外键，其值需要参照主键学号所在的学生表
课程编号为外键，其值需要参照主键课程编号所在的课程表</td></tr>
</table>

知识拓展

关键字（KEY）：用来唯一标识表中每一行的属性或属性的组合，通常也称为关键码、码或键。

候选关键字与主关键字：将那些可以用来作关键字的属性或属性的组合称为候选关键字（亦称为候选键）。将选中的那个关键字称为主关键字（PRIMARY KEY，PK），或称为主码、主键。在一个表中只能指定一个主键，它的值必须是唯一的，并且不允许为空值（NULL 值，未输入值的未知值）。

公共关键字亦称为公共键，是连接两个表的公共属性。

主表与从表：将主键所在的表称为主表（也称为父表），将外键所在的表称为从表（也称为子表）。

在部门表中，部门编号、部门名称属性都可以作关键字，因为这两个属性的值在同一所学校里都是唯一的。部门编号、部门名称两个属性都是候选键。

通常情况下，选择属性值较短的那个属性（或属性的组合）作为主键，所以选择部门编号作为主键。部门编号是部门表、班级表的公共键；也是部门表、课程表的公共键。

主键部门编号所在的部门表为主表。外键所在的课程表、班级表均是从表。

单元小结

在本单元：

- 会对现实世界的事物和具有的特性进行分析。
- 会将现实世界的事物和特性抽象为信息世界的实体与属性。
- 会分析实体与实体之间具有的联系及联系的类型，以及实体间联系所具有的属性。
- 会用 E–R 图描述实体、属性与实体间的联系。
- 会将 E–R 图转换为关系数据模型（满足一定条件的二维表）。
- 会将关系数据模型规范化，使其满足一定的规范化程度（范式）要求。
- 了解保证数据完整性的原则。

思考与练习

1. 班级表中是否有候选关键字？选哪个（些）属性作为主关键字比较合适？
2. 写出学生表、学生选课表的公共属性。
3. 课程表、学生选课表哪个是主表，哪个是从表？
4. 举例说明破坏课程表列完整性的例子。
5. 举例说明如何保证学生表的数据完整性。

实训

某公司计划对产品的入库和销售情况进行计算机管理。需要管理的产品信息有产品编号、产品名称、单价、库存数量等。客户信息包括客户编号、客户姓名、住址、联系电话等。对产品的入库管理包括入库日期、产品编号、产品名称、入库数量、单价等。对销售管理包括销售日期、产品编号、产品名称、客户编号、客户姓名、单价、销售数量等。

1. 简述有哪些实体？实体都有哪些属性？
2. 绘制出产品销售的 E–R 图。
3. 将产品销售的 E–R 图转换为关系数据模型。
4. 将产品销售关系数据模型规范为Ⅲ范式。
5. 分析候选键、主键、外键与公共键。
6. 举例说明如何保证产品销售数据的完整性。

单元 5

创建与管理数据库

学习目标

【知识目标】

■ 了解数据库的概念。

■ 了解系统数据库、系统表的作用。

■ 理解数据库文件、文件组的种类与作用。

■ 理解数据库的配置选项。

■ 掌握系统存储过程的使用方法。

【技能目标】

■ 会创建数据库。

■ 会在数据库中新增文件组。

■ 会扩充数据库或事务日志的容量；会将次数据文件作为新增文件组的成员。

■ 会缩小数据库或事务日志的容量。

■ 会修改和查看数据库的选项。

■ 会重新命名数据库。

■ 会删除数据库。

单元设计
教学课件 PPT
实训（验）项目单
实训参考答案
示例数据库
例题源代码

任务陈述

当学生选课关系数据模型规范化到一定的程度后，需要在 SQL Sever 中创建学生选课库。现在规划学生选课数据库的物理文件保存在 C:\ 下，物理文件分别为数据文件 Xk.mdf 和事务日志文件 Xk_log.ldf。

知识学习

数据库

数据库设计类似于建筑高楼大厦时设计阶段绘制设计图，设计完成后需要进入下一个阶段—建筑施工阶段。本单元介绍在 SQL Server 中创建和管理数据库的技术。

SQL Server 的数据库相当于一个容器，在该容器内装有数据库关系图、表、视图、存储等数据库对象。

表是数据库的基本单位，用来存储数据。表由表结构和行所组成，表结构给出表由哪些列组成，以及每列的数据类型和存储数据的长度；行用于存储实体的实例，每一行就是一个实例。

在每个表中包含有列、键、约束、触发器和索引等数据库对象，如图 5-1 所示。键和约束用来保证数据完整性，索引用于快速搜索所需要的信息。

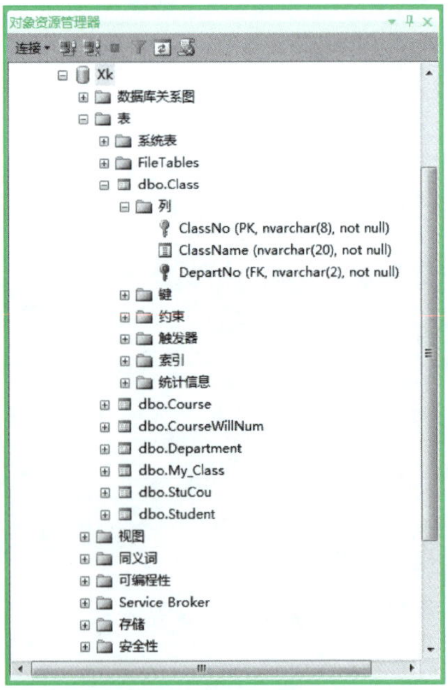

图 5-1 Xk 数据库及表的构成

存储在数据库中的数据通常与具体的应用有关。例如，本书示例数据库 Xk 由包含选课系统所需的数据信息组成。

一个 SQL Server 实例可以支持多个数据库。例如，一个数据库用于网上商城系统，另一个数据库用于财务系统。

系统数据库

安装 SQL Server 时会自动安装 master、model、msdb 和 tempdb 这 4 个系统数据库。

1. 主数据库 master

主数据库记录所有服务器特定的配置信息，包括授权用户、数据库、系统配置设置及远程服务器。

主数据库保存了控制 SQL Server 操作的大部分关键数据。不授予用户拥有对主数据库的任何权限是非常明智的。数据库发生变化后记得要及时备份主数据库。一旦主数据库不可用，SQL Server 就无法启动。

2. 模板数据库 model

模板数据库作为新创建数据库的一种模板或原型，每当创建数据库时，模板数据库的内容就被复制到新的数据库中。模板数据库必须始终存在于 SQL Server 系统中。

3. msdb 数据库

msdb 数据库支持 SQL Server Agent。SQL Server Agent 包括安排 SQL Server 周期性活动的一些特征。msdb 数据库包括任务调度、异常处理、报警管理，以及 SQL Executive Service 需要的系统操作员信息。

4. 临时数据库 tempdb

临时数据库是用作临时存储区域的一个临时的数据库。服务器用它自动地解决大的或嵌套的查询，或者用它在返回结果给用户之前分类数据。

系统表

系统表用来存储 SQL Server 的配置、安全和数据库对象信息，SQL Server 在系统表的帮助下管理每个数据库。每一个数据库都有自己的系统表，主数据库中的系统表包含 SQL Server 的信息，其他数据库中的系统表包含有数据库的信息。

文件

文件（FILE）用来存储数据库的文件，通常有主数据文件、次数据文件和事务日志文件。

一个数据库必须有一个主数据文件。主数据文件用来存储数据库的系统表和数据库对象，保存在操作系统下，是一个扩展名为 mdf 的文件。

次数据文件用来存储用户数据和数据库对象，保存在操作系统下，是一个扩展名为 ndf 的文件。如果主数据文件大得足够容纳数据库中所有数据时，数据库不一定要有次数据文件。

一个数据库至少有一个事务日志文件，也可以有多个。事务日志文件记录了在数据库中发生的所有修改和导致这些修改的事务，保存所有可用来恢复数据库的事务信息。事务日志文件最小为 512 KB。事务日志文件的理想容量占数据库大小的 25%～40%。事务日志保存在操作系统下是一个扩展名为 ldf 的文件。

在定义文件容量时，可指定文件的增长速度，也可采用系统给定的文件自动增长方式。用户可以给每一个文件指定最大容量。如果没有指定最大容量，文件可一直增长，直到用完所有的可用磁盘空间。

文件组

文件组（FILEGROUP）是文件的逻辑集合，用来存储数据文件和数据库对象。SQL Server 自动创建一名字为 PRIMARY 的主文件组，主文件组上存有系统表。SQL Server 默认地将数据文件、数据库对象（表、索引等）存放在主文件组上。如果为了提高数据库的性能而希望将次数据文件、所创建的数据库对象存放在与主文件不相同的存储设备上，就需要创建用户定义的文件组，然后在数据库扩充容量增加次数据文件、创建数据库对象时将它们指定存放在用户定义的文件组上。

一个文件或者文件组只能用于一个数据库，不能用于多个数据库。次数据文件或数据库对象（表、索引）只能存放在一个文件组中，不可以再存放在其他文件组中。文件组不适用于事务日志。

不能在标记为 READONLY（只读）的文件组上创建新数据库对象。用户可以将不允许修改的表存放在用户定义的文件组上，然后将文件组标记为 READONLY。

任务 5.1　创建数据库

创建数据库包括命名数据库，决定数据库的大小，存储数据的文件、事务日志的文件，设置文件的最大容量以及文件增长的速度等。

决定数据库大小的因素很多：数据库中数据库对象的数目，数据行的数量、数据行的长度以及在数据库中预期存储的数据行数。

用户可以通过使用 SSMS 或 CREATE DATABASE 语句创建数据库。创建数据库时也创建了事务日志。

使用 SSMS 创建数据库

【问题 5.1】创建逻辑名字为 Xk 的选课数据库，数据库的主数据文件名为 Xk.mdf，文件大小为 10 MB，最大可以增长到 20 MB，文件增量为 2 MB。事务日志文件名为 Xk_log.ldf，大小为 15 MB，文件可以增大到 30 MB，文件增量为 2 MB。

使用 SSMS 创建数据库和事务日志的具体步骤如下：

① 在“对象资源管理器”窗口中右击“数据库”选项，在弹出的快捷菜单中选择“新建数据库”命令。

② 在“数据库名称”文本框中输入选课数据库的名称“Xk”。系统默认主数据文件名为“Xk.mdf”，事务日志文件名为“Xk_log.ldf”。将逻辑名称为 Xk 的文件初始大小设置为 10，将逻辑名称为 Xk_log 的文件初始大小设置为 15，如图 5–2 所示。

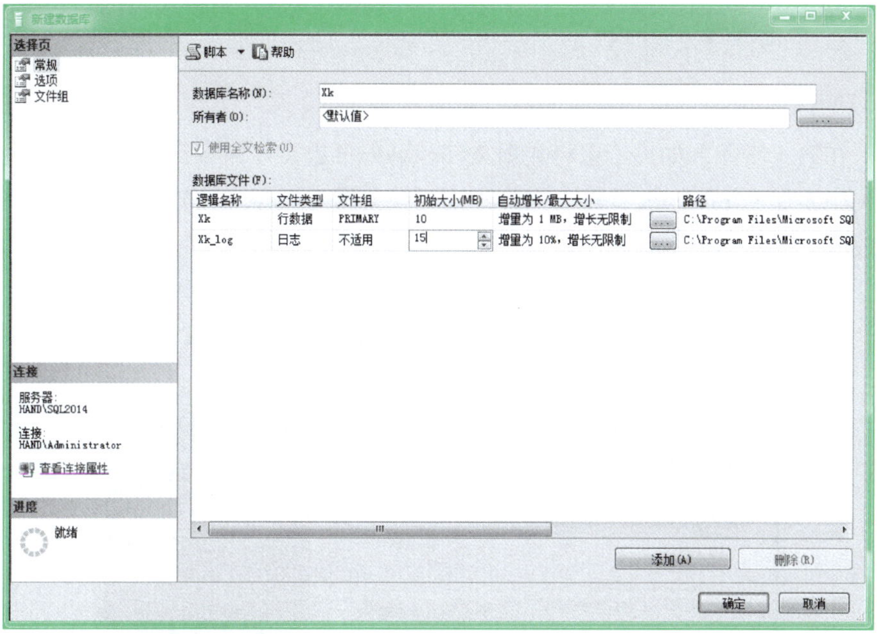

图 5–2　创建选课数据库 Xk

③ 单击数据文件 Xk“自动增长”选项右侧...按钮（注意图中光标位置），设置“最大文件大小”为“限制文件增长”到 20，文件增长选择“按 MB（M）”2 MB 增长，如图 5–3 所示。然后单击日志文件 Xk_log 行的“自动增长”选项右侧...按钮，设置“最大文件大小”为“限制文件增长”到 30；文件增长选择按 2 MB 增长，如图 5–4 所示。

④ 从“新建数据库”窗口的“数据库文件列表”列表中，可以看到，数据文件和事务日志文件保存在 SQL Server 默认的路径 C:\Program Files\Microsoft SQL Server\MSSQL12.SQL2014\MSSQL\DATA 中。此时，单击“确定”按钮，完成 Xk 数据库的创建。如果没显示 Xk，右击“对象资源管理器”窗口中“数据库”选项，在弹出的快捷菜单中选择“刷新”命令进行刷新。

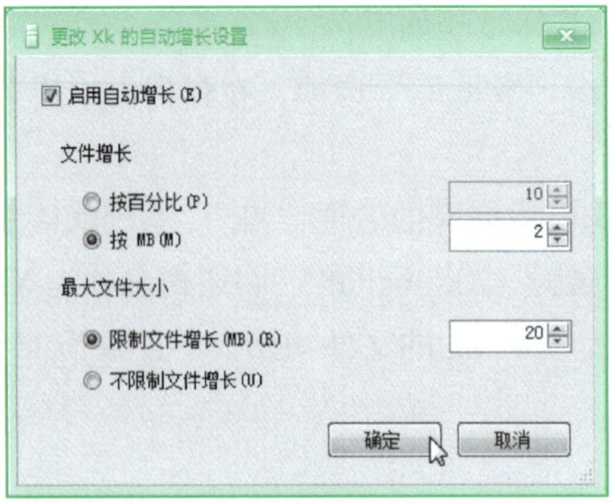

图 5-3 修改选课数据库 Xk 的自动增长设置

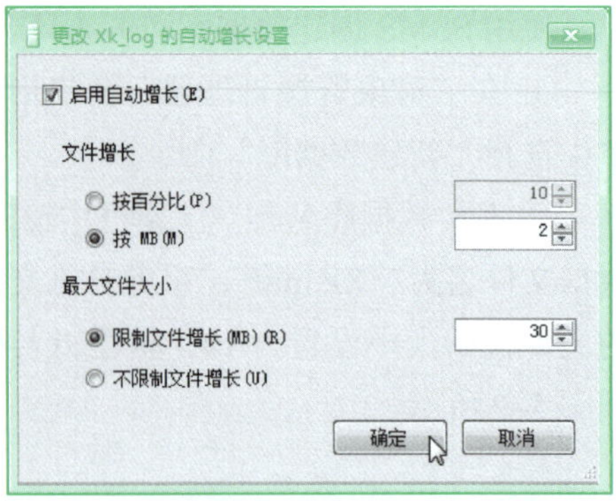

图 5-4 修改选课数据库 Xk 的自动增长设置

在第④步骤，如果希望将数据文件和事务日志文件保存到自己所创建的文件夹中，如 F:\mydbfile，需要先修改该文件夹作为保存文件的默认文件夹，要修改服务器实例的“数据库设置”。其方法如下：

- 右击“对象资源管理器”窗口中服务器实例，在弹出的快捷菜单中选择“属性”选项，如图 5-5 所示。打开“服务器属性”窗口。

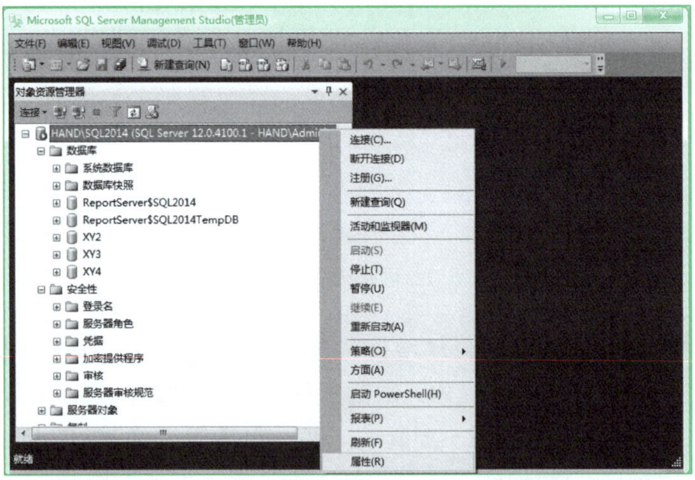

图 5-5 “服务器实例”的“属性”选项

- 在“服务器属性”窗口“选项页”选项组中，单击“数据库设置”按钮，依次单击“数据库默认位置”下方“数据”“日志”“备份”右侧的按钮，在打开的“定位文件夹”窗口中，选择 F:\mydbfile，如图 5-6 所示，作为保存数据文件、日志文件和备份文件的默认文件夹。
- 单击“定位文件夹”窗口中的“确定”按钮。单击“服务器属性”窗口中的“确定”按钮。

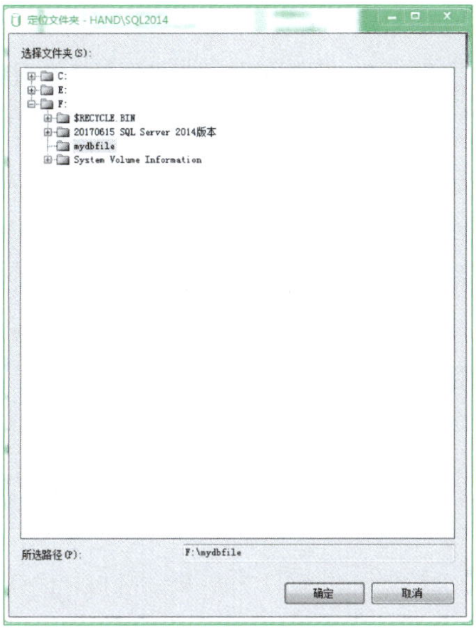

图 5-6　保存文件的目录

- 需要重新启动服务器实例后，设置的默认文件夹才会生效。

选择“开始”→“所有程序”→“Microsoft SQL Server 2014”→“SQL Server 2014 配置管理器”菜单命令，在打开的“Sql Server Configuration Manager”窗口中，右击“SQL Server（SQL2014）”，在弹出的快捷菜单中选择“重新启动”命令，如图 5-7 所示。

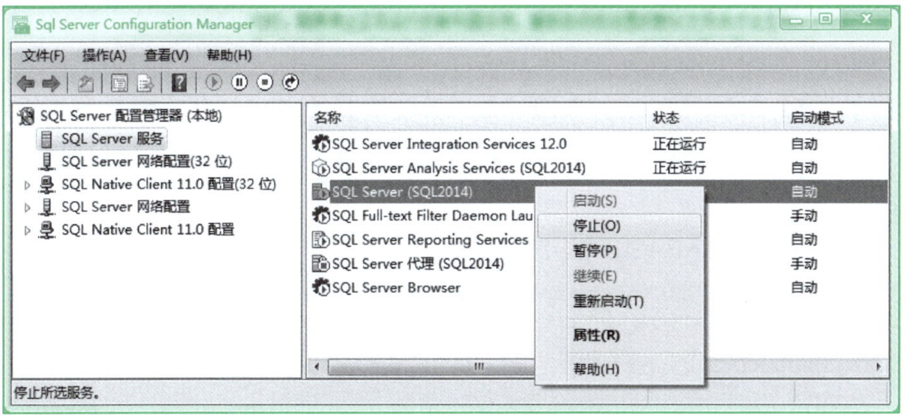

图 5-7　在 Sql Server Configuration Manager 中重新启动服务器实例

使用 CREATE DATABASE 语句创建数据库

下面使用 CREATE DATABASE 语句创建选课数据库 Xk。需要先使用 SSMS 方法删除数据库 Xk。

在“对象资源管理器”窗口中，右击“Xk”选项，在弹出的快捷菜单中选择“删除”命令，在打开的“删除对象”窗口中单击“确定”按钮，删除Xk数据库。

【问题 5.2】使用 CREATE DATABASE 选项完成【问题 5.1】。

首先新建一个查询窗口。右击服务器实例，在弹出的快捷菜单中选择“新建查询”命令。

在查询窗口中编辑并执行如下 SQL 语句：

```
USE master
GO
CREATE  DATABASE Xk                              /*数据库逻辑名*/
ON
PRIMARY                                          /*主文件组，可省略*/
(NAME=Xk,                                        /*数据文件逻辑名*/
 FILENAME='F:\mydbfile\Xk.mdf',                  /*数据文件物理名称*/
 SIZE =10MB,                                     /*数据文件的容量*/
 MAXSIZE=20MB,                                   /*数据文件增长可以达到的上限*/
 FILEGROWTH=2MB)                                 /*文件增量*/
LOG ON
(NAME=Xk_log,                                    /*事务日志文件逻辑名*/
 FILENAME='F:\mydbfile\Xk_log.ldf',              /*事务日志文件的物理名称*/
 SIZE=15MB,                                      /*事务日志文件的容量*/
 MAXSIZE=30MB,                                   /*事务日志文件增长可以达到的上限*/
 FILEGROWTH=2MB)                                 /*文件增量*/
GO
```

执行即成功创建Xk数据库。在“对象资源管理器”窗口中右击“数据库”选项，在弹出的快捷菜单中选择“刷新”命令，则可以看到刚创建的Xk数据库。

CREATE DATABASE 的语法：

```
CREATE  DATABASE database_name
[ON
{[PRIMARY]
(NAME=logical_file_name,
FILENAME='os_file_name'
[,SIZE=size]
[,MAXSIZE=max_size]
[,FILEGROWTH=growth_increment])

}[,. . .n]
```

```
    ]
    [LOG ON
    {(NAME=logical_file_name,
    FILENAME='os_file_name'
    [,SIZE=size])
    }[, . . .n]
    ]
```

其中的参数说明如下：

① database_name：要创建的数据库名。

② ON：指出用来存放数据库的数据文件。

③ PRIMARY：指出是主文件组中的文件。

④ NAME：给出文件的逻辑名。

⑤ FILENAME：给出文件的物理名，如果给出路径，它必须是一个已经存在的路径。

⑥ SIZE：给出文件的容量。如果没有指定计量单位，则系统默认为 MB。数据文件不能小于 1MB。默认情况下，数据文件的容量为 3MB，事务日志的容量为 1MB。

⑦ MAXSIZE：给出文件增长可以达到的上限（即最大容量）。如果没有给出计量单位，则系统默认是 MB。如果没有给出可以增长的最大容量，则文件的增长是没有限制的，直至占满整个磁盘空间。

⑧ FILEGROWTH：给出文件的增量。该选项指定的数据值为零时，表示文件不能增长。文件增长可以指定为 MB、KB 或百分比。系统默认数据文件按 1MB 增量增长，事务日志文件按文件 10% 的增量增长，并且不限制它们的增长。

⑨ LOG ON：指用来存放事务日志文件。

【问题 5.3】创建名称为 mydb 的数据库，它有容量分别为 10 MB、8 MB 的两个数据文件 mydb_data1.mdf 和 mydb_data2.ndf。事务日志文件 mydb_log.ldf' 容量为 7 MB。文件存储在 C:\mydbfile\ 目录下。数据文件和日志文件的最大容量均为 20 MB，文件增量为 2 MB。

在查询窗口中执行如下 SQL 语句：

```
USE master
GO
CREATE DATABASE mydb
ON
 (NAME=mydb_data1,
 FILENAME='F:\mydbfile\mydb_data1.mdf ',
 SIZE =10MB,
 MAXSIZE=20MB,
```

```
 FILEGROWTH=2MB),                          /* 注意结尾处的逗号 */
( NAME=mydb_data2,
 FILENAME='F:\mydbfile\mydb_data2.ndf',
 SIZE=8MB,
 MAXSIZE=20MB,
 FILEGROWTH=2MB)                           /* 注意结尾处无逗号 */
LOG ON
( NAME=mydb_log1,
 FILENAME='F:\mydbfile\mydb_log.ldf',
 SIZE=7MB,
 MAXSIZE= 20MB,
 FILEGROWTH=2MB)                           /* 注意结尾处无逗号 */
GO
```

【注意】在创建数据库时如果出现如下错误，原因是当前用户（sa）无权在 E 盘上创建文件。

```
消息 5009，级别 16，状态 1，第 65 行
找不到或无法初始化语句中列出的一个或多个文件。
消息 5123，级别 16，状态 1，第 65 行
尝试打开或创建物理文件 'E:\mydb_data3.ndf'时，CREATE FILE 遇到操作系统错误 5(拒绝访问)。
```

解决方法如下：

① 运行 services.msc 程序，如图 5-8 所示，打开“服务”窗口。

图 5-8　运行 services.msc

② 在打开的“服务”窗口中，找到如图 5-9 所示的 SQL Server 服务（此处为 SQL Server（2014）)，双击它打开该服务的“属性”窗口。

③ 选择该属性窗口的“登录”标签，选中“本地系统账户”单选项，如图 5-10 所示。单击“确定”按钮。

④ 此时需要重启该服务，右击“服务”窗口中的“SQL Server（2014）”服务，在弹出的快捷菜单中选择“重新启动”命令。然后在 SSMS 的查询窗口中重新建立与服务器的连接。

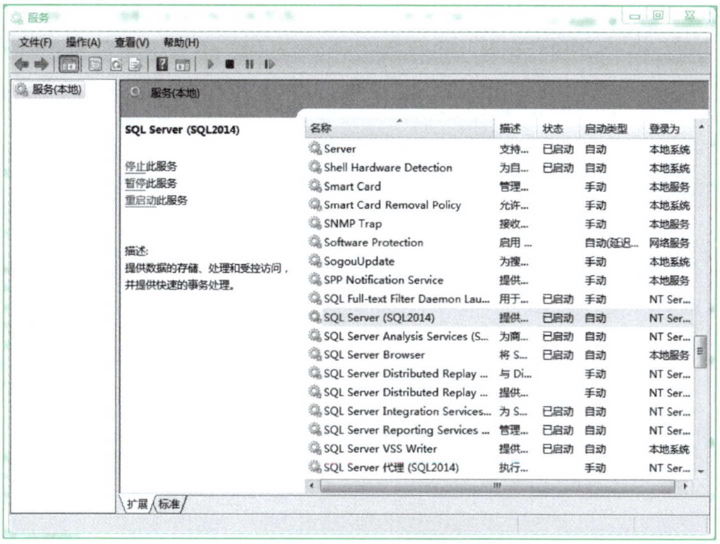

图 5-9　运行的服务

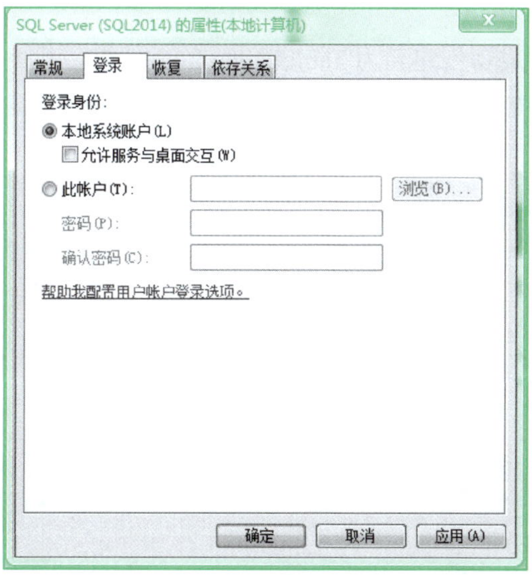

图 5-10　选中本地系统账户

任务 5.2 修改数据库

可以对一个已经存在的数据库进行如下修改：

（1）在数据库中添加文件组。

（2）也可使用如下方法扩充数据库或事务日志的容量。

① 给数据库新增次要数据文件或事务日志文件。

② 修改已存在的数据文件或事务日志文件容量（修改后的容量必须大于当前容量）。

（3）还可使用如下方法缩小数据库文件或事务日志的容量。

① 删除数据文件或事务日志文件。

② 缩小数据文件或事务日志文件的容量。

③ 使用 SSMS 系统自动进行收缩。

在数据库中新增文件组

【问题 5.4】在 mydb 中新增名为 TableGroup 的文件组。

在查询窗口中执行如下 SQL 语句：

```
USE mydb
GO
ALTER DATABASE mydb
ADD FILEGROUP TableGroup
GO
```

执行结果显示成功创建名为 TableGroup 的文件组。

要使用系统存储过程 sp_helpfilegroup 显示文件组 TableGroup 的信息，可执行如下语句：

```
USE mydb
GO
sp_helpfilegroup TableGroup
GO
```

要使用系统存储过程 sp_helpfilegroup 显示数据库中所有文件组信息，可执行如下语句：

```
USE mydb
GO
sp_helpfilegroup
GO
```

执行结果显示，mydb 数据库中有两个主文件组：PRIMARY 文件组和 TableGroup 文件组。

扩充数据库或事务日志的容量

【问题 5.5】将数据库 mydb 的数据文件的容量扩充 10 MB，事务日志文件的容量扩充 6 MB。添加容量为 5 MB 的名称分别为 mydb_data3.ndf、mydb_data4.ndf 的两个次数据文件，并且将这两个次数据文件添加到文件组 TableGroup 中。数据文件和事务日志文件容量上限为 50 MB，文件增量为 3 MB。扩充的数据文件与主文件在不同的存储设备上（此处保存在 E 盘上）。

采用新增（ADD）2 个 5 MB 的次要数据文件、1 个 6 MB 的事务日志文件的方法。

在查询窗口中执行如下 SQL 语句：

```
USE master
GO
ALTER DATABASE mydb/*新增两个次要数据文件到添加到 TableGroup 文件组中*/
ADD FILE
(NAME='mydb_data3',
FILENAME='E:\mydb_data3.ndf',
SIZE=5MB,
MAXSIZE=50MB,
FILEGROWTH=3MB),
(NAME='mydb_data4',
FILENAME='E:\mydb_data4.ndf',
SIZE=5MB,
MAXSIZE=50MB,
FILEGROWTH=3MB)
TO FILEGROUP TableGroup
GO
ALTER DATABASE mydb          /*新增一个事务日志文件*/
ADD LOG FILE
(NAME='mydb_log2',
FILENAME='E:\mydb_log2.ldf',
SIZE=6MB,
MAXSIZE=50MB,
FILEGROWTH=3MB)
GO
```

执行成功。查看 mydb 数据库的信息，在查询窗口中输入：sp_helpdb mydb。从图 5-11 中可以看到 mydb 数据库总容量为 41 MB，其中数据文件容量为 28 MB，事务日志文件容量为 13 MB。数据文件和事务日志文件分别扩充了 10 MB 和 6 MB。

【问题 5.6】将数据库 Xk 的数据文件 Xk.mdf 容量从原来的 10 MB 扩充到 15 MB，将事务日志文件 Xk_ldf 的容量从原来的 15 MB 扩充到 25 MB。

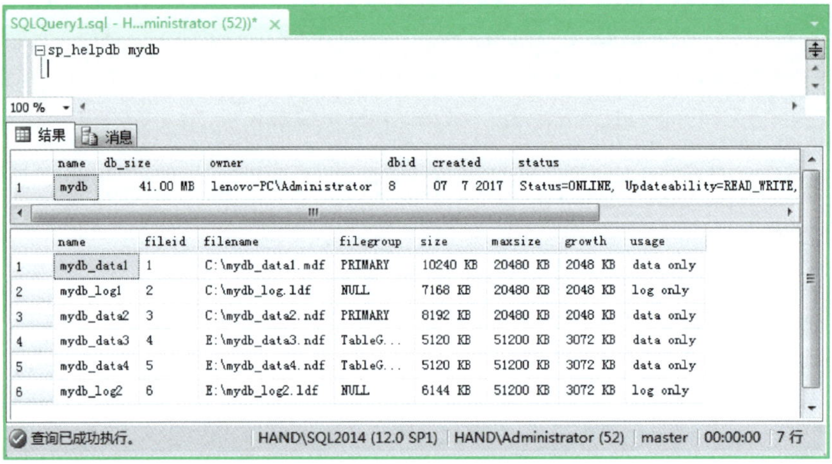

图 5-11　容量扩充后的 mydb 数据库

采用修改（MODIFY）已存在的数据文件和事务日志文件容量的方法。

在查询窗口中执行如下 SQL 语句：

```
USE master
GO
ALTER DATABASE Xk                          /* 数据库逻辑名 */
MODIFY FILE(NAME=Xk,                       /* 修改数据文件的容量 */
SIZE=15MB)                                 /* 必须大于当前的容量 */
GO
ALTER DATABASE Xk                          /* 数据库逻辑名 */
MODIFY FILE(NAME=Xk_log,                   /* 修改事务日志文件的容量 */
SIZE=25MB)                                 /* 必须大于当前的容量 */
GO
```

查看数据库 Xk 的信息，在查询窗口中输入：sp_helpdb Xk。

从图 5-12 中可以看到 db_size 已扩充到 40 MB，其中数据文件为 15 MB，事务日志文件为 25 MB。

当数据库和事务日志的容量不够时，数据库所有者需要扩充数据库或事务日志的容量。

对于已创建的数据库，可以使用 ALTER DATABASE 语句新增次要数据文件或事务日志文件来扩充数据库文件或事务日志文件的容量。

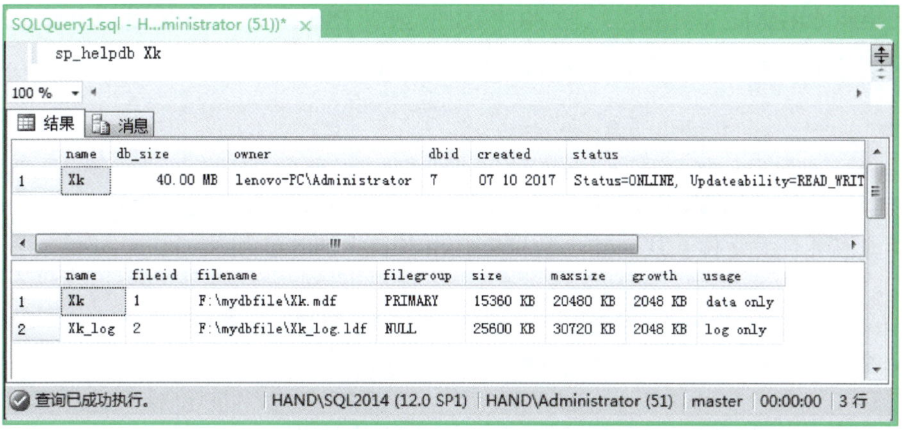

图 5-12　扩充 Xk 数据库的容量，db_size 容量已扩充为 40MB

ALTER TABLE 语句的语法和说明如下：

```
ALTER DATABASE database_name  /* 修改已创建的数据库 */
{ADD FILE < filespec > [ ,...n ] [TO FILEGROUP filegroup_name ]
 /* 新增的数据文件存在给定的文件组上 */
| ADD LOG FILE < filespec > [ ,...n ]/* 新增事务日志文件 */
| REMOVE FILE logical_file_name/* 删除给定的事务日志文件，需要文件为空 */
| ADD FILEGROUP filegroup_name /* 新增文件组，名字为 filegroup_name */
| REMOVE FILEGROUP filegroup_name/* 删除文件组，名为 filegroup_name */
| MODIFY FILE < filespec >              /* 指出要修改的数据文件名 */
| MODIFY NAME = new_dbname              /* 修改数据库名 */
| MODIFY FILEGROUP filegroup_name {filegroup_property | NAME = new_filegroup_name }
}                        /* 修改指定文件组的属性，或者修改文件组名 */
 ( NAME = logical_file_name             /* 指出要修改的数据文件名 */
[ , NEWNAME = new_logical_name ]        /* 修改后的数据文件名 */
[ , FILENAME = 'os_file_name' ]         /* 指出要修改的物理文件名 */
[ , SIZE = size ]            /* 修改后的文件容量，必须大于当前容量 */
[ , MAXSIZE = { max_size | UNLIMITED } ]    /* 文件的最大容量 */
[ , FILEGROWTH = growth_increment ] )             /* 文件增量 */
```

说明：文件组（FILEGROUP）的属性有以下 3 种：

① READONLY：只读，不允许修改文件组中的对象，不能将主文件组设置为只读。

② READWRITE：读写，允许修改文件组中的对象。

③ DEFAULT：默认，指出文件组为默认文件组。只能指定一个文件组为默认文件组。使用 CREATE DATABASE 语句将主文件组设置为默认文件组。

如果在 CREATE TABLE、ALTER TABLE 或者 CREATE INDEX 语句中没有指定文件组，则将表及索引创建在默认文件组中。

缩小数据库和数据文件

可使用 ALTER DATABASE 中的 REMOVE FILE 语句删除指定的数据文件或事务日志文件，从而缩小数据库和事务日志的容量。

【问题 5.7】从 mydb 数据库中删除 5 MB 的数据文件 mydb_data4.ndf、6 MB 的事务日志文件 mydb_log2.ldf，使 mydb 数据库容量为 23 MB，事务日志容量为 7 MB。

使用 ALTER DATABASE 语句中的 REMOVE FILE 子句。

在查询窗口中执行如下 SQL 语句：

```
ALTER DATABASE mydb
REMOVE FILE mydb_data4
GO
ALTER DATABASE mydb
REMOVE FILE mydb_log2
GO
```

成功执行后，从 mydb 数据库中删除 mydb_data4.ndf、mydb_log2.ldf 两个文件，之后，mydb 数据库容量为 23 MB，事务日志容量为 7 MB。

当数据库容量过大时，也可以使用 DBCC SHRINKFILE 语句收缩数据库的数据文件或事务日志文件。注意不能将数据库缩小为小于 model 数据库的容量。

【问题 5.8】将 Xk 数据库的 15MB 的数据文件 xk.mdf 收缩为 5MB。

首先切换到 Xk 数据库，然后使用 DBCC SHRINKFILE(xk,5) 将数据文件收缩为 5 MB。

在查询窗口中执行如下 SQL 语句：

```
USE Xk
GO
DBCC SHRINKFILE(Xk,5)
GO
```

在查询窗口中执行 **sp_helpdb Xk**，Xk 数据库的信息如图 5-13 所示，可以看到，数据文件 Xk 已由原来的 15 MB 缩小到 5 MB。

【问题 5.9】使用 SSMS 收缩 Xk 数据库。

① 在“对象资源管理器”窗口中展开“数据库”选项，选中“Xk”并右击，在弹出的快捷菜单中选择“任务”→“收缩”→“数据库”命令，如图 5-14 所示。

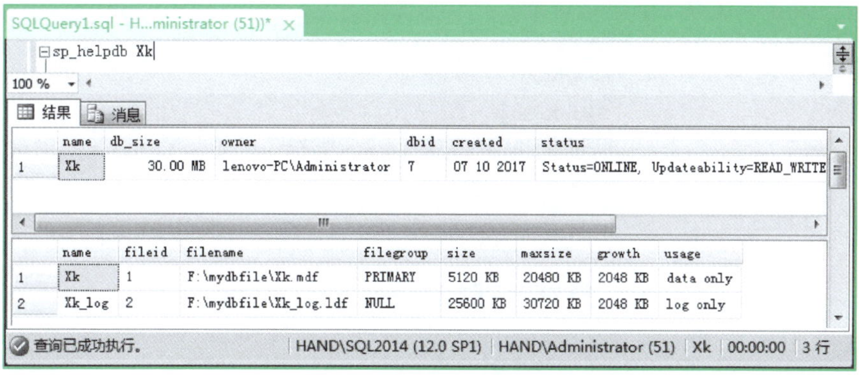

图 5-13　数据文件 Xk 已由原来的 15MB 缩小到 5MB

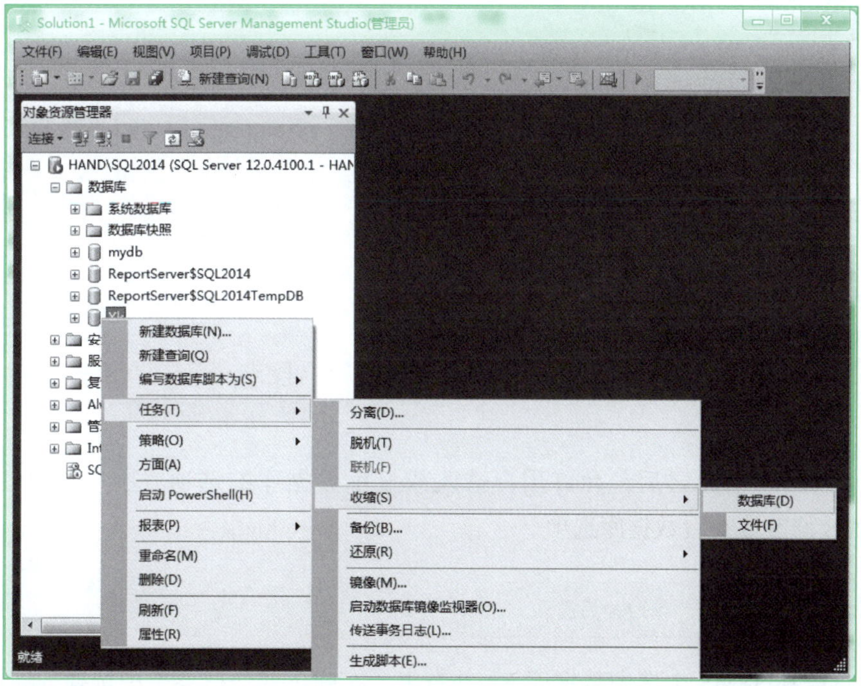

图 5-14　收缩 Xk 数据库

② 在弹出的“收缩数据库 –Xk”窗口中，如图 5-15 所示，显示 Xk 数据库当前分配的空间为 30 MB，可用空间为 2.65 MB。单击“确定”按钮系统自动收缩数据库到合适的大小。完成收缩后可以看到 Xk 数据库的总容量为 20 MB，其中 5 MB 为数据容量、15 MB 为事务日志容量。

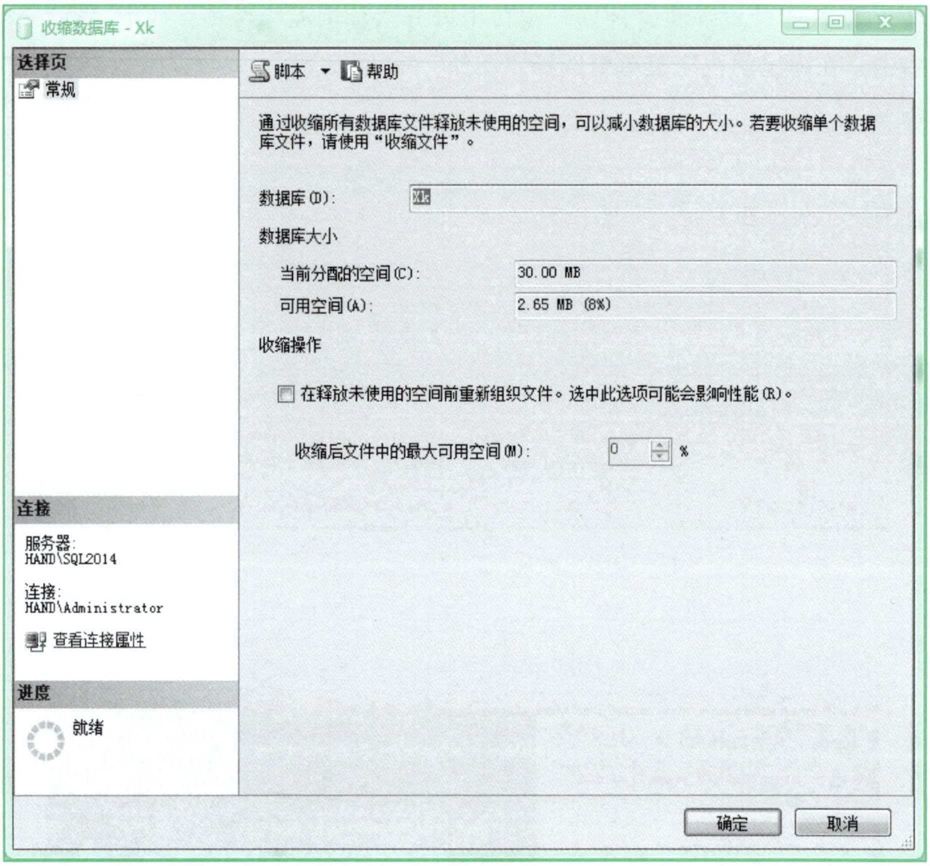

图 5-15　收缩 Xk 数据库的对话框

任务 5.3　使用 SSMS 修改或查看数据库选项

数据库创建之后，允许用户修改或显示数据库的选项。用户可以使用 SSMS 修改或查看数据库选项。

【问题 5.10】在 SSMS 中将 Xk 数据库修改为只读。

① 在 SSMS 中选中数据库 Xk 并右击，在弹出的快捷菜单中选择“属性”命令，打开如图 5-16 所示的“数据库属性 -Xk”窗口。

② 在“数据库属性 -Xk”窗口中选择“选择页”选项组中的“选项”选项，然后将“其他选项”列表中“状态”组的“数据库为只读”的属性设置为 True，如图 5-17 所示。

③ 单击“确定”按钮，关闭“数据库属性 -Xk”窗口。

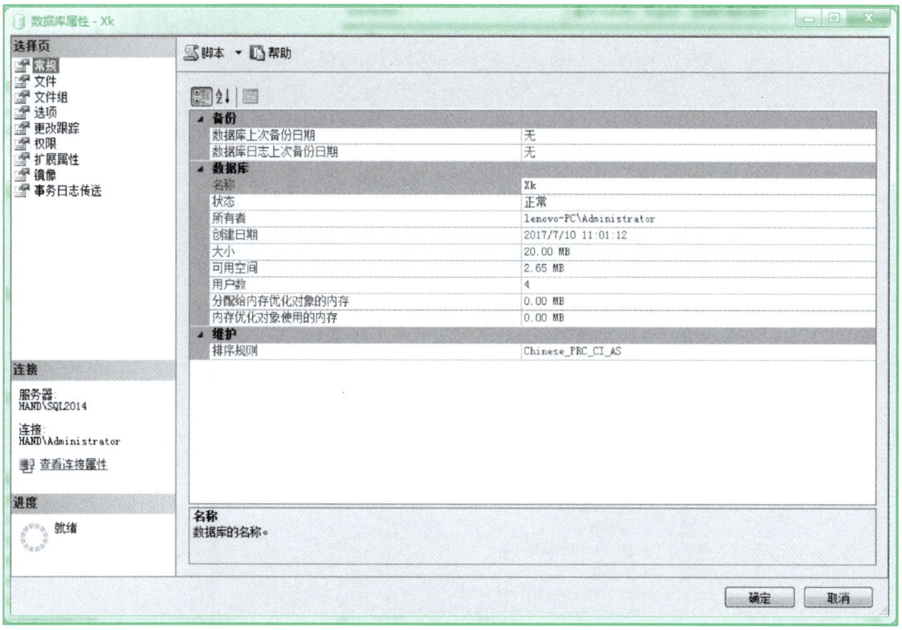

图 5–16　“数据库属性 –Xk”窗口

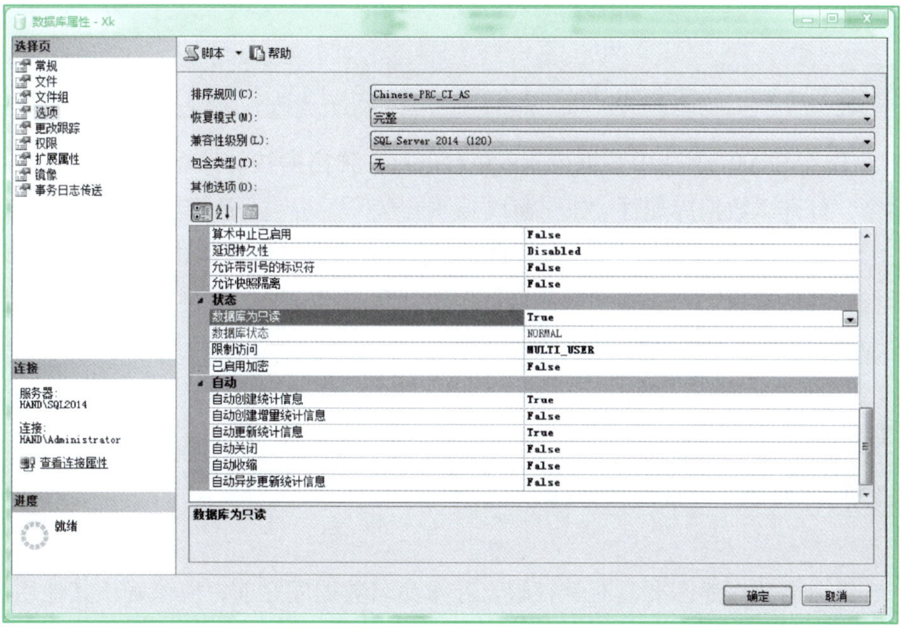

图 5–17　将 Xk 数据库选项修改为只读

④ 此时需要确认是否确实要修改，如图 5–18 所示，在弹出的对话框中单击“是”按钮。此时 Xk 数据库状态为“只读”，如图 5–19 所示。(注意：要将 Xk 数据库的状态恢复为“读写”。)

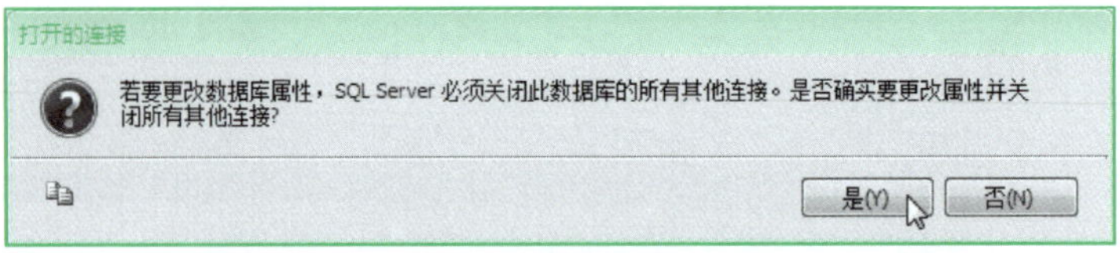

图 5–18　确认是否确实要修改数据库属性

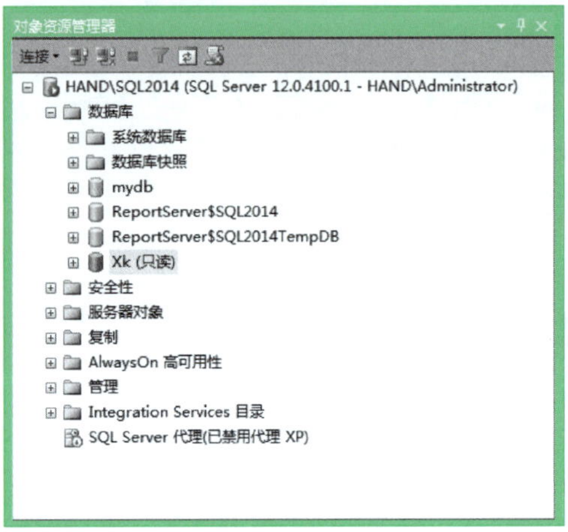

图 5–19　Xk 数据库已修改为只读

【问题 5.11】使用 SSMS 将数据库 Xk 设置为单用户模式。

① 在 SSMS 中选中数据库 Xk 并右击，在弹出的快捷菜单中选择“属性”命令，打开“数据库属性 -Xk”窗口。

② 在“数据库属性 -Xk”窗口中选择“选择页”选项组中的“选项”，然后将“其他选项”列表中“限制访问”中“状态组”中“限制访问”的属性设置为“SINGLE_USER”，如图 5–20 所示。

③ 单击“确定”按钮，关闭“数据库属性 -Xk”窗口。

任务 5.4　重命名数据库

重命名数据库需要具有其权限。在重命名数据库之前，应该确认其他用户已断开与数据库的连接，而且将数据库的选项修改为单用户模式。建议更改后的数据库名以小写字母开始，并且保证在服务器中名字唯一。

用户可以使用 SSMS 或存储过程 sp_rename 重命名数据库。

【问题 5.12】使用 SSMS 将数据库 Xk 名字重命名为 MyXk。

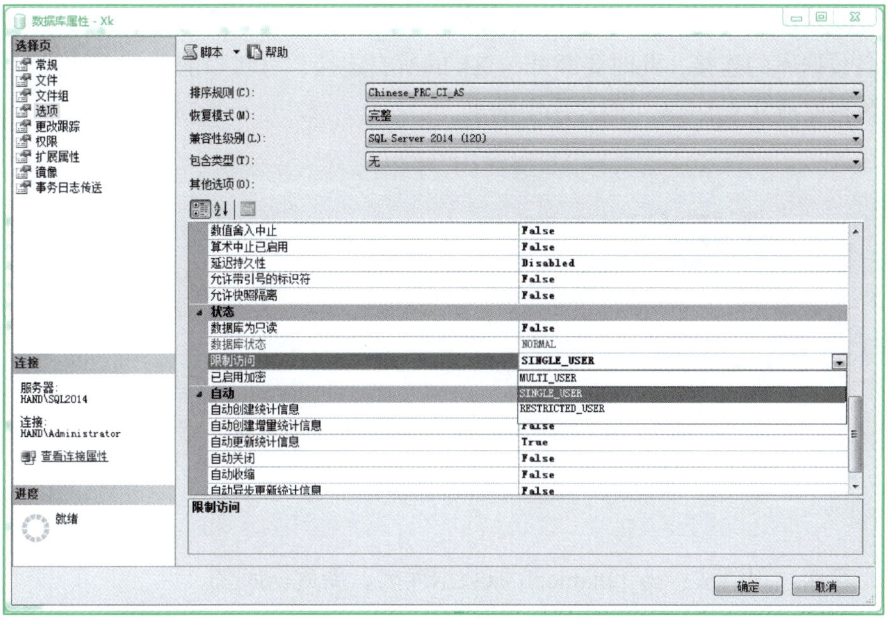

图 5–20　将 Xk 数据库设置为单用户模式

① 首先修改 Xk 为单用户模式。

② 在 SSMS 中选中数据库“Xk”，然后右击，在弹出的快捷菜单中选择“重命名”命令，如图 5–21 所示。此时输入新的数据库名称“MyXk”，按 Enter 键完成修改。

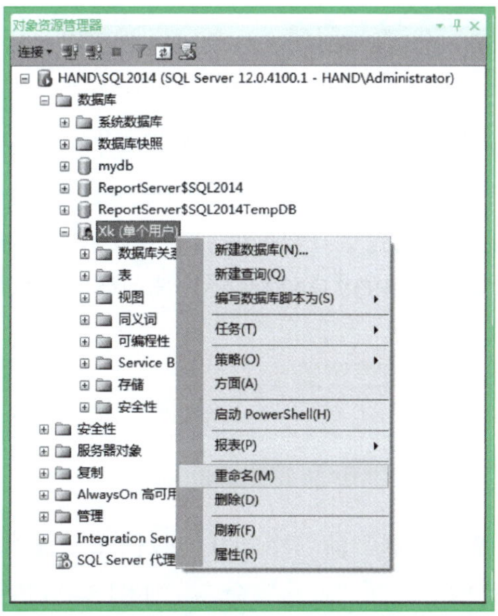

图 5–21　重新命名数据库

如果出现如图 5–22 所示的重命名失败提示对话框，说明存在着与要重新命名数据库的连接，此时要断开与 Xk 的所有连接，可将当前数据库切换为其他数据库或从 sqlcmd 实用程序中退出。

图 5–22　存在与要重新命名数据库的连接，重命名失败

【问题 5.13】使用 sp_renamedb 存储过程将 MyXk 数据库重命名为 Xk。

存储过程语法：sp_renamedb 原数据库名，新数据库名。

在查询窗口中执行如下 SQL 语句：

```
sp_renamedb 'MyXk','Xk'
GO
```

执行后，重命名即成功。

【注意】此时，需要将 Xk 数据库单用户模式设置为多用户模式。

任务 5.5　删除数据库

当不再需要一个数据库时可以删除它。删除数据库会从磁盘中删除所有数据库文件和所有数据。只有系统管理员和数据库所有者有权删除数据库。

在删除数据库之前建议先做好数据库和事务日志的备份（参见单元 16）。

用户可使用 SSMS 或 DROP DATABASE 选项删除数据库。

使用 SSMS 删除数据库

【问题 5.14】删除 mydb 数据库。

① 在“对象资源管理器”窗口中展开“数据库”选项，右击“mydb”选项，在弹出的快捷菜单中选择“删除”命令，如图 5–23 所示。

② 在弹出的“删除对象”窗口中单击“确定”按钮，即可删除数据库。

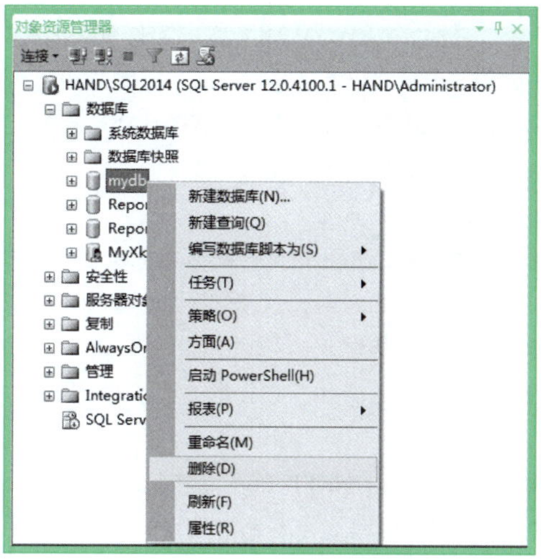

图 5-23　删除 mydb 数据库

使用 DROP DATABASE 语句删除数据库

使用 DROP DATABASE 语句要非常慎重，因为系统不会给出确认删除信息。

【问题 5.15】使用 DROP DATABASE 语句删除 Xk 数据库。

在查询窗口中执行如下 SQL 语句：

```
USE master
GO
DROP DATABASE Xk
GO
```

执行后，即删除 Xk 数据库。

如果删除数据库失败，检查是否有用户连接该数据库。

【注意】为保证本书的连贯性，删除 Xk 数据库后，请按原样恢复。

单元小结

在本单元：

- 了解 SQL Server 有 master、model、tempdb 和 msdb 这 4 个系统数据库。
- 了解系统表存储数据库的配置、安全和数据库对象信息。
- 了解数据库文件可以有扩展名为 mdf 的数据文件，扩展名为 ndf 的次数据文件，扩展名为 ldf 的事务日志文件 3 种。

- 知道数据库有一个默认名为 PRIMARY 的主文件组。文件组中可以有多个文件成员，文件组不适用于事务日志文件。
- 会根据实际需要使用 SSMS 或 CREATE DATABASE 语句创建数据库。
- 会使用 ALTER DATABASE 语句，在数据库中新增文件组。
- 会使用 ALTER DATABASE 语句，以增加次数据文件或事务日志文件方式扩充数据库或事务日志的容量，并且会将次数据文件作为新增文件组的成员。
- 会使用 ALTER DATABASE 语句，以修改数据文件或事务日志文件容量的方式扩充数据库或事务日志的容量。
- 会使用 ALTER DATABASE 语句，以删除数据文件或事务日志文件的方式缩小数据库或事务日志的容量。
- 会使用 SSMS 或 DBCC SHRINKFILE 语句缩小数据库或事务日志的容量。
- 会使用 SSMS 或 sp_rename 语句重新命名数据库。
- 会使用 SSMS 或 DROP DATABASE 语句删除数据库。

思考与练习

1. 数据库的文件类型有几种，扩展名分别都是什么？

2. 在创建数据库时，如果未指定数据文件、事务日志文件的容量，系统默认的容量是多少？

3. 创建数据库后，如何显示给定的数据库的信息？如何显示所有数据库的信息？

4. 给数据库或事务日志扩充存储容量的方法有几种？它们的区别是什么？

5. 如何缩小数据库文件和事务日志文件？

6. 如何修改数据库的名字？

7. 如何删除数据库？删除数据库时为什么要非常谨慎？

8. 在创建数据库后，有几个文件组（FILEGROUP）？名字是什么？

9. 如何将表或索引放在与其他对象不同的磁盘上？

实训

写出实现如下功能的 SQL 语句。

1. 创建名为 Sale 的销售数据库。该数据库有一个名为 Sale.mdf 的主数据文件和名为 Sale_log.ldf 的事务日志文件。主数据文件容量为 5 MB，事务日志文件容量为 10 MB，数据文件和事务日志文件的最大容量为 20 MB，文件增长量为 1 MB。

2．在 Sale 数据库下新增名字为 UserGroup 的文件组。

3．以增加次数据文件的方式扩充 Sale 数据库的容量。次数据文件容量为 5 MB，最大容量为 10 MB，文件增量为 1 MB。要求将次数据文件保存在与事务日志文件不同的存储设备上，次数据文件作为 UserGroup 文件组的成员。

单元 6

创建与管理用户表

学习目标

【知识目标】

- 理解数据库表和空值。
- 掌握设计、创建和管理用户表的方法。
- 了解 SQL Server 的数据类型。
- 熟练掌握显示用户表结构的方法。
- 了解临时表和表变量的使用方法。

【技能目标】

- 会设计、创建和管理（修改、重命名、删除）用户表。
- 会根据需要选择数据类型。
- 会使用临时表和表变量。

单元设计
教学课件 PPT
实训（验）项目单
实训参考答案
示例数据库
例题源代码

任务陈述

学生选课数据库成功创建之后，需要在学生选课数据库 Xk 中创建学生表、课程表、学生选课表、部门表和班级表，即按照表 4–3～表 4–7 的要求建立 5 个表的表结构。

任务 6.1 详细设计用户表

表及设计

表是一种用于存储数据的数据库对象。表中的数据以行和列方式组织。表中的每一行表示一条唯一的记录，每一列表示记录的一个属性。表中的列名必须唯一，但是数据库中的不同表内的列名可以相同。

在完成数据库设计并且已创建数据库之后，需要在数据库中创建用户表。

在选课数据库 Xk 中创建表 4–3～表 4–7 共 5 个表之前，需要对这些表进行详细设计。

对表的详细设计一般应考虑如下几点：

① 要定义的表名。

② 将表创建在哪个文件组。系统默认将表创建在 PRIMARY 主文件组上。如果将表创建在其他文件组上，应先创建文件组。

③ 每列的名称、数据类型和最大存储长度，列值是否允许为空（NULL）。

④ 哪一列或哪些列的组合需要定义为主键，哪列需要定义为外键、唯一键或标识列。

⑤ 哪些列需要定义存储数据的有效值范围，或在不输入数据时由系统自动给出默认值。

⑥ 需要按照哪些列查询数据。

下面详细设计部门表、课程表、班级表、学生表和学生选课表。

将部门表的表名定义为 Department，表的详细设计见表 6–1。

表 6–1 Department 表

列名	数据类型	长度	值是否允许为空	备 注
DepartNo	字符型	2	否	部门编号。主键
DepartName	字符型	20	否	部门名称

将课程表的表名定义为 Course，表的详细设计见表 6–2。

表 6–2 Course 表

列名	数据类型	长度	小数点位数	值是否允许为空	备 注
CouNo	字符型	3		否	课程编号。主键
CouName	字符型	30		否	课程名称。值唯一
Kind	字符型	8		否	课程类别
Credit	带小数位的数值型	2	1	否	学分。值只能为下列值之一 1、1.5、2、2.5、3、3.5、4、4.5、5 学分
Teacher	字符型	20		否	教师。未输入值自动输入“待定”
DepartNo	字符型	2		否	部门编号
SchoolTime	字符型	10		否	上课时间
LimitNum	整型	5	0	否	限选人数。大于 0
WillNum	整型	5	0	否	报名人数。大于 0
ChooseNum	整型	5	0	否	选中上课的人数。大于 0

将班级表的表名定义为 Class，表的详细设计见表 6–3。

表 6–3 Class 表

列名	数据类型	长度	是否允许为空	备 注
ClassNo	字符型	8	否	班级编号。主键
ClassName	字符型	20	否	班级名称
DepartNo	字符型	2	否	部门编号。外键

将学生表的表名定义为 Student，表的详细设计见表 6–4。

表 6–4 Student 表

列名	数据类型	长度	是否允许为空	备 注
StuNo	字符型	8	否	学号。主键
StuName	字符型	10	否	姓名
Pwd	字符型	8	否	选课密码
ClassNo	字符型	8	否	班级编号。外键

将选课表的表名定义为 StuCou，表的详细设计见表 6–5。

表 6-5 StuCout 表

列名	数据类型	长度	小数点位数	是否允许为空	备 注	
StuNo	字符型	8		否	学号。外键	主键
CouNo	字符型	3		否	课程编号。外键	
WillOrder	整型			否	自愿号。值只允许为 1、2、3、4、5	
State	字符型	2		否	选课状态。值只允许为“报名”“选中”，默认为“报名”	
RandomNum	字符型	50		是	随机数	

SQL Server 的数据类型

SQL Server 系统提供的数据类型、存储范围及用法见表 6-6。

表 6-6 SQL Server 的数据类型、存储范围及用法

数据类型	存储范围	通常存储
tinyint	0～255	整型数据
smallint	-2^{15}～$2^{15}-1$	整型数据
int	-2^{31}～$2^{31}-1$	整型数据（整数）
bigint	-2^{63}～$2^{63}-1$	整型数据
decimal(m,n)	$-10^{38}+1$～$10^{38}-1$	n 位小数，m 位（不含小数点）的数值数据
real	–3.40 E+38～3.40 E+38	浮点精度数
float	–1.79 E+308～1.79 E+308	浮点精度数据
bit	0 或 1	整型数据
smallmoney	–214 748.3648～+214 748.3 647	货币数据
money	-2^{63}～$2^{63}-1$	货币数据
date	0001–01–01～9999–12–31	日期数据
time	00:00:00.0000000～23:59:59.9999999	时间数据
datetime	1753 年 1 月 1 日 00:00:00—9999 年 12 月 3123:59:59.997	日期和时间数据
char（n）	n 个字符，这里 n 可以是 1～8 000	定长字符数据
varchar（n）	n 个字符，这里 n 可以是 1～8 000	可变长字符数据
text	最大长度 $2^{31}-1$（2 147 483 647）字符	字符串
ntext	最大长度 $2^{30}-1$（1 073 741 823）字符	可变长 Unicode 数据

续表

数据类型	存储范围	通常存储
image	最大长度 $2^{31}-1$（2 147 483 647）字节	存储图像的可变长二进制数据
binary(n)	最大长度 8 000 字节	定长二进制数据
varbinary(n)	最大长度 8 000 字节	可变长二进制数据
nchar（n）	这里 n 可以是 1～4000	定长 Unicode 数据
nvarchar（n）	这里 n 可以是 1～4000	可变长 Unicode 数据
sql_variant	最大长度 8 016 字符	可包含不同数据类型（text、ntext、image、timestamp 和 sql_variant 除外）的行
timestamp	最大存储大小 8 字节	数据库中唯一数，每当包含它的行被添加或更新时被更新

空值（NULL）

空值（NULL）不等于零（0）、空格或零长度的字符串，NULL 意味着没有输入，通常表明值是未知的或未定义的。例如，当 Course 表中 Teacher 列为空值时，并不表示该课程没有授课教师，而是指授课教师未知或尚未确定。

如果向一个表中添加数据行时，没有给允许为 NULL 值的列提供值，SQL Server 则自动将其输入为 NULL。

如果某一列不允许为空值，则用户在向表中输入数据时必须为该列提供一个值，否则输入会失败。

在设计表时，“允许为空”的特性决定该列在表中是否允许为空值。

下面是关于空值的一些使用方法：

① 若要在 SQL 语句中测试某列是否为空值，可以在 WHERE 子句中使用 IS NULL 或 IS NOT NULL 语句。

② 在查询窗口中查看查询结果时，空值在结果集内显示为 NULL。

③ 如果包含空值列，则某些计算（如平均值）可能得不到预期的结果，所以在执行计算时要根据需要消除空值，或者根据需要对空值进行相应替换。

④ 如果数据中可能包含空值，那么在 SQL 语句中请尽量消除空值或将空值转换成其他值。

⑤ 任何两个空值均不相等，比较两个空值或将空值与任何其他数值相比较均返回未知。但是，如果数据库的 ANSI_NULLS 选项配置为关（OFF），则空值之间的比较（如 NULL = NULL）值为 TRUE。空值与任何其他数据类型之间的比较值为 FALSE。

【建议】由于空值会导致查询和更新时使事情变得更复杂，为减少 SQL 语句的复杂性，建议尽量不要允许使用空值。例如，Course 表中的 Teacher 列，可以设定它不允许为空值，为其创建一个默认约束（后面单元有详细介绍）为“待定”，这样对于没有确定的授课教师就会取值“待定”，而不是空值。

任务 6.2 创建用户表

用户可以使用 SSMS 或 CREATE TABLE 语句创建用户表。

将表创建在系统默认的 PRIMARY 主文件组上。

使用 SSMS 创建用户表

【问题 6.1】创建表 6–1 所示的部门表 Department。

具体操作步骤如下：

① 在“对象资源管理器”窗口中展开 Xk 数据库。

② 右击“表”选项，在弹出的快捷菜单中选择“新建表”命令。

③ 创建部门编号 DepartNo 列。在“列名”列中输入“DepartNo”，在“数据类型”列中输入“nvarchar(2)”，不允许为空。

④ 创建部门名称 DepartName 列。在“列名”列中输入“DepartName”，在“数据类型”列中输入“nvarchar(20)”，不允许为空。完成后的结果如图 6–1 所示。

⑤ 单击工具栏上的“保存”按钮，在打开的“选择名称”对话框中输入表名“Department”，最后单击“确定”按钮完成。

【注意】鼠标右击，在弹出的快捷菜单中选择相应的命令可以添加列或删除列。

【问题 6.2】创建表 6–2 所示的课程表 Course。

具体操作步骤如下：

① 在“对象资源管理器”窗口中展开 Xk 数据库。

② 右击“表”选项，在弹出的快捷菜单中选择“新建表”命令。

③ 创建课程编号 CouNo 列。列名为“CouNo”，数据类型为“nvarchar(3)”，不允许为空。

④ 创建课程名称 CouName 列。列名为“CouName”，数据类型为“nvarchar(30)”，不允许为空。

⑤ 创建课程类别 Kind 列。列名为“Kind”，数据类型为“nvarchar(8)”，

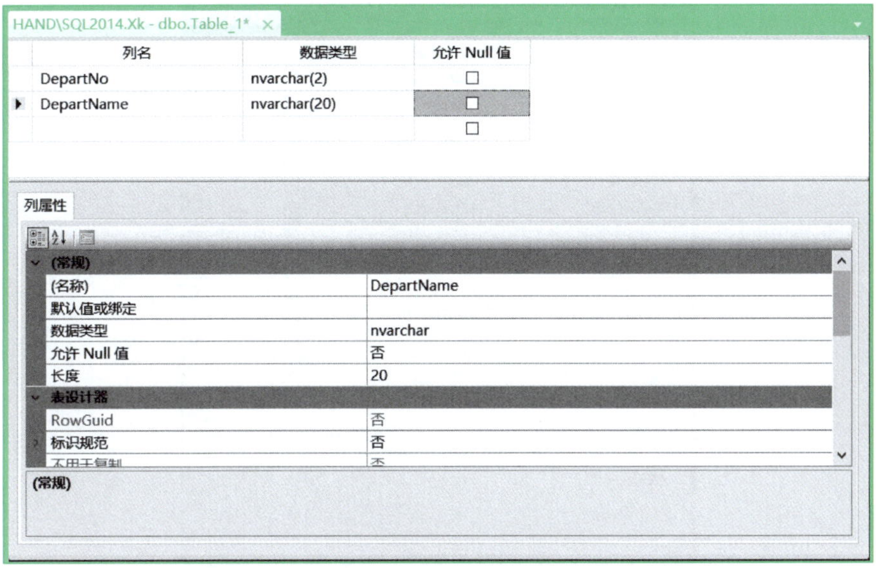

图 6-1　创建 Department 表

不允许为空。

⑥ 创建学分 Credit 列。列名为“Credit”，数据类型为“decimal(2,1)”。表示该数值的最大长度为 2（不包含小数点），小数位数 1 位，不允许为空。

⑦ 创建教师 Teacher 列，列名为“Teacher”，数据类型为“nvarchar(20)”，不允许为空。

⑧ 创建部门编号 DepartNo 列，列名为“DepartNo”，数据类型为“nvarchar(2)”，不允许为空。

⑨ 创建上课时间 SchoolTime 列，列名为“SchoolTime”，数据类型为“nvarchar(10)”，不允许为空。

⑩ 创建限选人数 LimitNum 列，在列名中输入“LimitNum”，数据类型框中输入“smallint”，不允许为空。

⑪ 创建报名人数 WillNum 列，列名为“WillNum”，数据类型为“smallint”，不允许为空。

⑫ 创建选中人数 ChooseNum 列，列名为“ChooseNum”，数据类型为“smallint，不允许为空。完成后如图 6-2 所示。

⑬ 单击 SSMS 工具栏上的“保存”按钮，输入表名“Course”，最后单击“确定”按钮即可完成。

使用 T-SQL 语句创建用户表

创建表选项基本语法如下：

图 6-2 设置 Course 表

```
CREATE TABLE table_name
(
column_name datatype [NULL | NOT NULL]
[IDENTITY(SEED, INCREMENT)],
column_name datatype...
)
[ON {filegroup} EFAULT]
```

其中：

table_name：表的名字；

column_name：表中列的名字；

datatype ：是列的系统定义或用户定义的数据类型；

NULL | NOT NULL：该列是否允许为空值；

IDENTITY：用于那些需要自动产生唯一系统值的列；

SEED：是 IDENTITY 的初始值；

INCREMENT：增量，可以为负值；

ON {filegroup} | DEFAULT：指出将表创建在哪个文件组上。如果无 ON 子句或给出 ON DEFAULT，则将表创建在默认的主文件组上，即 PRIMARY 上。

【问题 6.3】创建表 6-3 所示的班级表 Class、表 6-4 所示的学生表 Student 及表 6-5 所示的学生选课表 StuCou。

在查询窗口中执行如下 SQL 语句：

```
USE Xk                    /* 切换到 Xk 数据库 */
GO
-- 创建班级表 Class
CREATE TABLE Class
(ClassNo nvarchar (8) NOT NULL,
 ClassName nvarchar (20) NOT NULL,
DepartNo nvarchar (2) NOT NULL)
GO

-- 创建学生表 Student
CREATE TABLE Student
( StuNo nvarchar (8) NOT NULL,
 StuName nvarchar (10) NOT NULL,
 Pwd nvarchar (8) NOT NULL,
ClassNo nvarchar (8) NOT NULL)
GO

-- 创建学生选课表 StuCou
CREATE TABLE StuCou
( StuNo nvarchar (8) NOT NULL ,
 CouNo nvarchar (3) NOT NULL ,
 WillOrder smallint NOT NULL ,
 State nvarchar (2) NOT NULL ,
 RandomNum nvarchar (50) NULL)
 GO
```

任务 6.3　修改用户表结构

在创建表之后，如果需要，可以对表进行修改，如新增列、删除列、修改列定义、重命名列名或重命名表名等。

新增列

【问题 6.4】给 Student 表新增 2 列：生日列 birthday，数据类型为日期型，允许为空；备注列 bz，数据类型为 nvarchar，长度为 20，允许为空。

新增加的 2 列可表示为：birthday datetime null,bz nvarchar(20) null。

使用 ALTER TABLE 语句修改已创建的 Student 表。SQL 语句：

```
ALTER TABLE Student
ADD birthday datetime null,bz nvarchar(20) null
GO
```

【注意】必须允许新增列为空，否则表中已有数据行的那些新增列值为空，与新增列不允许为空相矛盾，新增列操作失败。

删除列

【问题 6.5】删除 Student 表的生日列 birthday。

```
SQL 语句：
ALTER TABLE Student
DROP  COLUMN birthday
GO
```

修改列定义

【问题 6.6】修改 Student 表的备注列 bz，将列定义的长度修改为 30。

SQL 语句：

```
ALTER TABLE Student
ALTER COLUMN bz nvarchar(30) null
GO
```

【注意】修改列的定义时，如果修改的长度小于原来定义的长度，或者修改成其他数据类型，会造成数据丢失。

重命名列

【问题 6.7】将 Student 表的备注列 bz 名字修改为 StuBz。

使用系统存储过程 sp_rename。SQL 语句：

```
sp_rename 'Student.bz','StuBz','COLUMN'
GO
```

重命名用户表

1. 使用 SSMS 重命名数据表

【问题 6.8】将 Xk 数据库中的 Department 表重命名为 Depart。

① 在“对象资源管理器”窗口中展开 Xk 数据库，再展开“表”选项。

② 右击“Department”表，在弹出的快捷菜单中选择“重命名”命令。

③ 输入“Depart”。

④ 按 Enter 键确认。

2. 使用 T-SQL 语句重命名用户表

【问题 6.9】将 Depart 表重命名为 Department。

SQL 语句：

```
EXEC sp_rename 'Depart','Department'
GO
```

任务 6.4 删除用户表

将一个表从数据库中删除时，表中的所有数据也会被删除。

使用 SSMS 删除用户表

【问题 6.10】使用 SSMS 删除 Xk 数据库中的 Department 表。

① 在“对象资源管理器”窗口中展开 Xk 数据库，再展开“表”选项。

② 右击“Department”，在弹出的“删除对象”对话框中单击“确定”按钮完成删除。

【注意】为保证本书的连贯性，删除该表后按原样恢复。

使用 T-SQL 语句删除用户表

删除表选项基本语法如下：

```
DROP TABLE table_name
```

【问题 6.11】使用 T-SQL 语句删除 Xk 数据库中的 Department 表。

SQL 语句：

```
DROP TABLE Department
GO
```

【注意】为保证本书的连贯性，删除该表后请按原样恢复。

知识拓展 临时表和表变量

临时表和表变量对于复杂查询非常有用。当不会使用临时表或者表变量时，某些程序可能要经过非常复杂的处理才能得到结果，这时如果能灵活使用临时表和表变量，就可以轻松地解决这些问题。

临时表与永久表相似，不同的是，临时表存储在临时数据库 tempdb 中，当不再被使用时，系统会自动将其删除。

临时表有本地临时表和全局临时表两种类型。

1. 本地临时表

本地临时表的名称以“#”开始（#table_name），它们仅对当前的用户连接是可见的，且当用户断开与 SQL Server 实例连接时被删除。

如果没有使用 DROP TABLE 语句显式删除临时表，那么本地临时表在退出其作用域时将由系统自动删除。

当存储过程结束时，将自动删除在存储过程中创建的本地临时表。

如果本地临时表由存储过程创建或由多个用户同时执行的应用程序创建，SQL Server 能够区分由不同用户创建的表。

2. 全局临时表

全局临时表的名称以“##”开始（##table_name），创建后，它们对任何用户都是可见的，且当所有引用该表的用户断开与 SQL Server 的连接时删除全局临时表。

如果创建名为 Student 的表，则只要在数据库中有使用该表的安全权限的用户就可以使用该表。

如果创建名为 #Student 的本地临时表，则只有创建者能对该表执行操作，且在断开连接时删除该表（如果没有显式删除）。

如果创建名为 ##Student 的全局临时表，则任何用户均可对该表执行操作。SQL Server 在所有使用该全局临时表的用户断开连接后删除该表。

【问题 6.12】几种常用临时表的使用方法。

（1）先定义临时表，再使用

在查询窗口中执行如下 SQL 语句：

```
USE Xk
GO
-- 创建临时表 #t1
CREATE TABLE #t1
  (CouNo nvarchar(3),
CouName nvarchar(30)
)
-- 向临时表输入数据的一种方式
```

```
INSERT INTO #t1
VALUES ('000','临时课程')
-- 向临时表输入数据的另外一种方式
INSERT #t1
SELECT CouNo,CouName
FROM Course
GO
```

（2）直接将结果集的数据输入至临时表

在查询窗口中执行如下 SQL 语句：

```
USE Xk
GO
-- 直接将结果集的数据输入至临时表 #t2
SELECT CouNo,CouName INTO #t2
FROM Course
GO
```

3. 表变量

表变量是一种特殊的数据类型，可用于函数、存储过程和批处理，用来存储结果集以供后续处理。该数据类型主要用于临时存储一组行数据，这些行数据将作为表值函数的结果集返回。

表变量的行为类似于局部变量，有明确定义的作用域。该作用域为声明该变量的函数、存储过程或批处理。与其他变量一样，在定义表变量的函数、存储过程或批处理结束时，将自动清除表变量。

表变量具有如下特点：

① 在存储过程中使用表变量与使用临时表相比，减少了存储过程的重新编译量。

② 涉及表变量的事务只在表变量更新期间存在，这样就减少了表变量对锁定和记录资源的需求。

③ 在其作用域内，表变量可像常规表那样使用。该变量可应用于 SELECT、INSERT、UPDATE 和 DELETE 语句中用到表或表的表达式的地方。

④ 不支持在表变量之间进行赋值操作。

⑤ 由于表变量作用域有限，而且不是永久数据库的一部分，因此不受事务回滚的影响。

定义表变量的基本语法如下：

```
DECLARE @local_variable
TABLE({column_definition}[,...,n])
```

【问题 6.13】表变量的使用方法。

在查询窗口中执行如下 SQL 语句：

```
USE Xk
GO
--定义表变量 @t
DECLARE @t
TABLE (CouNo nvarchar(3),CouName nvarchar(30))
--向表变量输入数据的一种方式
INSERT INTO @t VALUES ('000','临时课程')
--向表变量输入数据的另外一种方式
INSERT @t SELECT CouNo,CouName
FROM Course
GO
```

单元小结

在本单元：

- 掌握详细设计表的技术。
- 对空值有了进一步的认识和了解。建议尽量不要允许列值为空。
- 学会使用 SSMS 或 CREATETABLE 创建表。
- 学会使用 ALTER TABLE 语句修改表结构。
- 学会使用 sp_rename 重命名列名或重命名表名。
- 学会使用 SSMS 或 DROP TABLE 删除表（结构和数据）。
- 了解临时表和表变量的使用方法。

思考与练习

谈谈在项目开发中如何选择合适的数据类型和长度，以及是否允许空值。

实训

本书的实训项目都是围绕 Sale 数据库展开的。进销存系统通常包括客户资料、产品信息、进货记录、销售记录等。所以，针对 Sale 数据库设计了表 6-7～表 6-10，并将在后续单元逐步完善。使用 T-SQL 语句，在 Sale 数据库下创建客户表（表 6-11）、产品表（表 6-12）、入库表（表 6-13）和销售表（表 6-14）并输入数据。将脚本保存为 sql 文件。

表 6-7 Customer（客户表）结构

列名	数据类型及长度	是否允许为空	备注
CusNo	nvarchar（3）	NOT NULL	客户编号
CusName	nvarchar（10）	NOT NULL	客户姓名
Address	nvarchar（20）	NULL	地址
Tel	nvarchar（20）	NULL	联系电话

表 6-8 Product（产品表）结构

列名	数据类型及长度	是否允许为空	备注
ProNo	nvarchar（5）	NOT NULL	产品编号
ProName	nvarchar（20）	NOT NULL	产品名
Price	Decimal（8,2）	NOT NULL	单价
Stocks	Decimal（8,0）	NOT NULL	库存数量

表 6-9 ProIn（入库表）结构

列名	数据类型及长度	是否允许为空	备注
InputDate	DateTime	NOT NULL	入库日期
ProNo	nvarchar（5）	NOT NULL	产品编号
Quantity	Decimal（6,0）	NOT NULL	入库数量

表 6-10 ProOut（销售表）结构

列名	数据类型及长度	是否允许为空	备注
SaleDate	DateTime	NOT NULL	销售日期
CusNo	nvarchar（3）	NOT NULL	客户编号
ProNo	nvarchar（5）	NOT NULL	产品编号
Quantity	Decimal（6,0）	NOT NULL	销售数量

表 6-11 Customer（客户表）数据

CusNo	CusName	Address	Tel
001	杨婷	深圳	0755-22221111
002	陈萍	深圳	0755-22223333

续表

CusNo	CusName	Address	Tel
003	李东	深圳	0755–22225555
004	叶合	广州	020–22227777
005	谭新	广州	020–22229999

表 6–12 Product（产品表）数据

ProNo	ProName	Price	Stocks
00001	电视	3 000.00	800
00002	空调	2 000.00	500
00003	床	1 000.00	300
00004	餐桌	1 500.00	200
00005	音响	5 000.00	600
00006	沙发	6 000.00	100

表 6–13 ProIn（入库表）数据

InputDate（入库日期） DateTime not null	ProNo（产品编号） nvarchar（5） not null	Quantity（入库数量） Decimal（6,0） not null
2006–1–1	00001	10
2006–1–1	00002	5
2006–1–2	00001	5
2006–1–2	00003	10
2006–1–3	00001	10
2006–2–1	00003	20
2006–2–2	00001	10
2006–2–3	00004	30
2006–3–3	00003	20

表 6–14 ProOut（销售表）数据

SaleDate	CusNo	ProNo	Quantity
2006–1–1	001	00001	10
2006–1–2	001	00002	5
2006–1–3	002	00001	5

续表

SaleDate	CusNo	ProNo	Quantity
2006-2-1	002	00003	10
2006-2-2	001	00001	10
2006-2-3	001	00003	20
2006-3-2	003	00001	10
2006-3-2	003	00004	30
2006-3-3	002	00003	20

单元 7 实施数据完整性约束

学习目标

【知识目标】

■ 理解约束的作用和各种约束的使用方法。

■ 理解标识列的作用和使用方法。

【技能目标】

■ 会在用户表上创建和删除约束。

■ 会在用户表上创建标识列。

单元设计
教学课件 PPT
实训（验）项目单
实训参考答案
示例数据库
例题源代码

任务陈述

在学生选课数据库 Xk 中创建学生表、课程表、学生选课表、班级表和部门表之后，在还没有向表中输入数据之前，还需要使用 SQL Server 实施数据完整性约束，以保证数据的一致性和正确性。实施数据完整性约束的解决方案见表 7-1。

表 7-1 实施数据完整性约束的解决方案

表 名	表的设计	解决方案
Student 表	StuNo 为主键	创建主键约束
StuCou 表	StuNo,CouNo 为主键	创建主键约束
Department 表	DepartNo 列为主键	创建主键约束
Course 表	CouNo 列为主键	创建主键约束
Class 表	ClassNo 列为主键	创建主键约束
StuCou 表	StuNo 为外键	创建外键约束
StuCou 表	CouNo 为外键	创建外键约束
Course 表	DepartNo 列为外键	创建外键约束
Class 表	DepartNo 列为外键	创建外键约束
Student 表	ClassNo 为外键	创建外键约束
Course 表	CouName 列值唯一	创建唯一约束
Student 表	StuNo 列值只允许为 8 位数字，并且不可以为 8 个 0	创建检查约束
StuCou 表	WillOrder 列值只允许为 1、2、3、4、5	创建检查约束
Course 表	CouNo 列值只允许 3 位数字，并且 3 位数字不能都为 0	创建检查约束
StuCou 表	State 列值默认为“报名”	创建默认约束
Course 表	在 Teacher 列值未输入值时自动输入“待定”	创建默认值
Course 表	Credit 列值只允许为 1、1.5、2、2.5、3、3.5、4、4.5、5	创建规则

知识学习

约束及其类型

数据完整性指数据的一致性和正确性。约束（CONSTRAINT）用于保证数据完整性，它定义了必须遵循的用于维护数据一致性和正确性的有效性规则。用户可在创建表时同时创建约束，也可在创建表之后再增加约束。如果在创建表之后增加约束，将检测表中数据是否有违反约束的数据，如果有则增加约束失败。

约束有 5 种类型，分别是主键（PRIMARY KEY）约束、外键（FOREIGN KEY）约束、唯一（UNIQUE）约束、检查（CHECK）约束和默认（DEFAULT）约束。

用户可以使用 SSMS、CREATE TABLE 语句或 ALTER TABLE 语句创建或增加约束。

在表创建之后使用 ALTER TABLE 语句增加约束，其基本语法如下：

```
ALTER TABLE table_name
[WITH CHECK WITH NOCHECK]
ADD CONSTRAINT Constraint_name Constraint_type
(
col_name[, ...]
)
```

其中：

table_name：要增加约束的表名；

WITH CHECK | WITH NOCHECK：指出对表中已有的数据是否进行检查；

Constraint_name：给出要增加的约束名，它必须遵循标识符的定义；

Constraint_type：指出约束的类型。

使用 CREATE TABLE 语句在创建表时同时创建约束，语法如下：

```
CREATE TABLE table_name
Column_name CONSTRAINT Constraint_name Constraint_type[,
CONSTRAINT
Constraint_name Constraint_type]
```

其中：

Column_name：要定义约束的列名。

Constraint_name：要创建的约束名，它必须遵循标识符的定义。

Constraint_type：指出约束的类型。

删除表时，连同该表上的所有约束一同删除。

使用 ALTER TABLE 语句可以删除已经创建的约束，其基本语法如下：

```
ALTER TABLE table_name
DROP CONSTRAINT Constraint_name
```

其中：

table_name：要删除约束的表名；

Constraint_name：要删除的约束名。

任务 7.1 创建、删除主键约束

主键约束保证表数据完整性。将那些值能唯一标识表中行的列或列的组合定义为主键。主键约束就是对主键的值进行约束，确保主键值的唯一。

【问题 7.1】使用 SSMS 为 Student 表创建主键约束。

Student 表的 StuNo 为主键，所以基于 StuNo 列创建主键约束。

具体操作步骤如下：

① 在“对象资源管理器”窗口中展开 Xk 数据库，再展开“表”选项。

② 右击“Student”表，在弹出的快捷菜单中选择“设计”命令。

③ 将光标定位在 StuNo 行。

④ 单击 SSMS 工具栏上的“设置主键”按钮。

⑤ 单击 SSMS 工具栏上的“保存”按钮完成。

【问题 7.2】使用 SSMS 为 StuCou 表创建主键约束，确保不会出现学号和课程编号都相同的重复数据行。

Xk 数据库中的 StuCou 表包含学生选课信息，其中 StuNo 为选课学生的学号，CouNo 为学生所选课程的课程编号。一个学生可以报名选修多门课程，所以可以存在学号值相同的多个数据行。例如，“00000001”学号的同学选修报名了课程编号为“001”“002”“003”的 3 门课程，所以有如下 3 个数据行存在：

StuNo	CouNo
00000001	001
00000001	002
00000001	003

但是，绝对不会出现学号和课程编号都重复的数据行，因为同一学生选修同一课程不能出现多次。例如，不可能出现下面的数据行（“00000001”学号的同学两次报名选修“002”课程）：

StuNo	CouNo
00000001	002
00000001	002

本题基于 StuNo 和 CouNo 列创建主键约束，它能确保不会出现学号和课程编号都相同的重复数据行。

完成本题的具体操作步骤如下：

① 在“对象资源管理器”窗口中展开 Xk 数据库，再展开“表”选项。

② 右击“StuCou”，在弹出的快捷菜单中选择“设计”命令。

③ 单击 StuNo 行左侧按钮，按住 Ctrl 键，再单击 CouNo 行左侧按钮，这样就同时选中 StuNo 行和 CouNo 行（同时选中多行的操作和 Windows 下的操作一样，以后不再叙述）。

④ 鼠标右击，在弹出的快捷菜单中选择“设置主键”命令或者直接单击按钮。最后完成的结果如图 7–1 所示。

⑤ 单击工具栏上的“保存”按钮。

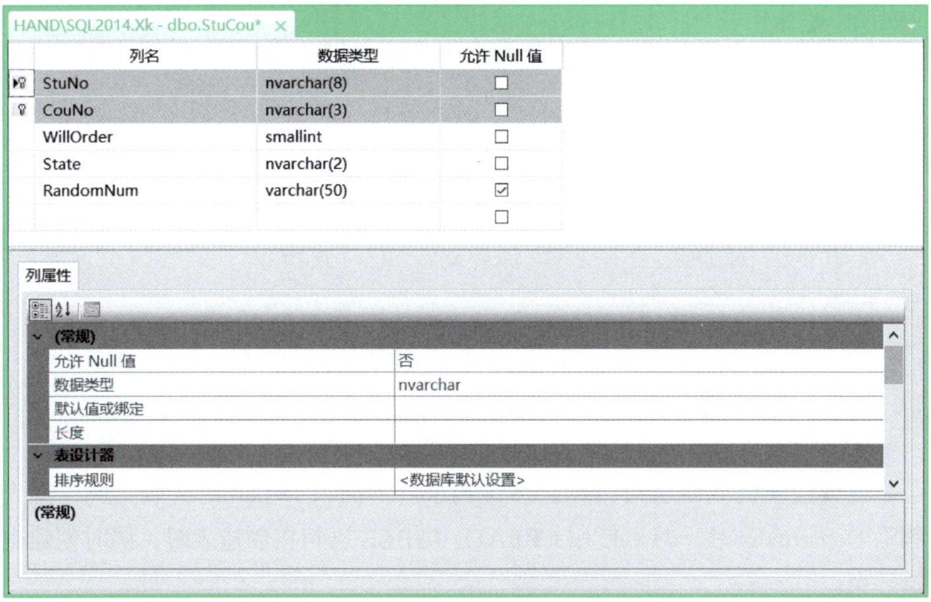

图 7–1　创建 PRIMARY KEY 约束

【问题 7.3】使用 SSMS 删除 Student 表的主键约束。

① 在“对象资源管理器”窗口中展开 Xk 数据库，再展开“表”选项。

② 右击“Student”，在弹出的快捷菜单中选择“设计”命令。

③ 选中原有主键的 StuNo 行。

④ 右击，在弹出的快捷菜单中选择“移除主键”命令或者直接单击按钮，取消该主键。

⑤ 单击工具栏上的“保存”按钮。

用同样的方法删除 StuCou 表的主键约束。注意，需要在按住 Ctrl 键的同时选中 StuNo 行和 CouNo 行。

【注意】为保证本书的连贯性，删除后须按原样恢复，包括数据。

【问题 7.4】使用 ALTER TABLE 语句为已创建的 Department、Course、Class 和 Student 表增加主键约束。

将 3 个表的主键名称分别定义为 PK_Department、PK_Course 和 PK_Class。

在查询窗口中执行如下 SQL 语句：

```
USE Xk
GO
--为 Department 表创建基于 DepartNo 列名为 PK_Department 的主键约束
ALTER TABLE Department
ADD CONSTRAINT PK_Department PRIMARY KEY (DepartNo)
GO
-- 为 Course 表创建基于 CouNo 列名为 PK_Course 的主键约束
ALTER TABLE Course
ADD CONSTRAINT PK_Course PRIMARY KEY (CouNo)
GO
-- 为 Class 表创建基于 ClassNo 列名为 PK_Class 的主键约束
ALTER TABLE Class
ADD CONSTRAINT PK_Class PRIMARY KEY (ClassNo)
GO
```

在创建表的同时也可以创建主键约束。下面以 Department 表为例，首先删除 Department 表，然后使用 CREATE TABLE 语句在创建表时，同时创建主键约束。

在查询窗口中执行如下 SQL 语句：

```
--删除已创建的 Department 表
DROP TABLE Department
GO
--在创建表的同时，创建主键约束 PK_Department
CREATE TABLE Department
(DepartNo nvarchar(2) NOT NULL,
DepartName nvarchar(20) NOT NULL,
CONSTRAINT PK_Department PRIMARY KEY (DepartNo)
)
GO
```

【问题 7.5】使用 ALTER TABLE 语句删除 Department 表名为 PK_ Department 的主键约束。

在查询窗口中执行如下 SQL 语句：

```
ALTER TABLE Department
DROP CONSTRAINT PK_Department
GO
```

【注意】为保证本书的连贯性，删除后须按原样恢复，包括数据。否则因无数据会造成【问题 7.8】执行语句失败。

任务 7.2 创建、删除外键约束

如果一个表的外键列值依赖于另一个表的主键列值，那么可以定义外键约束以避免外键值在主键值中不存在。注意，在定义外键约束之前，必须先定义主键约束，否则会失败。在删除主键约束时，必须首先删除外键约束。

主键与外键配合使用可以保证表与表之间的参照完整性，即保证主表中主键与从表中的外键是正确的、一致的。一个表中可以有多个外键。

外键约束的列值可以为空值。然而，如果应用外键约束的任意一列包含空值，那么数据库系统将忽略这个外键约束，即这个外键约束将不再起作用。一般情况下，定义为外键约束的列中不允许为空值，只要将列定义为“不允许空”即可。

为已经存在的表增加外键约束的基本语法如下：

```
ALTER TABLE table1_name
ADD CONSTRAINT Constraint_name
FOREIGN KEY (col1_name)
REFERENCES table2_name (col2_name)
```

其中：

table1_name：要增加外键约束且已存在的表名。

Constraint_name：要增加的外键约束名。

col1_name：外键列名。

table2_name：主键表（外键表所参照的表）名。

col2_name：主键列名。

【问题 7.6】使用 ALTER TABLE 语句为 StuCou 表创建基于 StuNo 的外键约束，该约束限制 StuCou 表中 StuNo 列值只能是 Student 表的 StuNo 列中存在的值；为 StuCou 表创建基于 CouNo 的外键约束，该约束限制 StuCou 表中 CouNo 列值只能是 Course 表的 CouNo 列中存在的值。

该题分别基于 StuCou 表的 StuNo 列、CouNo 列创建外键约束，名字分别为 FK_StuCou_Student、FK_StuCou_Course。

在查询窗口中执行如下SQL语句：

```
/*外键约束名为FK_StuCou_Student。StuCou表StuNo列值要参照Stu-
dent 表StuNo列值*/
ALTER TABLE StuCou
ADD CONSTRAINT FK_StuCou_Student FOREIGN KEY (StuNo)
REFERENCES Student (StuNo)
GO
/*外键约束名为FK_StuCou_Course。StuCou表CouNo列值要参照Course
表CouNo列值*/
ALTER TABLE StuCou
ADD CONSTRAINT FK_StuCou_Course FOREIGN KEY(CouNo)
REFERENCES Course(CouNo)
GO
```

【练一练】使用ALTER TABLE语句为Course表创建名为FK_Course_Department的外键约束，该约束限制Course表的DepartNo列值只能是Department表的DepartNo列中存在的值。

【问题7.7】使用ALTER TABLE语句删除StuCou表上名为FK_StuCou_Student、FK_StuCou_Course的两个外键约束。

在查询窗口中执行如下SQL语句：

```
ALTER TABLE StuCou
DROP CONSTRAINT FK_StuCou_Student
GO
ALTER TABLE StuCou
DROP CONSTRAINT FK_StuCou_Course
GO
```

在创建表的同时也可以同时创建外键约束。下面以StuCou表为例，首先删除StuCou表，然后使用CREATE TABLE语句在创建表时，同时创建主键约束和外键约束。

```
--删除已创建的StuCou表
DROP TABLE StuCou
GO

--创建表的同时，创建主键约束Pk_StuCou和外键约束FK_StuCou_Student、
FK_StuCou_Course
CREATE TABLE StuCou
(StuNo nvarchar (8) NOT NULL ,
 CouNo nvarchar (3) NOT NULL ,
 WillOrder smallint NOT NULL ,
 State nvarchar (2) NOT NULL ,
```

```
    RandomNum nvarchar (50) NULL,
    CONSTRAINT PK_StuCou PRIMARY KEY(StuNo,CouNo),
    CONSTRAINT  FK_StuCou_Student  FOREIGN KEY (StuNo)  REFER-
ENCES Student (StuNo),
    CONSTRAINT  FK_StuCou_Course  FOREIGN KEY(CouNo)  REFERENC-
ES Course(CouNo))
    GO
```

【问题 7.8】使用 ALTER TABLE 语句在 Class 表中为 DepartNo 列创建一个带有级联删除功能的外键约束。

级联删除指的是删除 Department 表的某个部门时，同时删除 Class 表中该部门的那些数据行。级联删除表示为 ON DELETE CASCADE。定义外键名字为 FK_Class_Department。

在查询窗口中执行如下 SQL 语句：

```
  /* 外键约束名 FK_Class_Department。Class 表 DepartNo 列要参照
Department 表 DepartNo 列 */
  ALTER TABLE Class
  ADD CONSTRAINT FK_Class_Department FOREIGN KEY (DepartNo)
  REFERENCES Department (DepartNo) ON DELETE CASCADE
  GO
```

类似地，可以实现级联修改功能，只需将 ON DELETE CASCADE 修改为 ON UPDATE CASCADE。

【问题 7.9】使用 SSMS 为 Student 表创建基于 ClassNo 列的外键约束，该约束限制 Student 表的 ClassNo 列值必须是 Class 表中 ClassNo 列中已存在的值。

定义外键约束名字为 FK_Student_Class。

具体操作步骤如下：

① 在“对象资源管理器”窗口中展开 Xk 数据库，再展开“表”选项。

② 右击“Student”，在弹出的快捷菜单中选择“设计”命令。

③ 单击工具栏上的“关系”按钮，打开“外键关系”对话框，如图 7–2 所示。

④ 单击“添加”按钮，结果如图 7–3 所示。

⑤ 单击“表和列规范行”右侧的按钮，打开如图 7–4 所示的“表和列”对话框。

⑥ 在“关系名”文本框中输入定义的外键名“FK_Student_Class”。在“主键表”下拉列表中选择 Class 选项；外键表为 Student，不需修改。在“外

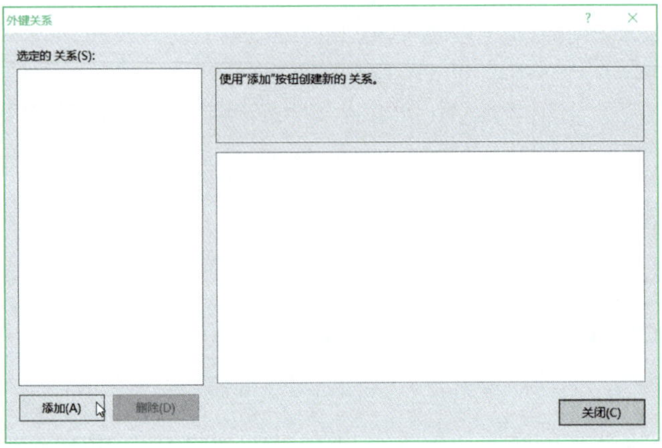

图 7-2 创建 FOREIGN KEY 约束

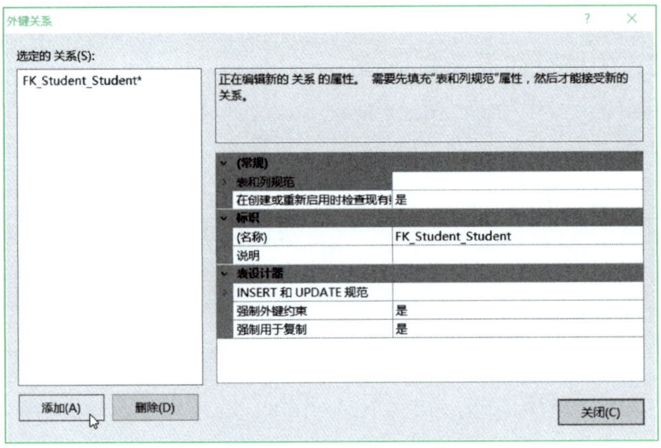

图 7-3 编辑外键

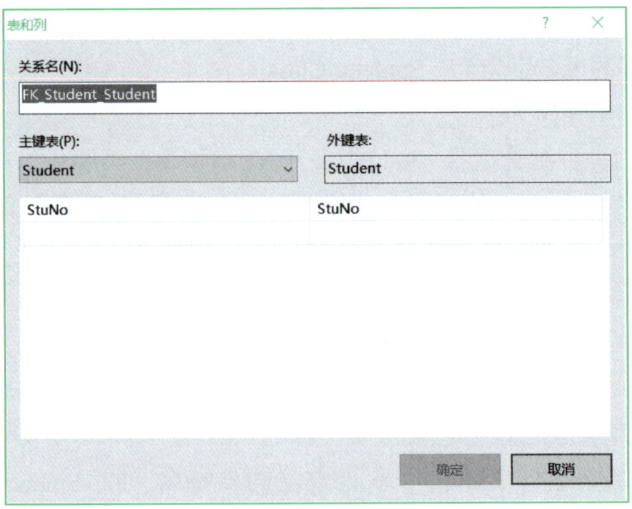

图 7-4 设置关系的主外键表和列

键表”选项下方的列表框中清除第一行显示的列名，在列表框中选择“< 无 >”选项，如图 7–5 所示。

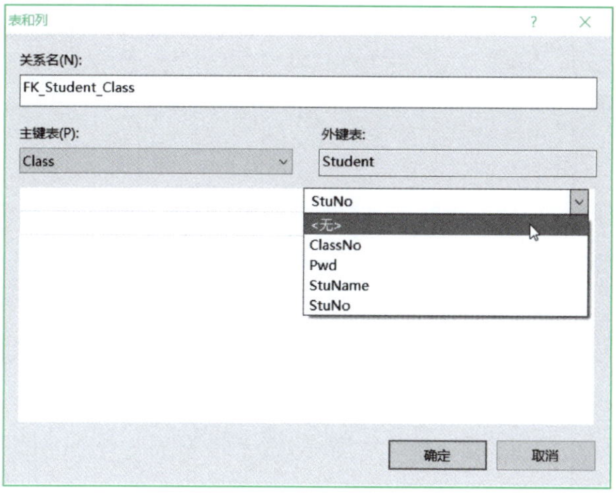

图 7–5　删除多余的关系行

⑦ 在“主键表”下拉列表下方的列表框中选择“ClassNo”为主键列。

⑧ 在“外键表”下方的列表框中选择“ClassNo”为外键列。

⑨ 完成设置后的结果如图 7–6 所示，单击“确定”按钮。

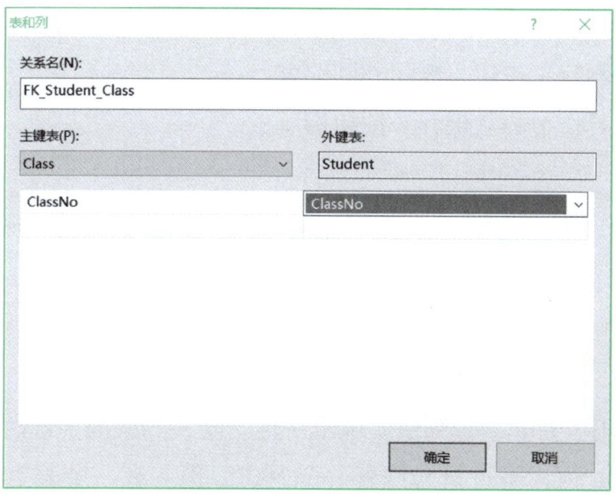

图 7–6　FOREIGN KEY 约束 FK_Student_Class

⑩ 单击“关闭”按钮。

⑪ 单击工具栏上的“保存”按钮，显示如图 7–7 所示的系统提示信息对话框，如果继续，单击“是”按钮，完成操作。

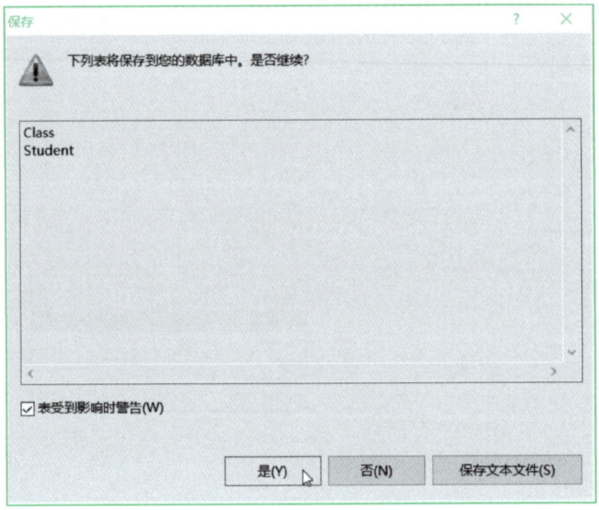

图 7-7 保存到数据库中

【问题 7.10】使用 SSMS 删除 Student 表名为 FK_Student_Class 的外键约束。

具体操作步骤如下：

① 在“对象资源管理器”窗口中展开 Xk 数据库，再展开“表”选项。

② 右击“Student”，在弹出的快捷菜单中选择“设计”命令。

③ 单击工具栏上的“关系”按钮。

④ 在“选定的关系”列表中选择“FK_Student_Class”选项。

⑤ 单击“删除”按钮，删除外键约束。

⑥ 单击工具栏上的“保存”按钮。

【注意】为保证本书的连贯性，删除后请按原样恢复。

任务 7.3 创建、删除唯一约束

唯一约束用于对非主键列值实施唯一性。唯一约束与主键约束类似，只是它允许有 NULL 值，不过只允许有一个 NULL 值。在一个表上可以创建多个唯一约束，而只能创建一个主键约束。

【问题 7.11】使用 ALTER TABLE 语句为已创建的 Course 表的 CouName 列增加唯一约束。创建后再使用 ALTER TABLE 选项删除该唯一约束（知识点）。

该题需要使 Course 表的 CouName 课程名值唯一。这里需要修改已存在的 Course 表，为其增加名称为 UN_CouName 的唯一约束。

在查询窗口中执行如下 SQL 语句：

```
ALTER TABLE Course
ADD CONSTRAINT UN_CouName UNIQUE(CouName)
GO
```

在查询窗口中执行如下 SQL 语句,删除名字为 UN_CouName 的唯一约束：

```
USE Xk
GO
ALTER TABLE Course
DROP CONSTRAINT UN_CouName
GO
```

【问题 7.12】使用 SSMS 为已存在的 Course 表的 CouName 列增加唯一约束。

定义唯一约束名为 UN_CouName。具体操作步骤如下：

① 在“对象资源管理器”窗口中展开 Xk 数据库，再展开“表”选项。

② 右击“Course”表，在弹出的快捷菜单中选择“设计”命令。

③ 单击工具栏上的“管理索引和键”按钮，打开如图 7–8 所示的“索引 / 键”对话框。

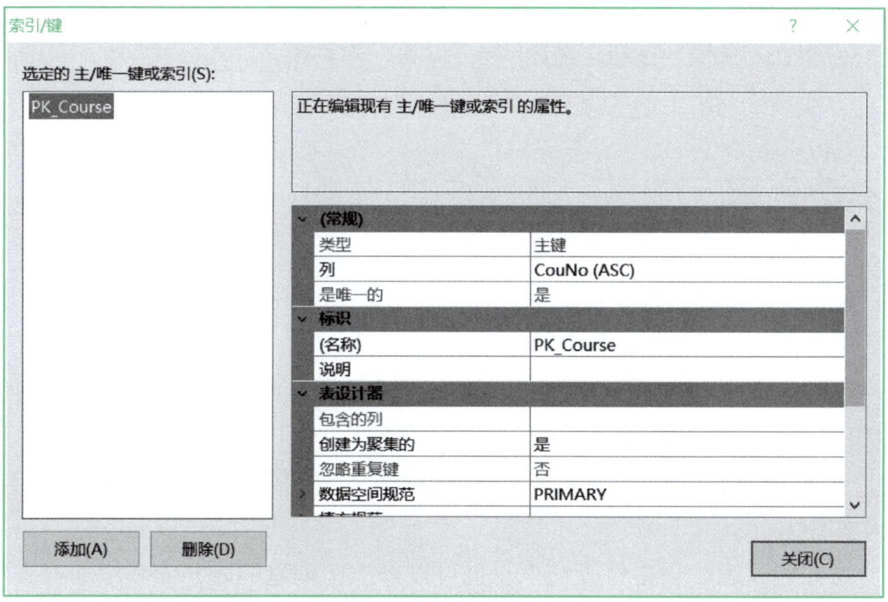

图 7–8　“索引 / 键”对话框

④ 单击“添加”按钮，在“名称”行输入“UN_CouName”，单击“列”所在的行，单击最右侧的按钮，如图 7–9 所示。

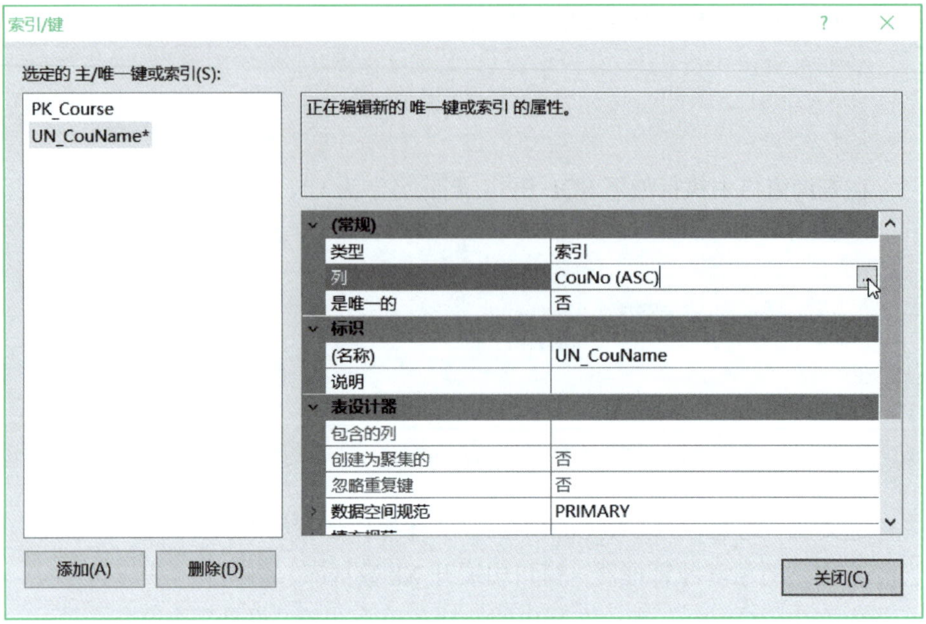

图 7-9 创建唯一约束

⑤ 在打开的“索引列”对话框中选择“CouName”列，排序顺序为默认的升序。单击“确定”按钮，关闭“索引列”对话框。

⑥ 单击“关闭”按钮，关闭“索引 / 键”对话框。

⑦ 单击工具栏上的“保存”按钮，保存创建结果。

任务 7.4 创建、删除检查约束

检查约束限制列数据的有效范围。在对约束的列值进行更新（如添加、修改）时，系统自动检查列数据的有效性。

创建检查约束时，可以使用逻辑表达式表示数据的有效范围，返回值可为 TRUE（真）或为 FALSE（假）。

可以在一列上定义或使用多个检查约束。这些约束将按照创建的顺序依次发生作用。

可在创建表时创建检查约束，也可以修改已创建的表，为其增加检查约束。语法如下：

```
ALTER TABLE table1_name
ADD CONSTRAINT constraint_name CHECK (check_expr)
```

其中，check_expr 为约束表达式。

【问题 7.13】约束 Student 表的 StuNo 列值只允许为 8 位数字，并且不可以为 8 个 0。

Student 表 StuNo 列的数据类型为字符型，该列值只允许为 8 位数字，并且不可以为 8 个 0，可以表示为 StuNo like '[0–9][0–9][0–9][0–9][0–9][0–9][0–9][0–9]' AND StuNo<>’ 00000000’。其中，[0–9] 表示可以是 0、1、2…、9 的数字。

修改 Student 表，为 StuNo 列增加检查约束。在查询窗口中执行如下 SQL 语句：

```
ALTER TABLE Student
ADD CONSTRAINT CK_StuNo CHECK (StuNo like '[0-9][0-9][0-9]
[0-9][0-9][0-9][0-9][0-9]' AND StuNo<>'00000000')
GO
```

最后测试约束。向 Student 表输入一行数据，如果 StuNo 列值不在所允许的范围内，显示失败。

【问题 7.14】删除 Student 表中名字为 CK_StuNo 的检查约束。

修改 Student 表，使用 ALTER TABLE 语句删除已增加的检查约束。

在查询窗口中执行如下 SQL 语句：

```
ALTER TABLE Student
DROP CONSTRAINT CK_StuNo
GO
```

【问题 7.15】学生选课的报名志愿号只能是 1、2、3、4、5。

修改 StuCou 表，为 WillOrder 增加检查约束。检查约束的逻辑表达式为：WillOrder IN(1,2,3,4,5)

在查询窗口中执行如下 SQL 语句：

```
ALTER TABLE StuCou
ADD CONSTRAINT CK_WillOrder CHECK (WillOrder IN(1,2,3,4,5))
GO
```

【问题 7.16】使用 SSMS 增加检查约束。Course 表的 CouNo 列值只允许为 3 位数字，并且 3 位数字不能全为 0。

具体操作步骤如下：

① 在“对象资源管理器”窗口中展开 Xk 数据库，再展开“表”选项。

② 右击“Course”，在弹出的快捷菜单中选择“设计”命令。

③ 单击工具栏上的“管理 Check 约束”按钮。

④ 单击“添加”按钮，添加 CHECK 约束。

⑤ 在“表达式”行中输入“CouNo like '[0-9][0-9][0-9]' AND CouNo<> '000'”。

⑥ 在“(名称)”行中为约束命名。这里采用系统默认名“CK_Course”。

⑦ 完成设置后的结果如图 7-10 所示，单击“关闭”按钮。

⑧ 单击工具栏上的“保存”按钮。

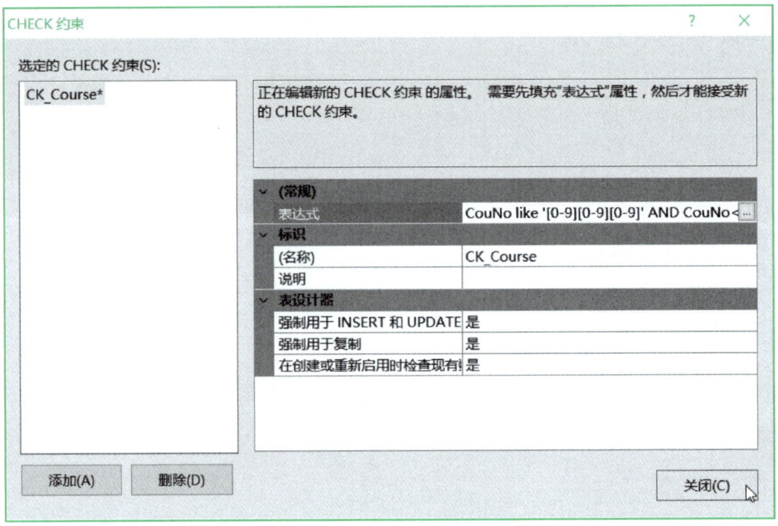

图 7-10　创建 CHECK 约束

【问题 7.17】使用 SSMS 删除 Course 表名为 CK_CouNo 的 CHECK 约束。

① 在“对象资源管理器”窗口中展开 Xk 数据库，再展开“表”选项。

② 右击“Course”，在弹出的快捷菜单中选择“设计”命令。

③ 单击 SSMS 工具栏上的“管理 Check 约束”按钮。

④ 在“选定的 Check 约束”列表中选择“Ck_CouNo”选项。

⑤ 单击“删除”按钮，删除 CHECK 约束。

⑥ 单击“关闭”按钮。

⑦ 单击工具栏上的“保存”按钮。

任务 7.5　创建、删除默认约束

前面单元提到应尽量避免列值为空值，因为 SQL Server 仅是后台数据库，在系统开发时还需要使用其他客户端开发工具，如 C#、Delphi 等。有时对 SQL Server 中空值的处理需要额外的代码，所以采用给列中不确定的值赋予默认值，可避免出现空值的情况，从而减少客户端开发的一些不必要的处理。默认约束是避免列值为空值的一种有效方法。

默认约束与列相关联，它可用于除了 timestamp 列和 identity 列以外的所有数据类型列。每列只能有一个默认约束。

【问题 7.18】为 StuCou 表添加默认约束，使 StuCou 表的 State 列在未输入值时默认值为“报名”。

使用 ALTER TABLE 修改已存在的 StuCou 表，为其增加名为 DF_StuCou_State 的默认约束。注意，若要默认约束在不输入 State 列值时起作用，必须定义 State 列不允许为空。

在查询窗口中执行如下 SQL 语句：

```
ALTER TABLE StuCou
ADD CONSTRAINT DF_StuCou_State DEFAULT ('报名') FOR State
GO
```

【问题 7.19】删除 StuCou 表中名为 DF_StuCou_State 的默认约束。

在查询窗口中执行如下 SQL 语句：

```
ALTER TABLE StuCou
DROP CONSTRAINT DF_StuCou_State
GO
```

【问题 7.20】使用 SSMS 为 StuCou 表的 State 列创建默认约束，该约束使 State 列的值默认为“报名”。

具体操作步骤如下：

① 在“对象资源管理器”窗口中展开 Xk 数据库，再展开“表”选项。

② 右击“StuCou”，在弹出的快捷菜单中选择“设计”命令。

③ 将光标定位到“State”行。

④ 在“列属性”区域中的“默认值或绑定”行中输入“报名”（不需要输入引号），系统默认为“N'报名'”。完成设置后如图 7-11 所示。

⑤ 单击工具栏上的“保存按钮。

【问题 7.21】使用 SSMS 删除 StuCou 表在 State 列上的默认约束。

具体操作步骤如下：

① 在“对象资源管理器”窗口中展开 Xk 数据库，再展开“表”选项。

② 右击“StuCou”，在弹出的快捷菜单中选择“设计”命令。

③“State”列。

④ 清除“列属性”区域中的“默认值或绑定”行中的值。

⑤ 单击工具栏上的“保存”按钮。

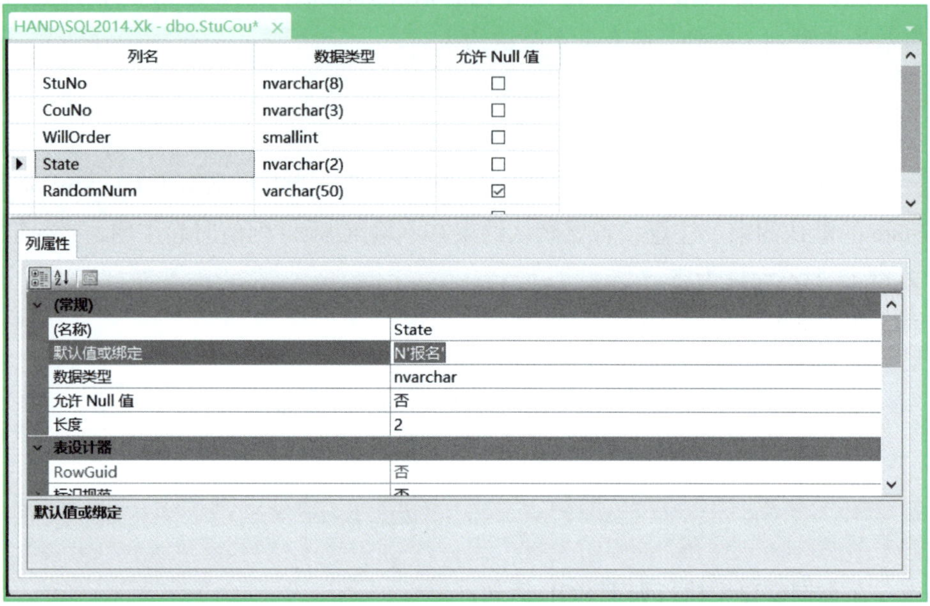

图 7-11 创建 DEFAULT 约束

【练一练】Course 表的 WillNum 列值必须大于 0。

知识拓展 创建标识列

在开发项目时，有时希望计算机能自动地生成标识列，如初值（称为种子）为 1，增量为 1，则第 1 行数据的标识列值自动生成 1，第 2 行数据标识列的值系统自动生成为前一行的标识列值加上增量，即为 2，不需要人工输入标识列的值。

标识列与主键约束、唯一键约束一样，能唯一标识表中的每一行，可以用来保证表的完整性。

每个表只能定义一个标识列，语句为：

列名 数据类型 IDENTITY [(种子，增量)]

【注意】

① 数据类型必须为数值型。可为下列数据类型之一如 decimal、int、smallint、bigint 或 tinyint。

② 系统默认种子和增量的初值均为 1。
③ 标识列不允许出现空值，也不能有默认约束、检查约束。
④ 对于经常出现删除操作的表最好不要使用标识列，因为删除操作使得标识列的值出现不连续的情况。

【问题 7.22】在 Xk 数据库中创建一个 book 表，该表只有两列：bookID 为标识列，初值为 1，增量为 1；BookName 为字符型，长度为 30，不允许为空。

使用 CREATE TABLE 语句创建 book 表，并定义 bookID 为标识列。

在查询窗口中先切换到 Xk 数据库，然后执行如下 SQL 语句：

```
-- 创建 book 表
CREATE TABLE book
(
bookID int IDENTITY(1,1),
BookName varchar(30) NOT NULL
)
GO
-- 输入行数据，只输入 BookName 列值，标识列 bookID 由系统自动生成
INSERT book(BookName)  VALUES('计算机网络技术')
INSERT book(BookName)  VALUES('软件测试技术')
INSERT book(BookName)  VALUES('动态 Web 技术')
GO
-- 显示 book 表信息
SELECT *
FROM book
GO
```

执行后显示出 3 个数据行，其中 bookID 的值依次为 1，2，3。

单元小结

在本单元：

- 使用 ALTER TABLE 语句为已存在的表增加或删除主键约束。
- 使用 SSMS 为已创建的表增加或删除主键约束。
- 在创建表的同时创建主键约束。
- 使用 ALTER TABLE 语句为已创建的表增加或删除外键约束。
- 使用 SSMS 为已存在的表增加或删除外键约束。
- 使用 ALTER TABLE 语句为已创建的表增加或删除唯一约束。
- 使用 SSMS 为已创建的表增加或删除唯一约束。
- 使用 ALTER TABLE 语句为已创建的表增加或删除检查约束。
- 使用 SSMS 为已创建的表增加或删除检查约束。

- 使用 ALTER TABLE 为已创建的表增加或删除默认约束。
- 使用 SSMS 为已创建的表增加或删除默认约束。
- 使用 CREATE TABLE 语句在表中创建标识列。

思考与练习

1. 保证数据完整性有哪些技术？分别保证了数据的哪些完整性？
2. 唯一约束与主键约束的区别是什么？
3. 一般在什么情况下使用默认约束？
4. 一般在什么情况下使用检查约束？

实训

1. 根据你的理解，请在单元 6 实训的表 6–6 ～表 6–9 的备注栏中标出主键、外键。

2. 使用 ALTER TABLE 语句为已创建的表增加主键约束、外键约束。

3. 约束客户表 Customer 的 CusNo 列值长度为 3，产品表 Product 的 ProNo 列值长度为 5。

4. 对产品表 Product 的 Stocks 列、Price 列、入库表 ProIn 的 Quantity 列、销售表 ProOut 的 Quantity 列值进行约束，使其值必须大于 0。

5. 对销售表 ProOut 的 SaleDate 列进行约束，当不输入值时，系统默认其值为系统当前日期。

单元 8 实现索引

学习目标

【知识目标】

- 理解索引的作用。
- 了解索引的种类和使用方法。
- 熟练掌握创建索引的方法。
- 掌握重新命名索引、删除索引的方法。
- 掌握索引分析与维护的方法。

【技能目标】

- 会根据需要创建索引。
- 会重新命名索引。
- 会删除索引。
- 会分析与维护索引。

单元设计
教学课件 PPT
实训（验）项目单
实训参考答案
示例数据库
例题源代码

任务陈述

学生选课数据库中的课程表、学生表、学生选课表、班级表和部门表，在需要时可查看这些表中的数据。在用户查看这些表的数据时，提出希望提高查询数据的速度。

知识学习

索引的用途

索引（INDEX）与书籍目录类似，如果想快速查找而不是逐页查找指定的内容，那么可以通过目录中给出的章节页码快速找到其对应的内容。类似地，索引也是通过数据行表中的索引关键值来指向表中的数据行。这样，数据库引擎不用扫描整个表就能快速定位到所需要的数据行；相反，如果没有索引，则 SQL Server 需要搜索表中所有的数据行，查找匹配结果。

用户可以在表或视图的一列或多列上创建索引。基于两列或多列上建立的索引称为复合索引。

如果表中任意两行索引列的值不出现重复，那么这种索引称为唯一（UNIQUE）索引。

索引的分类

索引有聚集索引（CLUSTERED INDEX）和非聚集索引（NONCLUSTERED INDEX）两种类型，也被称为聚簇索引和非聚簇索引。

1. 聚集索引

聚集索引指已创建索引的表或视图按照索引列的值进行物理排序数据行，此类索引可以加快查询速度。在表或视图中，只允许创建一个聚集索引。在创建主键约束时，若表中没有聚集索引，SQL Server 将主键列作为聚集索引列。

可以在表或视图的任何列或列的组合上建立索引，在实际开发中，一般将主键列定义为聚集索引列，即数据行按照主键列值物理排序。

2. 非聚集索引

非聚集索引不会对表和视图按照索引列值进行物理排序，它对索引列进行逻辑排序，并保存索引列的逻辑排序位置。在表或视图中，最多可以建立 250 个非聚集索引，或者 249 个非聚集索引和 1 个聚集索引。

何时使用索引

索引的特性会影响系统资源的使用和查找性能。如果索引能够提升查询性能，查询优化器将会使用索引。通常，在那些经常被用来查询信息的列上建立索引以获得最佳性能。

例如，用户需要经常根据学号或者姓名查询学生的选课信息，那么可以在学生表上建立两个索引：一个是基于学号列的索引；另一个是基于姓名列的索引。因为学号为主键，学号值唯一，主键就是基于学号列的唯一的聚集索引，无须再创建。因为姓名可能会出现重名，又因为在 Student 表上只能创建一个聚集索引，所以在基于姓名的列上要建立非唯一的非聚集索引。

建立索引后，查询时，SQL Server 会自动选择与查询相匹配的索引。

例如，执行下列查询时，SQL Server 会使用基于学号列的索引：

```
SELECT * FROM Student WHERE StuNo='00000001'
```

执行下列查询时，SQL Server 会使用基于姓名列的索引：

```
SELECT * FROM Student WHERE StuName='林斌'
```

索引虽然有优点，但也有缺点。索引在数据库中需要占用存储空间。表越大，建立的包含该表的索引也就越大。数据库一般都是动态的，经常需要对数据行进行添加、修改和删除。当一个含有索引的表中数据行被更新时，索引也要更新，以反映数据的变化。这样可能会降低添加、修改和删除数据行的速度，所以不要在表中建立太多且很少使用的索引。

将索引创建在哪里

为了提高系统的性能，可将索引创建在与数据文件、日志文件不同的存储设备上。

任务 8.1 创建索引

可以在创建表时创建索引，也可以在创建表之后创建索引。可以在表上创建多个索引。

使用 SSMS 创建索引

【问题 8.1】用户需要按照学生姓名查询信息，希望提高其查询速度。

要提高按照姓名查询信息的速度，就需要在姓名列 StuName 上创建非唯一的非聚集索引。此处将索引名字定义为 IX_StuName。

具体操作步骤如下：

① 在“对象资源管理器”窗口中展开 Xk 数据库，再展开“表”选项。

② 右击“Student”，在弹出的快捷菜单中选择“设计”命令。

③ 单击工具栏上的“管理索引和键”按钮，打开“索引 / 键”对话框，如图 8-1 所示。

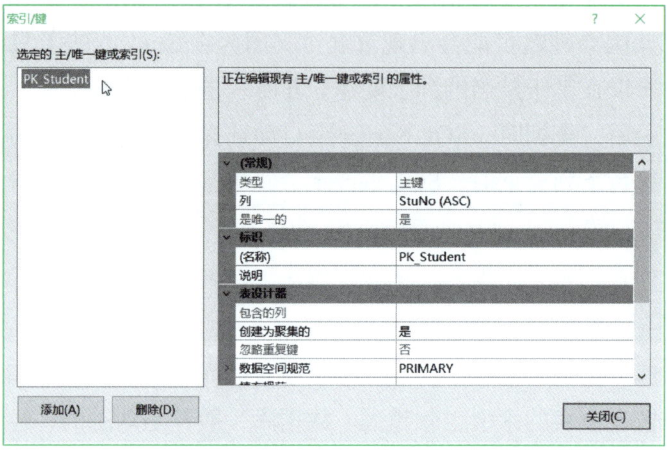

图 8-1 “表和索引”对话框

当用户在表中创建主键约束或唯一约束时，SQL Server 将自动在建有这些约束的列上创建唯一索引。当用户从该表中删除主键约束或唯一约束时，创建在这些列上的唯一索引也会被自动删除。

例如，在 Student 表上已创建了一个基于 StuNo 的主键约束，那么在“索引 / 键”对话框的“选定的主 / 唯一键或索引”列表框中就会出现索引名为“PK_Student”的索引。

④ 单击“添加”按钮，打开如图 8-2 所示的对话框。

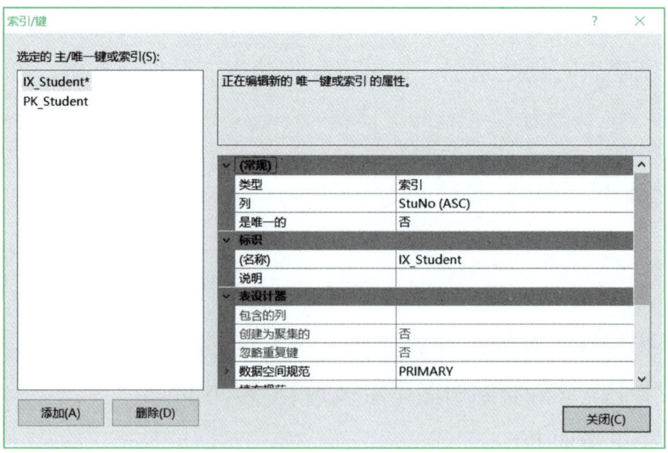

图 8-2 “索引 / 键”属性对话框

⑤ 单击“列”行右边的“...”按钮，打开如图 8-3 所示的对话框。

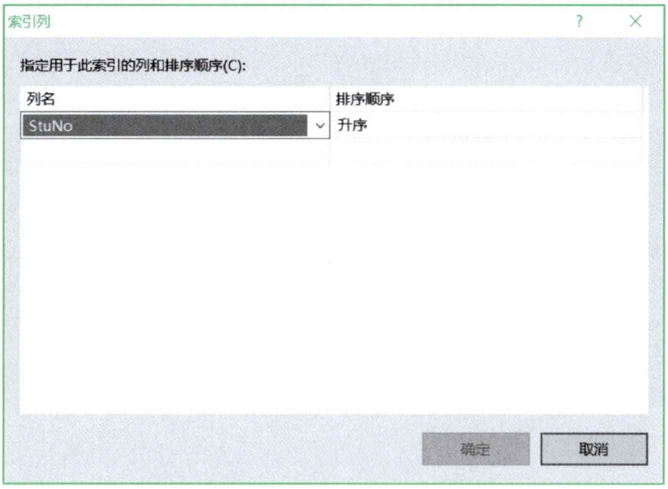

图 8-3　“索引列”对话框

⑥ 在“列名”下拉列表中选择“StuName”选项。

用户可以选择一列或多列，若选择了多列，则创建的索引为复合索引。

⑦ 在“排序顺序”下拉列表中选择索引排序规则，可以是 ASC（升序）或 DESC（降序）。这里选择 ASC（升序）。

⑧ 单击“确定”按钮。

⑨“索引 / 键”对话框中的“是唯一的”表示是否创建唯一索引，因此处创建非唯一索引，所以保持默认值“否”。

⑩ 在“(名称)”行中为索引命名，此时输入“IX_StuName”，如图 8-4 所示。

图 8-4　创建完之后的索引

⑪ 单击“关闭”按钮。

⑫ 单击 SSMS 工具栏上的“保存”按钮。

使用 T-SQL 语句创建索引

创建索引选项的常用格式如下：

```
CREATE
[UNIQUE]
[CLUSTERED | NONCLUSTERED]
INDEX index_name
ON {table_name|view_name}
(column_name[, … n])
   [WITH [index_property [, … n] ]
```

其中：

UNIQUE：创建唯一索引；

CLUSTERED：创建聚集索引；

NONCLUSTERED：创建非聚集索引；

index_name：索引名称；

table_name：索引所在的表名称；

view_name：索引所在的视图名称。

【注意】只能在使用 SCHEMABINDING 定义的视图上创建索引，且视图上必须创建了唯一聚集索引之后才能在视图上创建非聚集索引。

index_property：索引属性，例如 DROP_EXISTING 表示先删除存在的索引（如果存在，否则会给出错误信息）。

【问题 8.2】使用 T-SQL 语句。用户需要按照课程名查询信息，希望提高查询速度。

如果课程名称值唯一，又因它不是主键列，所以该题要创建一个基于 CouName 列唯一的非聚集索引，此处名称为 IX_CouName。

在查询窗口中执行如下 SQL 语句：

```
CREATE UNIQUE INDEX IX_CouName
ON Course (CouName)
GO
```

用户在创建和使用索引时应注意如下事项：

① 必须是表的所有者才能使用 CREATE INDEX 语句来创建索引。

② 唯一索引既可以采用聚集索引的结构，也可以采用非聚集索引的结构。

如果不指明 CLUSTERED 选项，SQL Server 将默认为唯一索引默认采用非聚集索引的结构。

③ 如果表中已有数据，那么在创建唯一索引时，SQL Server 将自动检验是否存在重复的值，若存在重复值，则创建唯一索引失败。

④ 具有相同组合列、不同组合顺序的复合索引是不同的。

⑤ 在建有唯一索引的表上添加、更新数据时，SQL Server 将自动检验新的数据中是否存在重复值。如果存在，则 SQL Server 在第一个重复值处取消语句并返回错误信息。

任务 8.2　重新命名索引

建立索引后，根据需要可以重新命名索引名称，有两种方法。

① 在 SSMS 中，使用与创建索引同样的方法，在“索引 / 键”对话框的“选定的主 / 唯一键或索引”列表框中选择要重新命名的索引，然后在“(名称)”行中直接输入新的名称后保存即可。

② 使用 T-SQL 语句。语句格式如下：

```
EXEC sp_rename table_name.old_index_name,new_index_name
```

其中：

table_name：索引所在的表名称。

old_index_name：要重命名的索引名称。

new_index_name：新的索引名称。

【问题 8.3】使用 T-SQL 语句将 Student 表的 IX_StuName 索引重命名为 IX_StuNameNew。

在查询窗口中执行如下 SQL 语句：

```
EXEC sp_rename 'Student.IX_StuName','IX_StuNameNew'
GO
```

【注意】为保证本书的连贯性，重新命名后请按原样恢复

任务 8.3　删除索引

1. 使用 SSMS 删除索引

【问题 8.4】删除 Student 表上名字为 IX_StuName 的索引。

具体操作步骤如下：

① 在“对象资源管理器”窗口中展开 Xk 数据库，再展开“表”选项。

② 右击“Student”，在弹出的快捷菜单中选择“设计”命令。

③ 单击工具栏上的“管理索引和键”按钮，打开“索引 / 键”对话框。

④ 在“选定的主 / 唯一键或索引”列表框中选择要删除的索引“IX_StuName”。

⑤ 单击“删除”按钮。

⑥ 单击“关闭”按钮。

⑦ 单击 SSMS 工具栏上的“保存”按钮。

【注意】为保证本书的连贯性，删除后请按原样恢复

2. 使用 T-SQL 语句删除索引

使用 DROP INDEX 语句删除索引，格式如下：

```
DROP INDEX
table_name.index_name[,table_name.index_name…]
```

其中：

table_name：索引所在的表名称；

index_name：要删除的索引名称。

【问题 8.5】使用 T-SQL 语句删除 Course 表上名字为 IX_CouName 的索引。

在查询窗口中执行如下 SQL 语句：

```
DROP INDEX Course.IX_CouName
GO
```

使用 DROP INDEX 语句删除索引时，须注意如下事项：

① 不能用 DROP INDEX 语句删除由主键约束或唯一约束创建的索引。要删除这些索引必须先删除主键约束或唯一约束。

② 在删除聚集索引时，表中的所有非聚集索引都将被重建。

【问题 8.6】使用 T-SQL 语句删除 Student 表中的索引 PK_Student，并查看有何结果。

在查询窗口中执行如下 SQL 语句：

```
DROP INDEX Student.PK_Student
GO
```

执行结果如图 8-5 所示。这是因为 PK_Student 索引为 PRIMARY KEY 约束创建的索引，所以必须采取删除主键约束的方式删除此索引。

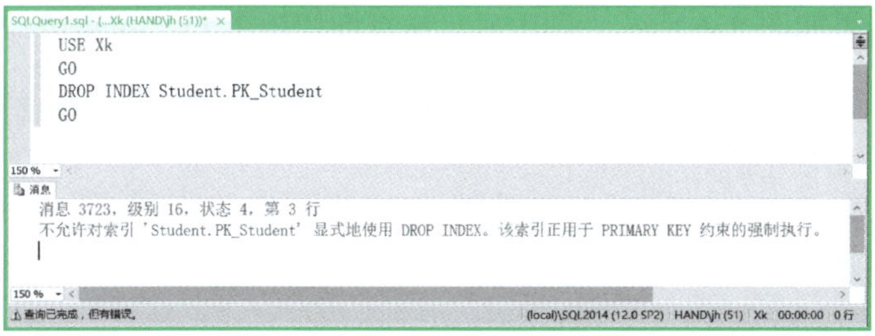

图 8-5　用 DROP INDEX 选项删除由 PRIMARY KEY 约束创建的索引失败

任务 8.4　分析索引

建立索引的目的是希望提高 SQL Server 数据查询的速度。如果利用索引查询的速度还不如扫描表的速度快，SQL Server 就会采用扫描表而不是通过索引的方法来查询数据。因此，在创建索引后，应该根据应用系统的需要，也就是实际可能出现哪些数据查询来对查询进行分析，以判定其是否能提高 SQL Server 的数据查询速度。

SQL Server 提供了多种分析索引和查询性能的方法。下面介绍常用的 SHOWPLAN_ALL 和 STATISTICS IO 两种命令。

1. 显示查询计划

显示查询计划就是使用 SQL Server 显示执行查询时选择了哪个索引，从而帮助用户分析有哪些索引被系统采用。

通过在查询语句中设置 SHOWPLAN_ALL 选项，可以选择是否让 SQL Server 显示查询计划。设置是否显示查询计划的命令格式：

```
SET SHOWPLAN_ALL ON|OFF
```

或

```
SET SHOWPLAN_TEXT ON|OFF
```

【问题 8.7】在 Xk 数据库中的 Student 表上查询姓 '林' 学生的信息，并分析哪些索引被系统所使用。

在查询窗口中执行如下 SQL 语句：

```
SET SHOWPLAN_ALL ON;
GO
SELECT StuNo,StuName FROM Student WHERE StuName LIKE '林%'
GO
SET SHOWPLAN_ALL OFF;
GO
```

执行结果如图 8–6 所示，图中显示该查询使用了 IX_StuName 索引。

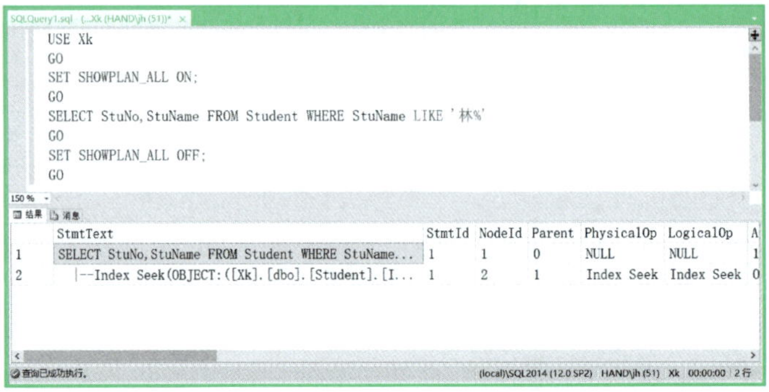

图 8–6　显示查询计划分析索引

【问题 8.8】在 Xk 数据库中的 Student 表上查询学号为‘00000001’的学生信息，并分析哪些索引被系统所使用。

在查询窗口中执行如下 SQL 语句：

```
SET SHOWPLAN_ALL ON;
GO
SELECT StuNo FROM Student WHERE StuNo='00000001'
GO
SET SHOWPLAN_ALL OFF;
GO
```

执行结果如图 8–7 所示，图中显示该查询使用了 PK_Student 索引。

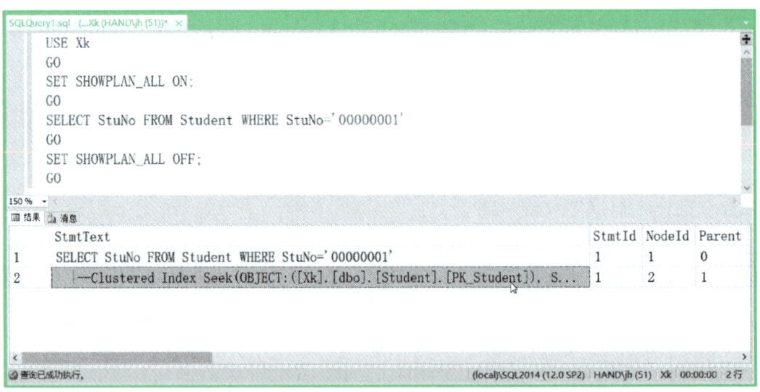

图 8–7　显示查询计划分析索引

2. 显示磁盘活动量

数据查询语句所花费的磁盘活动量也是用户较关心的性能之一。通过设置 STATISTICS IO 选项，可以使 SQL Server 显示磁盘读取信息。

设置是否显示磁盘活动量的选项为：

```
SET STATISTICS ON|OFF
```

【问题 8.9】在 Xk 数据库中的 Student 表上查询姓名为 '林斌' 学生的信息，并分析执行该数据查询时磁盘的活动信息。

在查询窗口中执行如下 SQL 语句：

```
SET STATISTICS IO ON
GO
SELECT * FROM Student WHERE StuName=' 林斌 '
GO
SET STATISTICS IO OFF
GO
```

在执行结果窗口中选择“消息”属性页，执行结果如图 8-8 所示。

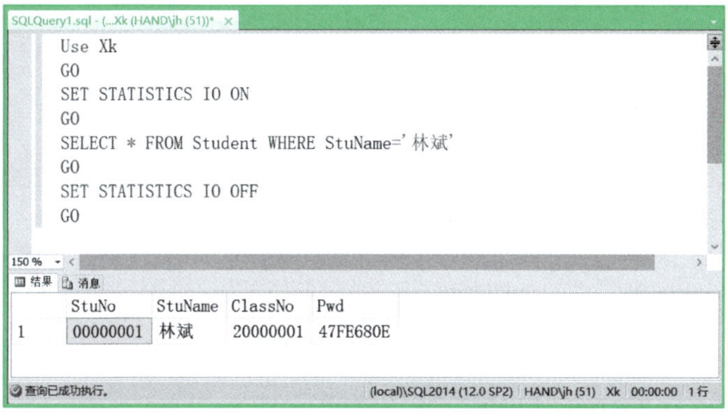

图 8-8 显示磁盘活动信息

任务 8.5 维护索引

在创建索引后，为了得到最佳的性能，必须对索引进行维护。因为随着时间的推移，用户需要在数据库上进行添加、修改和删除等一系列操作，这会使数据变得支离破碎，从而造成索引性能的下降。

SQL Server 提供了多种工具帮助用户维护索引，下面介绍几种常用的方法。

1. 扫描表

对表进行数据操作可能会导致表碎片，而表碎片会导致额外的页读取，从而造成数据库查询性能的降低。此时，用户可以通过使用 DBCC SHOWCONTIG 语句来扫描表，并通过其返回值确定该表的索引页是否已经严重不连续。

【问题 8.10】利用 DBCC SHOWCONTIG 获取 Xk 数据库中 Student 表的 PK_Student 索引碎片信息。

在查询窗口中执行如下 SQL 语句：

```
DBCC SHOWCONTIG (Student,PK_Student)
GO
```

执行结果如图 8–9 所示。在返回的统计信息中，须注意扫描密度，其理想数是 100%，如果百分比较低，则需要清理表上的碎片。

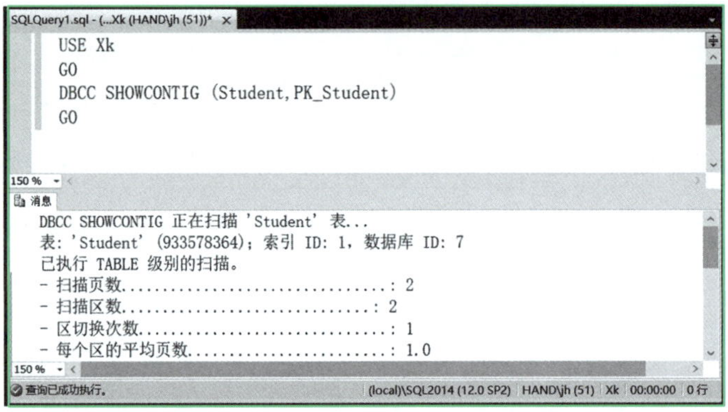

图 8–9 使用 DBCC SHOWCONTIG 语句扫描表

2. 碎片整理

当表或视图上的聚集索引和非聚集索引页级上存在碎片时，可以通过 DBCC INDEXDEFRAG 对其进行碎片整理。

【问题 8.11】用 DBCC INDEXDEFRAG 命令对 Xk 数据库中 Student 表的 PK_Student 索引进行碎片整理。

在查询窗口中执行如下 SQL 语句：

```
DBCC INDEXDEFRAG (Xk,Student,PK_Student)
GO
```

单元小结

在本单元：

- 理解索引的概念，了解索引的分类。
- 理解聚簇索引与非聚簇索引的区别。
- 了解何时创建索引。
- 使用 SSMS 或 ALTER TABLE 创建、删除及重命名索引。
- 使用 SHOWPLAN_ALL、DBCC SHOWCONTIG 等语句进行索引的分析和维护。

思考与练习

1. 谈谈自己对索引的理解，简述在什么情况下需要创建索引。
2. 索引是不是越多越好，索引有什么缺点？
3. 什么是复合索引、聚集索引？
4. 什么情况下需要对索引进行维护？

实训

本单元实训使用 Sale 数据库。

1. 用户按照 CusName（客户姓名）查询客户信息，希望提高查询速度。
2. 用户按照 ProName（产品名称）查询产品信息，希望提高查询速度。
3. 用户按照 SaleDate（销售日期）查询销售信息，希望提高查询速度。

单元 9

T-SQL 语言编程基础

学习目标

【知识目标】

- 掌握 T-SQL 语言的标识符、表达式、运算符、常量与变量的使用。
- 掌握常用函数的使用方法、创建函数的方法。
- 掌握常用系统存储过程的使用方法。
- 会使用流控语句。

【技能目标】

- 会运用 T-SQL 语言编写程序。
- 会使用系统函数
- 会创建函数。

单元设计
教学课件 PPT
实训（验）项目单
实训参考答案
示例数据库
例题源代码

任务陈述

小李现在需要使用 SQL Server 中编写一些程序，如编写 N! 或计算 1+2+…+10 000 的和，或者显示两个整数中的较大者。小李也希望查看所使用的 SQL Server 版本信息，使用函数显示系统时间。

知识学习

引用数据库对象名的规则

在 SQL Server 中，数据库对象有表、视图、存储过程、用户自定义函数、索引、触发器、函数等，一般来说对数据库对象名的引用有以下几种方式：

```
server_name.[database_name].[owner_name].object_name
database_name.[ownaer_name].object_name
owner_name.object_name
object_name
```

其中：

server_name：连接的服务器或远程服务器的名称。

database_name：数据库对象所在的数据库名称。

owner_name：数据库对象的所有者（属主）。

object_name：引用的数据库对象的名称。

当引用某个特定的数据库对象时，不必总是为 SQL Server 指定标识该对象的服务器、数据库和所有者。可以省略中间级的节点，而使用句点表示这些位置。对象名的有效格式如下。

```
server.database.owner.object
server.database..object
server..owner.object
server...object
database.owner.objet
database..object
owner.object
object
```

例如，刚登录 SQL Server 时，在通常情况下，master 为当前连接的数据库。查询“00 多媒体”班级的班级编号的语句可以写为如下形式：

```
SELECT ClassNo
FROM [HAND\SQL2014].Xk.dbo.Class   /*HAND\SQL2014 为服务器命名实例，必须用 [  ] 括起来 */
WHERE ClassName='00 多媒体'
```

```
GO

SELECT ClassNo
FROM Xk.dbo.Class   /*Class 的所属架构是 dbo*/
WHERE ClassName='00 多媒体'
GO

SELECT ClassNo
FROM Xk..Class
WHERE ClassName='00 多媒体'
GO
```

T-SQL 语法元素

1. 标识符

标识符用来标识服务器、数据库和数据库对象（如表、视图、列、索引、触发器、约束等）。T-SQL 的保留字不能作为标识符。

SQL Server 的标识符有常规标识符和分隔标识符两种。

① 常规标识符：第 1 个字符必须是下列字符之一：英文 26 个字母的大小写 a～z、A～Z，以及来自其他语言的字母字符，还可以是下画线（_）、@ 或者 #。其他字符可为大小写字母、或其他国家 / 地区字符中的十进制数字、@、$、#、_。

常规标识符中不允许嵌入空格或其他特殊字符。

② 分隔标识符：用双引号"" 或者方括号 [ ] 分隔标识符。

对不符合常规标识符定义的标识符，如 MY ID，必须用双引号"" 或括号 [ ] 分隔标识符，即 [MY ID]，才可以作为标识符。

如，[ORDER] 可以作为分隔标识符，但因为 ORDER 为 T-SQL 关键字，所以不推荐使用这样的标识符。

在 SQL Server 中，以 @ 符号开始的标识符，表示是局部变量或者参数；以 @@ 开始的标识符，表示是全局变量；以 # 开始的标识符，表示是临时表或过程；以 ## 开始的标识符，表示是全局临时对象。

标识符的字符长度不能超过 128 字符，临时表标识符的长度不能超过 116 字符。

2. 数据类型

用来定义数据对象（如列、变量和参数）的数据类型。

3. 运算符

运算符是表达式的组成部分之一，它与一个或多个简单表达式一起使用，以便构成一个更为复杂的表达式。

4. 表达式

表达式是标识符、值和运算符的组合，SQL Server 可以对其求值，以便获取结果。

在查询或修改数据时，可将表达式作为要查询的内容，也可以作为限制查询的条件。

5. 函数

与其他程序设计语言中的函数相似，它可以有 0 个、1 个或多个参数，并返回一个值或值的集合。

6. 注释

SQL Server 支持两种注释字符：--（双连字符）和 /*...*/（正斜杠 - 星号对），SQL Server 不执行所注释的内容。

--（双连字符）：注释一行代码。

例如：

```
-- 查询 Student 表的内容
SELECT * FROM Student
GO
/*...*/：使用时以 /* 开始，表明紧随其后为注释内容，以 */ 结束注释。
例如：
/*
查询 Student 表的内容
该示例使用多行注释
*/
SELECT * FROM Student
GO
```

7. 保留关键字

SQL Server 使用保留关键字定义、操作或访问数据库。保留关键字是 SQL Server 使用的 T-SQL 语言语法的一部分，用于分析和理解 T-SQL 语句和批处理。

常量

常量和变量是程序设计不可缺少的元素。

T-SQL 的常量主要有以下几种：

1. 字符串常量

字符串常量包含在单引号内，由字母、数字字符（a～z、A～Z 和 0～9）以及特殊字符（如 !、@ 和 #）组成。例如，'SQL Server 实例与应用 '。

如果字符串常量中包含有一个单引号，如 I 'm a Student，可以使用两个单引号表示这个字符串常量内的单引号，即表示为：' I 'm a Student '。

在字符串常量前面加上字符 N，则表明该字符串常量是 Unicode 字符串常量，每个字符都使用两个字节存储。例如，N 'Mary' 是 Unicode 字符串常量。

2. 数值常量

数值常量有二进制常量 binary、位常量 bit、时间常量（datetime、smalltime）、整型常量（bigint、int、smallint、tinyint）、带有精度的常量（decimal、numeric）、浮点型常量 float、实型常量（real）、货币型常量（money、smallmoney）。数值常量不需要使用引号。

binary：固定长度的二进制数据，前缀用 0X 表示，用十六进制数字表示。例如，0X12EF、0XFF。

bit：值只能为 0 或 1 的整数数据。如果使用一个大于 1 的数字，它将被转换为 1。

datetime：范围在 1753 年 1 月 1 日～9999 年 12 月 31 日的日期和时间数据。

smalldatetime：范围在 1900 年 1 月 1 日～2079 年 6 月 6 日的日期和时间数据。

bigint：范围在 –9 223 372 036 854 775 808（即 -2^{63}）～9 223 372 036 854 775 807（即 $2^{63}-1$）之间的整数。

int：范围在 –2 147 483 648（即 -2^{31}）～2 147 483 647（即 $2^{31}-1$）之间的整数。

smallint：范围在 –32 768（即 -2^{15}）～32 767（即 $2^{15}-1$）的整数数据。

tinyint：0～255 范围内的整数。

decimal：范围在 $-10^{38}+1$～$10^{38}-1$ 之间可以带有小数位的数值常量。如 1876.21。

float：使用科学计数法表示 –1.79E+308～1.79E+308 范围的数据。

real：使用科学计数法表示 –3.40E+38～3.40E+38 范围的数据。例如，101.5E6、54.8E10 等。

money：货币常量，范围在 -2^{63}～$2^{63}-1$ 之间，存储大小为 8 个字节。以 $ 作为前缀，它可以包含小数点。例如：$12.54、$768.32。

smallmoney：范围在 –214,748.3648～+214.748,3647 之间，存储大小为 4 个字节。

3. 日期常量

使用特定格式的字符日期值表示，并用单引号括起来。例如，'19831231'、

'1976/04/23'、'14:30:24'、'04:24PM'、'May 04，1998'。

变量

变量对应内存中的一个存储空间，它与常量不同。变量的值在程序执行过程中可能随时发生改变。有局部变量和全局变量两种类型的变量。

1. 局部变量

局部变量是用户在程序中定义的变量，一次只能保存一个值，它仅在定义的程序范围内有效。局部变量可以临时存储数据。局部变量名总是以 @ 符号开始，最长为 128 个字符。

局部变量必须遵循先定义、后赋值的原则。使用 DECLARE 语句定义局部变量的名称、数据类型和长度。定义的局部变量的初值默认为 NULL（空）。

定义局部变量的语法如下：

```
DECLARE @variable_name datatype [, @variable_name data-
type] ……
```

使用 SET 语句或 SELECT 语句给局部变量赋值。SET 语句一次只能给一个局部变量赋值，SELECT 语句一次可以给多个局部变量赋值。

SELECT 语句赋值的语法如下：

```
SELECT { @local_variable = expression } [ ,...n ]
```

局部变量必须在同一个批处理或存储过程中被声明和使用。

2. 全局变量

全局变量以 @@ 开头，只能直接使用，无须定义，也不能修改。例如：

@@SERVERNAME：返回运行 SQL Server 本地服务器的名称。

@@ROWCOUNT：返回受上一语句影响的行数，任何不返回行的语句将这一变量设置为 0。

@@ERROR：返回最后执行的 T-SQL 语句的错误代码。没有错误则为零。

运算符

表达式可以是列名、字符、运算符或函数的任意组合。运算符用来指定要在一个或多个表达式中执行的操作。SQL Server 提供了算术运算符、比较运算符、逻辑运算符、一元运算符、赋值运算符、位运算符和字符串连接运算符。

算术运算符、比较运算符、逻辑运算符已在单元 2“使用 WHERE 子句限制查询条件”中做过介绍。下面是其他一些运算符。

1. 一元运算符

一元运算符只对一个表达式执行操作，表达式可以是数值数据类型。一元运算符见表 9–1。

表 9–1 一元运算符

运算符	描 述
+（正）	返回数值表达式的正值
-（负）	返回数值表达式的负值
～（按位 NOT）	将给定的整型数值转换为二进制形式，然后按位进行逻辑非运算

2. 字符串连接运算符

字符串连接运算符（+）用来连接字符串。

例如，SELECT 'SQL Server'+' 数据库技术 ' 的显示结果为：SQL Server 数据库技术。

3. 赋值运算符

T–SQL 赋值运算符为 =，它通常与 SET 语句或 SELECT 语句一起使用，用来给局部变量赋值。例如：

```
DECLARE @MyCounter INT
SET @MyCounter = 1
```

当多个运算符参与运算时，会按照优先顺序进行运算。运算符的优先级如下（由高到低排列）：

① -（负号）和 +（正号）。

② *（乘法）、/（除法）、%（求余）。

③ +（加法）、-（减法）、+（连接符）。

④ =,>,<, >=, <=, <>, !=, !>, !< 比较运算符。

⑤ NOT。

⑥ AND。

⑦ OR。

⑧ =（赋值）。

批处理

以 GO 结束的一个或多个 T–SQL 语句构成一个批，它们被一次性地发送给 SQL Server 去执行。多个批就构成了批处理。

除了 CREATE DATABASE（创建数据库）、CREATE TABLE（创建表）和 CREATE INDEX（创建索引）之外的其他大多数的 CREATE 语句要单独作为一个批。

【问题 9.1】创建显示 Student 表信息的视图 V_Test，然后显示课程表的信息。

创建显示 Student 表信息的视图 V_Test 的语句为：

```
CREATE VIEW V_Test
AS
        SELECT *
        FROM Student
GO
```

显示课程表信息的 SQL 语句为：`SELECT * FROM Course`。

① 在查询窗口中执行如下 SQL 语句：

```
USE Xk
CREATE VIEW V_Test
AS
    SELECT *
    FROM Student
SELECT * FROM Course
GO
```

执行，显示出错信息“'CREATE VIEW' 必须是批查询中的第一条语句”。

在 CREATE VIEW 语句前面增加 GO，使 USE Xk 为一个批，CREATE VIEW 为另一个批的第一条语句。执行如下 SQL 语句：

```
USE Xk
GO
CREATE VIEW V_Test
AS
    SELECT *
    FROM Student
SELECT * FROM Course
GO
```

执行，显示出错信息“在关键字 'SELECT' 附近有语法错误”。

因为创建视图要单独作为一个批，所以应在 SELECT * FROM Course 语句前面加 GO。修改后的 SQL 语句有 3 个批，构成批处理。执行如下 SQL 语句是正确的，不会出现出错信息。

```
USE Xk
GO
CREATE VIEW V_Test
AS
    SELECT *
```

```
    FROM Student
GO
SELECT * FROM Course
GO
```

② 声明一个局部变量和给该变量赋值分别放在两个批中，观察系统给出的信息。

```
DECLARE @MyVar INT
GO
SELECT @MyVar=33
GO
```

执行结果如图 9-1 所示。显示出错信息为“必须声明标量变量 @MyVar”。

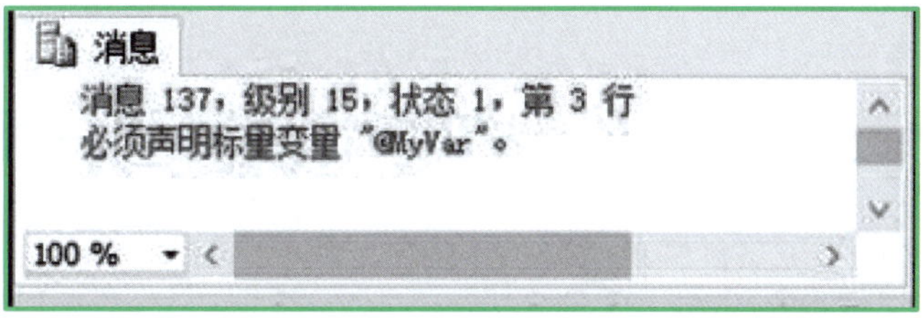

图 9-1　批处理示例分析

因为局部变量的作用范围为其所在批，所以，对一个局部变量的声明和赋值必须在同一个批中进行，正确语句如下：

```
DECLARE @MyVar INT
SELECT @MyVar=33
GO
```

流控语句

流程控制语句简称为流控语句，它与 T-SQL 语句一起使用，可以控制程序的流程。在批中可以使用流控语句，也可以在存储过程、脚本或特定的查询内部使用它。

使用流控语句可以实现程序的顺序结构、选择结构和循环结构这 3 种基本结构。下面介绍 T-SQL 的流控语句。

1. IF 语句

IF 语句用来实现程序的选择结构，其语法为：

```
IF 逻辑表达式
   { 语句 1 | 语句块 1 }
[ELSE
```

```
    { 语句 2 | 语句块 2 } ]
```

其功能是如果逻辑表达式的条件成立（为真），则执行语句 1 或语句块 1；否则，执行语句 2 或语句块 2。语句块由多个 SQL 语句构成，要用 BEGIN 和 END 将 SQL 语句括起来。在省略 ELSE 部分的情况下，当逻辑表达式不成立（为假）时，执行语句 1 或语句块 1 下面的 SQL 语句。

2. BEGIN…END

BEGIN 和 END 用来定义语句块，它们必须成对出现。它将多个 SQL 语句括起来，相当于一个单一语句。

3. WHILE

WHILE 语句用来实现循环结构，其语法如下：

```
WHILE 逻辑表达式
 语句块
```

其功能是当逻辑表达式为真时，执行语句块，直到逻辑表达式为假。

4. GOTO 语句

GOTO 语句是无条件转移语句，语法如下：

```
GOTO 标号
```

GOTO 语句将程序无条件转去执行标号所在行的语句。标号必须符合标识符的定义，通常放在一个语句的前面。标号后面加冒号（:）。

5. RETURN

RETURN 语句实现无条件退出执行批命令、存储过程或触发器。RETURN 语句可以返回一个整数给调用它的存储过程或应用程序。语法如下：

```
RETURN [ 整型表达式 ]
```

6. CASE 表达式

CASE 表达式用于计算多个条件并为每个条件返回单个值，以简化 SQL 表达式。语法如下：

```
CASE input_expression
WHEN when_expression THEN result_expression
[ ...n ]
ELSE else_result_expression
END
```

7. PRINT

PRINT 语句用于显示字符类数据类型的内容，其他数据类型则须进行数据类型转换后再在 PRINT 语句中使用，PRINT 语句通常用于测试运行结果。

任务 9.1　SQL Server 编程

【问题 9.2】编写计算 50 与 60 之和的程序。

首先定义 3 个局部变量 @i、@j 和 @sum，分别用于存储 2 个整数及 2 个整数的和，数据类型均为 int（整型）。然后给 3 个局部变量赋值，可使用 SET 或 SELECT 语句。使用 PRINT 语句输出结果。

在查询窗口中执行如下 SQL 语句：

```
DECLARE @i int,@j int,@sum int --定义三个局部变量
SET @i=50                      --给变量 @i 赋值
SET @j=60                      --给变量 @j 赋值
SELECT @sum=@i+@j            --将 @i 和 @j 的和赋值给变量 @sum
PRINT @sum                     --显示 @sum 变量的内容
```

【问题 9.3】显示 Course 表中有多少类课程。要求定义局部变量并进行赋值，然后显示局部变量的值。

计算 Course 表中有多少类课程，就是对 Kind 列的值消除重复值后进行统计。统计需要使用函数 COUNT（ ），括号内为要统计的列名 Kind，使用 DISTINCT 消除重复值，表示为 COUNT(DISTINCT Kind)。如果使用 PRINT 语句显示结果，则需要先将统计结果转换为字符型数据。

在查询窗口中执行如下 SQL 语句：

```
USE Xk    --切换到 Xk 数据库，然后使用 GO 结束符提交给服务器执行
GO
DECLARE @KindCount int   --定义整型变量
SELECT @KindCount =(SELECT COUNT(DISTINCT Kind) FROM Course)
PRINT '在 Course 表中有 '+
       CONVERT(varchar(3), @KindCount)+
       '种类型的课程。'
GO
```

执行结果如图 9–2 所示。

图 9–2　使用局部变量的实例

【问题 9.4】计算 1+2+3+4+…+10 000 的和，并显示计算结果。

首先定义 2 个局部变量 @i 和 @sum，两者数据类型均为 int。@i 为循环控制变量，@sum 用于存放运算结果。需要给局部变量赋值，@i 初值为 1，@sum 初值为 0。该题需要使用循环，循环终止条件为 @i>10 000。

在查询窗口中执行如下 SQL 语句：

```
DECLARE @i int,@sum int            --定义整型变量 @i 用来计数；@sum 为求和单元
SELECT @i=1,@sum=0                 --给整型变量 @i 和 @sum 赋值
WHILE @i<=10000                    --当 @i 小于等于 10 000 时，执行循环体
  BEGIN                                    --定义语句块
    SELECT @sum=@sum+@i                    --求和
    SELECT @i=@i+1                         --计数单元加 1
  END                                      --语句块定义结束
SELECT '1+2+3+4+…+10 000 的和 '=@sum
GO
```

执行结果如图 9-3 所示。

图 9-3　计算 1+2+3+…+10 000 的程序

【问题 9.5】@iNum1 和 @iNum2 为两个整型变量，其值分别为 76 和 90，编程显示两个数中较大者。

程序代码如下：

```
DECLARE @iNum1 int,@iNum2 int
SELECT @iNum1=76,@iNum2=90
IF(@iNum1>@iNum2)
 PRINT @iNum1
ELSE
 PRINT @iNum2
GO
```

【问题 9.6】修改【问题 9.5】的程序，输出结果时显示“两个数中较大的数为 iNum...”。

在 PRINT 语句中使用字符连接符“+”将两个字符型数据连接在一起后输出。

在查询窗口中执行如下 SQL 语句：

```
--输出两个数中较大的那个数
DECLARE @iNum1 int,@iNum2 int
SELECT @iNum1=76,@iNum2=90
IF(@iNum1>@iNum2)
```

```
 PRINT'两个数中较大的数为 iNum1='+CONVERT(CHAR(4),@iNum1)
ELSE
 PRINT'两个数中较大的数为 iNum2='+CONVERT(CHAR(4),@iNum2)
GO
```

【问题 9.7】对课程进行分类统计，要求显示课程类别、课程名称和报名人数，计算各类课程的平均报名人数。要求查询结果按照课程类别、报名人数升序排序。

SELECT 语句显示 Kind 时，需要先进行判断，如果 Kind 的值为 '工程技术'，则显示 '工科类课程'；如果 Kind 的值为 '人文'，则显示 '人文类课程'；如果 Kind 的值为 '信息技术'，则显示 '信息类课程'。否则显示 '其他类课程'。要使用 CASE 语句完成这部分功能，SELECT 语句中的 Kind 使用如下 SQL 语句进行替换：

```
CASE Kind
   WHEN '工程技术' THEN '工科类课程'
   WHEN '人文' THEN '人文类课程'
   WHEN '信息技术' THEN '信息类课程'
   ELSE  '其他类课程'
END
```

在查询窗口中执行如下 SQL 语句：

```
USE Xk
GO
SELECT '课程类别'=
      CASE Kind
        WHEN '工程技术' THEN '工科类课程'
        WHEN '人文' THEN '人文类课程'
        WHEN '信息技术' THEN '信息类课程'
       ELSE  '其他类课程'
      END,'课程名称'=CouName,'报名人数'=WillNum
FROM Course
ORDER BY Kind
```

执行结果如图 9–4 所示。

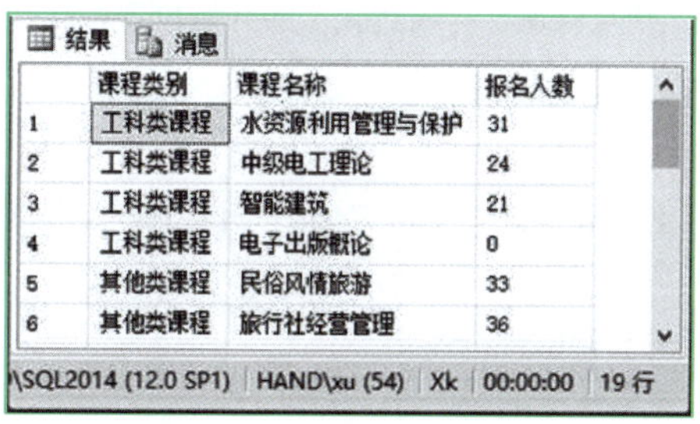

图 9–4　使用 CASE 语句示例

任务 9.2 使用系统内置函数

SQL Servet 提供有两种函数，系统提供的内置函数和用户定义的函数。

SQL Server 提供的系统内置函数有字符串函数、日期函数、数学函数、系统函数、元数据函数、安全函数、配置函数、聚合函数和排名函数等。

1. 字符串函数

字符串函数用于对字符串进行各种操作。表 9-2 列出了常用的字符串函数及其功能。

表 9-2 字符串函数及其功能

字符串函数	功 能
ASCII（字符表达式）	返回字符表达式最左边字符的 ASCII 码
CHAR（整型表达式）	将一个 ASCII 码转换为字符，ASCII 码应在 0～255 之间
SPACE（整型表达式）	返回 n 个空格组成的字符串，n 是整型表达式的值
LEN（字符表达式）	返回字符表达式的字符（而不是字节）个数，不计算尾部的空格
RIGHT（字符表达式，整型表达式）	从字符表达式中返回最右边的 n 个字符，n 是整型表达式的值
LEFT（字符表达式，整型表达式）	从字符表达式中返回最左边的 n 个字符，n 是整型表达式的值
SUBSTRING（字符表达式，起始点，*n*）	返回字符串表达式中从“起始点”开始的 n 个字符
STR（浮点表达式 [, 长度 [, 小数]]）	将浮点表达式转换为给定长度的字符串，小数点后的位数由给出的“小数”决定
LTRIM（字符表达式）	去掉字符表达式的前导空格
RTRIM（字符表达式）	去掉字符表达式的尾部空格
LOWER（字符表达式）	将字符表达式的字母转换为小写字母
UPPER（字符表达式）	将字符表达式的字母转换为大写字母
REVERSE（字符表达式）	返回字符表达式的逆序
CHARINDEX（字符表达式 1, 字符表达式 2,[开始位置]）	返回字符表达式 1 在字符表达式 2 的开始位置，可从所给出的“开始位置”进行查找，如果没指定开始位置，或者指定为负数或 0，则默认从字符表达式 2 的开始位置查找
REPLICATE（字符表达式，整型表达式）	将字符表达式重复多次，整数表达式给出重复的次数
STUFF（字符表达式 1,start,length, 字符表达式 2）	字符表达式 1 中从“start”开始的“length”个字符换成字符表达式 2
+	将字符串进行连接

【问题 9.8】查看“数据库”在“大型数据库技术”中的开始位置。

使用 CHARINDEX 函数，在查询窗口中执行如下 SQL 语句：

```
SELECT CHARINDEX('数据库','大型数据库技术')
GO
```

执行结果为 3。

【问题 9.9】计算字符串“SQL Server 数据库管理系统”的字符个数。

使用计算字符长度函数 LEN。在查询窗口中执行如下 SQL 语句：

```
SELECT LEN('SQL Server 数据库管理系统')
GO
```

执行结果为 17。

【问题 9.10】显示信息：将“Hello”显示两次，然后间隔 10 个空格，再将“World”显示两次。

需要使用 REPLICATE 函数。在查询窗口中执行如下 SQL 语句：

```
SELECT REPLICATE('Hello',2),SPACE(10),REPLICATE('World',2)
GO
```

执行结果为：HelloHello　　　　　　WorldWorld。

2. 日期函数

日期函数用来显示日期和时间的信息。它们处理 datatime 和 smalldatatime 的值，并对其进行算术运算。表 9–3 列出了所有日期函数及其功能。

表 9–3　日期函数及其功能

日期函数	功　能
GETDATE( )	返回服务器的当前系统日期和时间
DATENAME（日期元素，日期）	返回指定日期的名字，返回值为字符串
DATEPART（日期元素，日期）	返回指定日期的一部分，以整数返回
DATEDIFF（日期元素，日期 1，日期 2）	返回两个日期间的差值并转换为指定日期元素的形式
DATEADD（日期元素，数值，日期）	将日期元素加上日期产生新的日期
YEAR（日期）	返回年份（整数）
MONTH（日期）	返回月份（整数）
DAY（日期）	返回某月几号的整数值
GETUTCDATE( )	返回当前时间的 UTC 时间（世界时间坐标或格林尼治标准时间）日期值

日期元素的定义和取值范围在表 9–4 中给出。

表 9–4 日期元素及其缩写和取值范围

日期元素	缩 写	取值范围
YEAR	YY	1 753～9 999
MONTH	MM	1～12
DAY	DD	1～31
DAY OF YEAR	DY	1～366
WEEK	WK	0～52
WEEKDAY	DW	1～7
HOUR	HH	0～23
MINUTE	MI	0～59
QUARTER	QQ	1～4
SECOND	SS	0～59
MILLISECOND	MS	0～999

【问题 9.11】显示服务器当前系统的日期与时间。

使用 GETDATE 函数，表示为 GETDATA()。在查询窗口中执行如下 SQL 语句：

```
SELECT GETDATE()
GO
```

【问题 9.12】显示服务器当前系统的月份和月份名字。

在查询窗口中执行如下 SQL 语句：

```
SELECT DATEPART(MONTH,GETDATE())
SELECT DATENAME(MONTH,GETDATE())
GO
```

【问题 9.13】小张生日为“1979/12/23”，使用日期函数显示小张的年龄。

在查询窗口中执行如下 SQL 语句：

```
SELECT '年龄'=DATEDIFF(yy,'1979/12/23',GETDATE())
GO
```

执行结果为 33。

3. 数学函数

数学函数用来对数值型数据进行数学运算。表 9–5 列出了常用数学函数及其功能。

表 9–5　常用数学函数及其功能

数学函数	功　能
ABS（数值表达式）	返回表达式的绝对值（正值）
CEILING（数值表达式）	返回大于或等于数值表达式值的最小整数
FLOOR（数值表达式）	返回小于或等于数值表达式值的最大整数，CEILING 的反函数
PI（）	返回 π 的值 3.141 592 653 589 793 1
POWER（数字表达式，幂）	返回数字表达式值的指定次幂的值
RAND（[整型表达式]）	返回一个 0 到 1 之间的随机十进制数
ROUND（数值表达式，整型表达式）	将数值表达式四舍五入为整型表达式所给定的精度
SQRT（浮点表达式）	返回一个浮点表达式的平方根

【问题 9.14】返回大于或等于 134.393 的最小整数；返回小于或等于 134.393 的最大整数。

该题分别使用 CEILING 函数和 FLOOR 函数。在查询窗口中执行如下 SQL 语句：

```
SELECT CEILING (134.393)
SELECT FLOOR (134.393)
GO
```

执行结果为 135 134。

【问题 9.15】分别计算 3^4 值和 16 的平方根值。

使用 POWER 函数、SQRT 函数。在查询窗口中执行如下 SQL 语句：

```
SELECT POWER(3,4)
SELECT SQRT(16)
GO
```

执行结果为：81　 4.0。

4. 系统函数

系统函数用来获取 SQL Serve 的有关信息。表 9–6 列出了常用系统函数及其功能。

表 9-6 常用系统函数及其功能

系 统 函 数	功 能
APP_NAME( )	返回当前会话的应用程序名称（如果应用程序进行了设置）
CASE 表达式	计算条件列表，并返回表达式的多个可能结果之一
CAST(expression AS data_type)	将表达式显式转换为另一种数据类型
CONVERT(data_type[(length)], expression [, style])	将表达式显式转换为另一种数据类型。CAST 和 CONVERT 提供相似的功能
COALESCE(expression [,...n])	返回列表清单中第一个非空表达式
DATALENGTH(expression)	返回表达式所占用的字节数
HOST_NAME()	返回主机名称
ISDATE(expression)	表达式为有效日期格式时返回 1，否则返回 0
ISNULL(check_expression,replacement_value)	表达式值为 NULL 时，用指定的替换值进行替换
ISNUMERIC(expression)	表达式为数值类型时返回 1，否则返回 0
NEWID()	生成全局唯一标识符
NULLIF(expression,expression)	如果两个指定的表达式相等，则返回空值

【问题 9.16】显示主机名称。

在查询窗口中执行如下 SQL 语句：

```
SELECT HOST_NAME()
GO
```

执行结果为：HAND

【问题 9.17】将字符串 10.3456 转换为数字。

在查询窗口中执行如下 SQL 语句：

```
SELECT CONVERT(Decimal(10,4),'10.3456')
GO
```

执行结果为：10.3456

在查询窗口中执行如下 SQL 语句：

```
SELECT CONVERT(Decimal(10,2),'10.3456')
GO
```

执行结果为：10.35，可看到该函数在截断数字位数时进行了四舍五入处理。

【问题 9.18】计算字符串“SQL Server 数据库管理系统”所占用的字节数。

在查询窗口中执行如下 SQL 语句：

```
SELECT DATALENGTH ('SQL Server 数据库管理系统 ')
GO
```

执行结果为 24，请读者比较 DATALENGTH 函数和 LEN 函数

5. 元数据函数

元数据函数返回有关数据库和数据库对象的信息，是一种查询系统表的快捷方法。表 9–7 给出常用元数据函数及其功能。

表 9–7　常用元数据函数及其功能

元数据函数	功　能
COL_LENGTH('table' ,'column')	返回列的长度（以字节为单位）
COL_NAME(table_id ,column_id)	返回数据库列的名称
DB_ID（'db_name'）	返回数据库的标识 ID

【问题 9.19】查看 Student 表第 1 列的名字。

在查询窗口中执行如下 SQL 语句：

```
SET NOCOUNT OFF
SELECT COL_NAME(OBJECT_ID('Student'), 1)
GO
```

执行结果为：StuNo

【问题 9.20】查看 Xk 数据库的标识 ID。

在查询窗口中执行如下 SQL 语句：

```
SELECT DB_ID('Xk')
GO
```

执行结果为：7，该执行结果和机器环境有关。

6. 安全函数

表 9–8 给出了常用安全函数及其功能。

表 9–8　常用安全函数及其功能

安全函数	功　能
USER	返回当前用户的数据库用户名
HAS_DBACCESS('database_name')	返回用户是否可以访问所给定的数据库，1 为可以，0 为不可以，数据库名无效则返回 NULL

【问题 9.21】返回当前用户的数据库用户名。

在查询窗口中执行如下 SQL 语句：

```
SELECT USER
GO
```

执行结果为：dbo

【问题 9.22】检查用户是否可以访问 Xk 数据库。

在查询窗口中执行如下 SQL 语句：

```
SELECT HAS_DBACCESS('Xk')
GO
```

执行结果为：1。表明当前用户可以访问 Xk 数据库。

7. 配置函数

表 9-9 给出了常用配置函数及其功能。

表 9-9　常用配置函数及其功能

配置函数	功　能
@@LANGUAGE	返回当前使用语言的名称
@@LOCK_TIMEOUT	返回当前会话锁定的超时设置，单位为毫秒
@@MAX_CONNECTIONS	返回允许用户同时连接的最大数
@@VERSION	返回 SQL Server 当前安装的日期、版本和处理器类型

【问题 9.23】显示所使用的 SQL Server 的版本信息。

在查询窗口中执行如下 SQL 语句：

```
SELECT @@VERSION
GO
```

【问题 9.24】显示 SQL Server 当前所使用的语言。

在查询窗口中执行如下 SQL 语句：

```
SELECT @@LANGUAGE
GO
```

执行结果为简体中文。

【问题 9.25】给出 SQL Server 用户同时连接的最大数。

在查询窗口中执行如下 SQL 语句：

```
SELECT @@MAX_CONNECTIONS
GO
```

执行结果为 32767。

SQL Server 不但提供了系统内置函数，还允许用户自己定义函数。

用户定义函数是由一个或多个 T-SQL 语句组成的子程序，一般也是为了方便重用。

用户定义函数可以有输入参数并有返回值，但没有输出参数。当函数的输入参数有默认值时，调用该函数时必须明确指定 DEFAULT 关键字，才能获取默认值。

使用 CREATE FUNCTION 语句可创建用户定义函数，使用 ALTER FUNCTION 语句可修改用户定义函数，使用 DROP FUNCTION 语句可删除用户定义的函数。

任务 9.3 创建自定义函数

【问题 9.26】使用 T-SQL 语句在 Xk 数据库中创建名为 CalcRemainNum 的用户定义的函数，它计算课程剩余的选课名额，并将用户定义函数绑定到 Course 表上

课程剩余的选课名额 = 限选人数 LimitNum– 选中人数 ChooseNum。这里创建一个用户定义函数自动完成此计算功能。

① 创建名字为 CalcRemainNum 的用户定义函数。在查询窗口中执行如下 SQL 语句：

```
CREATE FUNCTION CalcRemainNum
   (@X decimal(6,0), @Y decimal(6,0))
RETURNS decimal(6,0)
AS
BEGIN
   RETURN (@X-@Y)
END
GO
```

② 在 Course 表中新增名字为 RemainNum 的列，并与 CalcRemainNum 函数进行绑定。在查询窗口中执行如下 SQL 语句：

```
ALTER TABLE Course
ADD RemainNum AS dbo.CalcRemainNum(LimitNum,ChooseNum)
GO
```

③ 进行测试。在查询窗口中执行如下 SQL 语句：

```
SELECT * FROM Course
```

在返回结果中可以看到，Course 表已新增列 RemainNum，它的值等于 LimitNum–ChooseNum。

【问题 9.27】删除 Course 表中的 RemainNum 列，然后使用如下方式直接调用用户定义函数。

在查询窗口中执行如下 SQL 语句：

```
--删除列 RemainNum
ALTER TABLE Course
DROP COLUMN RemainNum
--在需要的地方调用用户定义函数
SELECT *, dbo.CalcRemainNum(LimitNum,ChooseNum) RemainNum
FROM Course
```

执行可得到和【问题 9.26】一样的返回结果。实际上，可以在任何需要的地方调用用户定义函数。

单元小结

在本单元：

- T–SQL 编程基本知识是编写存储过程等的必备知识。在单个 SQL 语句不能解决问题时，可考虑编写 SQL 程序代码。
- 学会根据实际需要，使用 T–SQL 语句、函数、系统存储过程等编写应用程序。

思考与练习

1. 在 SQL Server 中如何引用某个数据库的对象？
2. SQL Server 中有几类标识符？都是什么？
3. SQL Server 的局部变量名有什么特征？在程序中要使用一个局部变量时，应该完成哪几步工作？
4. 以 @@ 开始的变量是什么变量？是否可以改变它的值？
5. 举例说明批和批处理。

实训

本实训使用 Sale 数据库。

1. 计算有多少种产品（假设为 x），然后显示一条信息：共有 x 种产品。
2. 编写计算 $n!$（n=20）的程序，并显示计算结果。

单元 10 创建与管理视图

学习目标

【知识目标】

- 理解视图的概念，了解视图的作用。
- 掌握创建、修改和删除视图的方法。
- 掌握重命名视图的方法。
- 掌握显示视图的方法。

【技能目标】

- 会根据需要创建、修改、删除视图。
- 会重命名视图。

单元设计
教学课件 PPT
实训（验）项目单
实训参考答案
示例数据库
例题源代码

任务陈述

"00 多媒体"班的班主任刘老师需要经常查看他们班学生选修课程的信息；教务处的老师需要经常查看各个部门开设的选修课程情况、学生选修课程的情况等等。现在需要在学生选课数据库 Xk 中创建视图，并在需要的时候修改或删除视图。

知识学习

视图的基本概念

视图是一个虚拟表，它保存 SELECT 语句的定义，是用户查看数据库中数据的一种方式。用户通过它能够以需要的方式浏览表中的部分或全部数据，而数据的物理存放位置仍然在数据库的表中，这些表称作视图的基表。

视图中的数据可以来自一个或多个基表，也可以来自其他视图。

视图可以使用户集中在他们感兴趣或关心的数据上，而不考虑那些不必要的数据。另一方面，由于用户只能看到在视图中显示的那些数据，而看不到视图所引用的表的其他数据，在一定程度上保证了数据的安全性。

视图的应用

视图常见的应用包括如下几种。

（1）显示来自基表的部分行数据

例如，各班班主任只关心本班学生的信息，那么为"00 多媒体"班的班主任刘老师提供班级编号为"20000002"的那些数据行的学生信息，这些数据行来自基表 Student 表。而为"02 旅游管理"班的班主任老师提供班级编号为"20020006"的那些数据行的学生信息，这些数据行同样来自基表 Student 表。不同的用户看到来自基表 Student 表不同的数据行。

（2）显示来自基表的部分列数据

例如，某些用户只需要查看 Course 表中课程名称 CouName 列、学分 Credit 列信息，这时可以定义一个只显示 CouName、Credit 两列的视图（基表为 Course 表），使用户只能看到视图中显示的两列数据，看不到 Course 表的其他列数据。

（3）将两个或多个基表、视图的连接组成的复杂查询创建为视图

对用户而言，希望看到他所需要的数据，这些数据可能来自不同表的多个

列，但用户看起来这些数据像在一个表一样，此时需要将来自多表的 SELECT 语句定义为视图。

这是使用视图最常见的情况，往往一个复杂的查询需要在多个地方使用，这样，用户就不需要在每一次对该数据进行操作的时候编写复杂的 SQL 语句，而只需简单地从视图中获取相应的数据即可。用户可以像使用表那样使用视图。

例如，Xk 数据库的 StuCou 表记录了学生选修课程的信息。往往需要查看学生选修课程的信息，包括学号、姓名、班级名称、课程名称、学分等，这些列来自 Student、Class 表、Course 表和 StuCou 表，将这个查询定义为视图后，客户端的查询工作就相对轻松了，可像使用表一样使用视图。视图特别适用于一个复杂查询被经常用到的情况。

视图一般应用在客户端多次使用同样 SQL 语句的情况下，图 10–1 和图 10–2 比较了有无视图的情况下对客户端开发的影响。

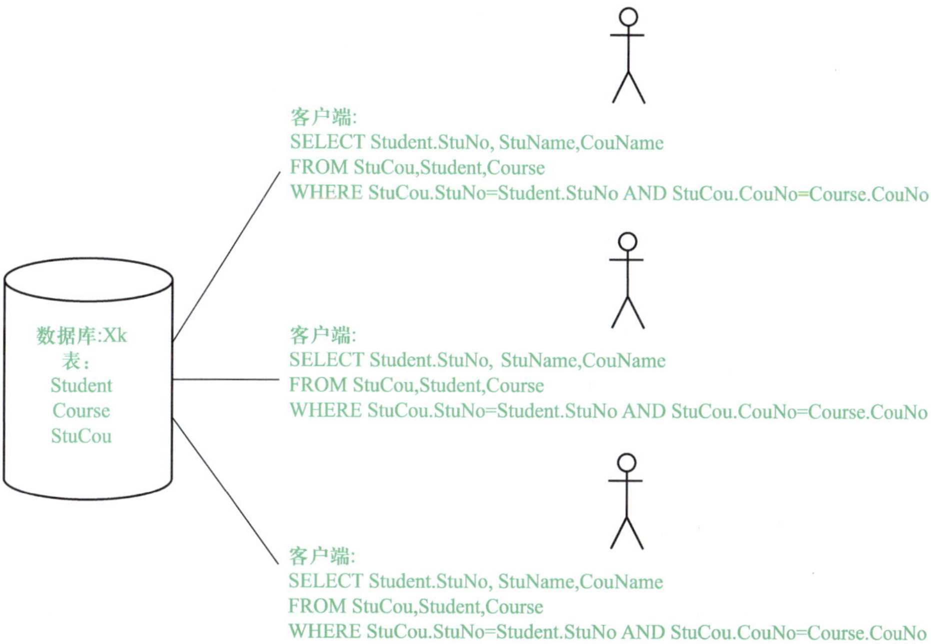

图 10–1　没有创建视图的情况。客户端多处使用复杂 SQL 语句，且维护工作量加大

从图 10–1、图 10–2 的比较可以看出，在没有创建视图的情况下，客户端多次进行同样的查询时，每次都需要编写相同的 SQL 语句，重复次数多，当 SQL 语句较复杂时，对于修改、维护都增加了许多工作量。

在创建视图的情况下，客户端只需一条简单的 SELECT 视图的语句。如果需要修改，也只需修改视图，避免了重复工作。

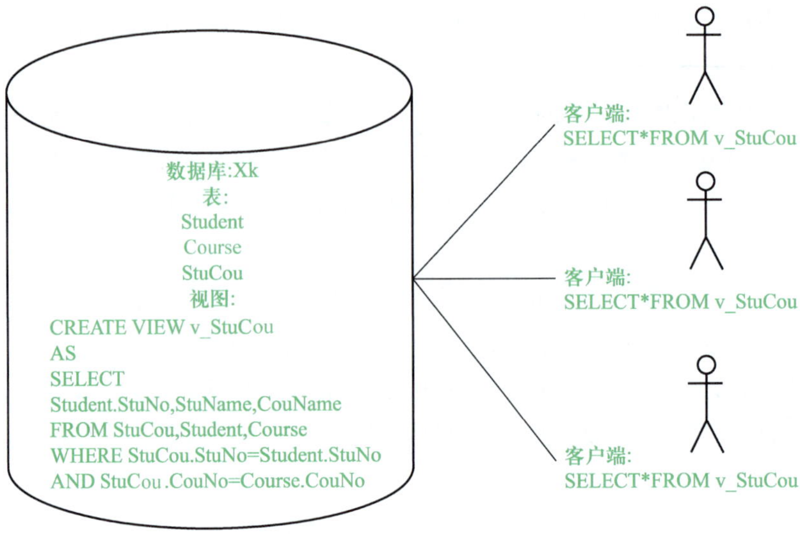

图 10–2 创建视图的情况。客户端语句简单，维护方便

（4）将对基表的统计、汇总创建为视图

对于经常要使用的统计、汇总，可以创建为视图，以简化客户端编程的工作量，这样可让客户端开发人员不必关心后台数据的来源。

例如，需要统计各班学生的人数。那么可以创建一个视图，该视图提供了各班人数的汇总结果，客户端开发人员只需从该视图中提取数据即可。

（5）有利于数据的交换操作

在实际工作中，常常需要在 SQL Server 和其他数据库系统、电子表格之间交换数据，如果数据存放在多个表中，则数据交换比较麻烦。如果通过视图将需要交换的数据集中到一个视图中，那么数据交换时只需将该视图的数据导出，即可达到简化数据交换操作的目的。

任务 10.1 创建视图

视图的创建者必须拥有数据库所有者授予的创建视图的权限才可以创建视图，同时，也必须对定义视图时所引用的表具有相应的权限。

视图的命名必须遵循标识符定义，它必须对每个拥有者都是唯一的。视图名不能和视图所有者的其他任何一个数据库对象名称相同。

用户可以对视图的定义进行加密，以保证不会被任何人（包括视图的拥有者）看到视图是如何定义的。

创建视图的基本语法如下：

```
CREATE VIEW view_name
[WITH ENCRYPTION]
AS
    select_statement
```

其中，WITH ENCRYPTION 表示对视图的定义进行加密。

【问题 10.1】使用 T-SQL 语句。在 Xk 数据库中创建视图 V_Student。该视图只显示班级编号为“20000002”的学生信息（视图应用：显示来自基表的部分行数据）。

在查询窗口中执行如下 SQL 语句：

```
USE Xk
GO
CREATE VIEW V_Student
AS
    SELECT *
    FROM Student
    WHERE ClassNo='20000002'
GO
```

执行后，视图创建成功。

对视图可以像使用表那样操作。用户可以通过查询语句查看视图的显示结果。在查询窗口中执行如下 SQL 语句：

```
SELECT * FROM V_Student
```

从查询结果看，显示的列标题为表中列的名字，对用户来说不太友好，如果需要将视图的列名修改为汉字，则需要修改视图，在查询窗口重新执行下列 SQL 语句：

```
--修改视图 V_Student
ALTER VIEW V_Student(学号，班级编号，学生姓名，选课密码)    --显示
汉字标题
AS
    SELECT *
    FROM Student
    WHERE ClassNo='20000002'
GO
SELECT * FROM V_Student
GO
```

【注意】视图表后面给出的列标题数一定要与 SELECT 的列数相等。

【问题 10.2】在 SSMS 中查看或修改视图的属性。

具体操作步骤如下：

① 在“对象资源管理器”窗口中展开 Xk 数据库。

② 选择“视图”选项，在“视图”列表中可以看到名为“V_Student”的视图。如果没有看到，单击“对象资源管理器”窗口工具栏上的“刷新”按钮进行刷新。

【问题 10.3】在 SSMS 中查看视图的返回结果。

具体操作步骤如下：

① 在“对象资源管理器”窗口中展开 Xk 数据库。

② 选择“视图”选项，右击“V_Student”视图，在弹出的快捷菜单中选择“编辑前 200 行”命令，返回结果如图 10–3 所示。

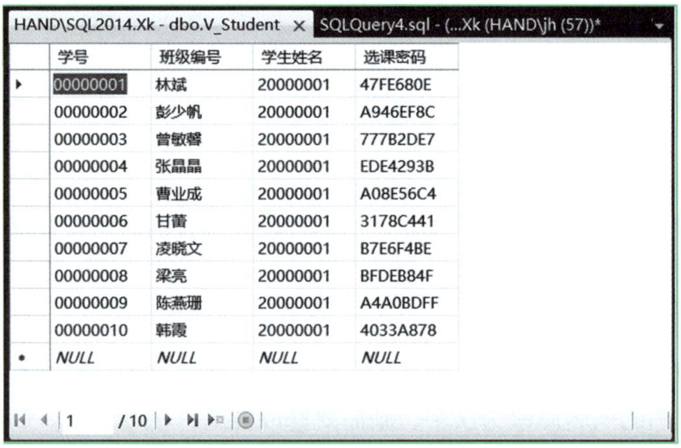

学号	班级编号	学生姓名	选课密码
00000001	林斌	20000001	47FE680E
00000002	彭少帆	20000001	A946EF8C
00000003	曾敏馨	20000001	777B2DE7
00000004	张晶晶	20000001	EDE4293B
00000005	曹业成	20000001	A08E56C4
00000006	甘蕾	20000001	3178C441
00000007	凌晓文	20000001	B7E6F4BE
00000008	梁亮	20000001	BFDEB84F
00000009	陈燕珊	20000001	A4A0BDFF
00000010	韩霞	20000001	4033A878
NULL	NULL	NULL	NULL

图 10–3　视图的返回结果集

【问题 10.4】使用 T–SQL 语句在 Xk 数据库中创建视图 V_CourseSub。该视图仅显示课程名称和学分两列（视图应用：显示来自基表的部分列数据）。

在查询窗口中执行如下 SQL 语句：

```
CREATE VIEW V_CourseSub
AS
    SELECT CouName,Credit
    FROM Course
GO
```

【问题 10.5】使用 T–SQL 语句在 Xk 数据库中创建视图 V_StuCou。该视图显示学生选修课程的信息，内容包括学号、姓名、课程名称（视图应用：将两个或多个基表、视图的连接组成的复杂查询创建为视图）。

该题涉及 Student、Course 与 StuCou 表，需要写出 2 个连接条件：WHERE Student.StuNo=StuCou.StuNo AND Course.CouNo=StuCou.CouNo。

在查询窗口中执行如下 SQL 语句：

```
CREATE VIEW V_StuCou
AS
    SELECT Student.StuNo,StuName,CouName
    FROM StuCou,Student,Course
    WHERE StuCou.StuNo=Student.StuNo AND
          StuCou.CouNo=Course.CouNo
GO
```

【提示】创建视图时，建议先测试 SELECT 语句（语法中 AS 后的部分）是否能正确执行，测试正确后，再加上 CREATE VIEW 视图名 AS 创建相应的视图（必要条件，非充分条件，也就是说，SELECT 语句测试成功，不一定能保证视图能创建成功）。如在【问题 10.5】中可先在查询窗口中执行如下 SELECT 语句：

```
SELECT Student.StuNo,StuName,CouName
FROM StuCou,Student,Course
WHERE StuCou.StuNo=Student.StuNo AND StuCou.CouNo=Course.CouNo
```

测试成功后再加上 CREATE VIEW v_StuCou AS 语句。

【问题 10.6】使用 T-SQL 语句创建视图 v_CouByDep。该视图可以显示各部门开设选修课程的门数（视图应用：将对基表的统计、汇总创建为视图）。

统计各部门开设的选修课程门数需要按部门编号 DepartNo 分组统计。

创建视图，在查询窗口中执行如下 SQL 语句：

```
CREATE VIEW v_CouByDep
AS
    SELECT DepartNo,COUNT(*) Amount
    FROM Course
    GROUP BY DepartNo
GO
```

在 SSMS 中查看该视图的返回结果，如图 10-4 所示。

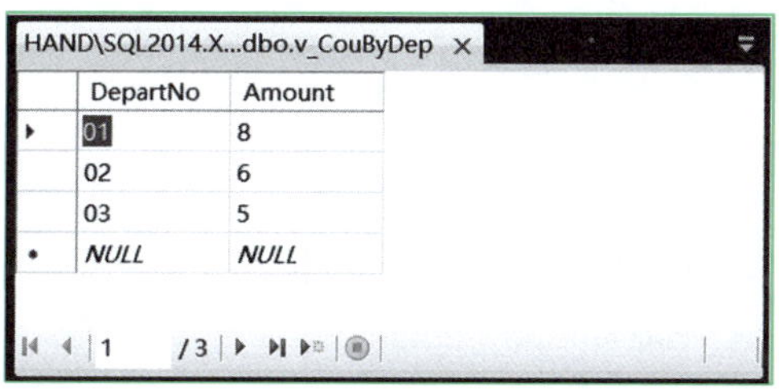

图 10-4　视图 V_CouByDep 的返回结果

【提示】在视图的 SELECT 语句中必须指定列名，若单独执行下面的 SQL 语句：

```
SELECT DepartNo,COUNT(*)
FROM Course
GROUP BY DepartNo
GO
```

可以正常执行，但在视图中，必须为 COUNT(*) 列指定列名，【问题 10.6】中将 COUNT(*) 的列名指定为 Amount。若不指定列名，在查询窗口中执行如下 SQL 语句：

```
CREATE VIEW v_CouByDep1
AS
     SELECT DepartNo,COUNT(*)
     FROM Course
     GROUP BY DepartNo
GO
```

给出如图 10-5 所示的错误提示。

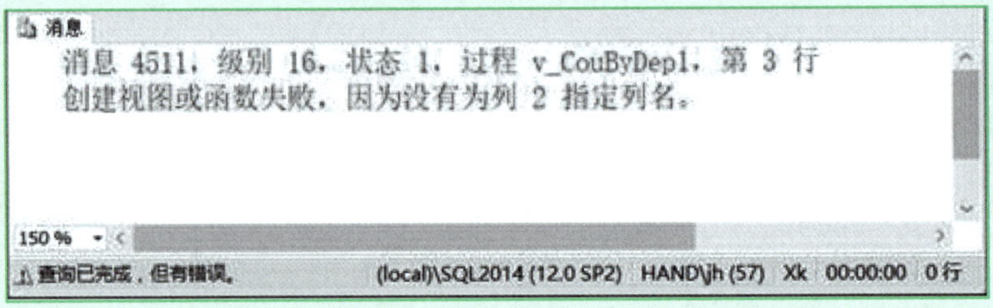

图 10-5　在视图中没有指定列名给出的错误提示

在创建视图时，注意视图必须满足以下几点限制。

① 定义视图的 SELECT 语句中不能含有 ORDER BY、COMPUTER、COMPUTER BY 子句和 INTO 关键字。

② 如果视图中的某一列是一个算术表达式、函数或者常数，而且视图中的两个或者多个不同列拥有一个同样的名字（这种情况通常是因为视图的定义中有一个连接，而且这两个或者多个来自不同表的列拥有同样的名字），那么用户就需要为视图的每一列指定列的名称。

任务 10.2　修改视图

修改视图使用 ALTER VIEW 语句。基本语法如下：

```
ALTER VIEW view_name
     [WITH ENCRYPTION]
```

```
AS
    SELECT 语句
```

【问题 10.7】使用 T-SQL 语句修改视图 v_CouByDep，使其能显示各部门开设选修课程的门数。要求显示部门名称，并要求将视图的定义进行加密。

该题使用 Course、Department 表，两个表之间的连接条件为：Department.DepartNo=Course.DepartNo。

在查询窗口中执行如下 SQL 语句：

```
ALTER VIEW v_CouByDep
    WITH ENCRYPTION
AS
    SELECT DepartName,COUNT(*) Amount
    FROM Course,Department
    WHERE Course.DepartNo=Department.DepartNo
    GROUP BY DepartName
GO
```

这时，如果在 SSMS 中试图修改该视图，则显示如图 10-6 所示的信息。

图 10-6　加密后查看视图 v_StuCou 的定义时的显示信息

任务 10.3　重命名视图

【问题 10.8】将视图 v_StuCou 重命名为 v_StuCou1。

具体操作步骤如下：

① 在“对象资源管理器”窗口中展开 Xk 数据库。

② 选择“视图”选项，右击“v_StuCou”，在弹出的快捷菜单中选择“重命名”命令。

③ 输入视图的新名称“v_StuCou1”。

④ 按 Enter 键确定。

【注意】为保证本书的连贯性，请将 v_StuCou1 重命名回原来的 v_StuCou。用户也可使用 sp_rename 存储过程重命名视图。

任务 10.4 删除视图

删除视图使用 DROP VIEW 语句。

【问题 10.9】使用 T-SQL 语句删除视图 v_Student。

在查询窗口中执行如下 SQL 语句：

```
DROP VIEW v_Student
GO
```

【问题 10.10】使用 SSMS 删除视图 v_CourseSub。

具体操作步骤如下：

① 在“对象资源管理器”窗口中展开 Xk 数据库。

② 如图 10–7 所示，选择“视图”选项，右击“v_CourseSub”，在弹出的快捷菜单中选择“删除”命令。

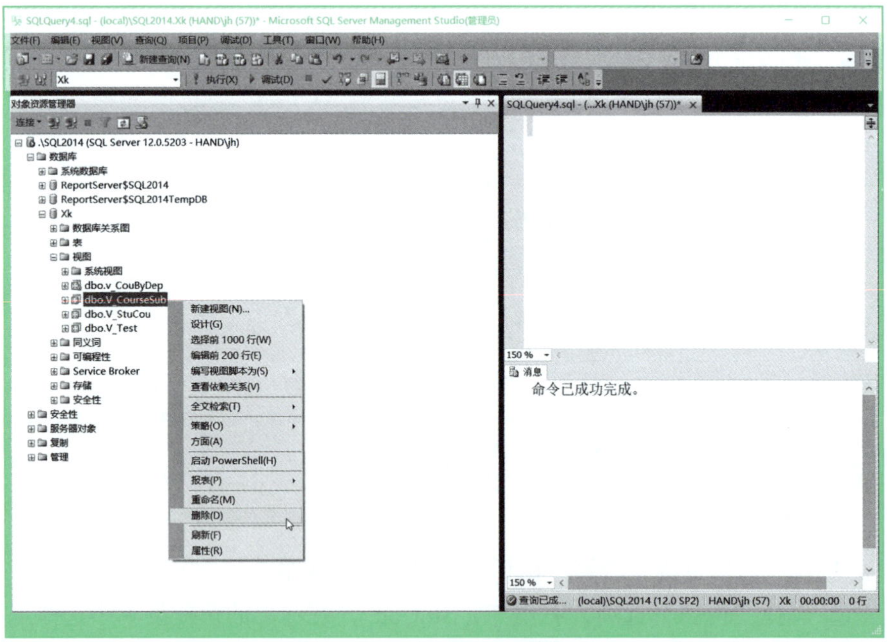

图 10–7 删除视图

③ 然后在弹出的对话框中单击“确定”按钮。

单元小结

在本单元：

- 了解视图的作用以及在什么情况下创建视图。
- 会使用 SSMS 和 T-SQL 语句（CREATE VIEW、ALTER VIEW、DROP VIEW）创建、修改、删除视图。

思考与练习

1. 谈谈自己对视图作用的理解，并举例说明。

2. 加密视图是对什么进行加密，系统管理员能看到加密视图的脚本吗？如何保存加密视图的脚本？

3. 视图中的 SELECT 语句后跟“*”取所有列好不好，为什么？

实训

本实训使用 Sale 数据库。

1. 创建视图 V_Sale1，显示销售日期、客户编号、客户姓名、产品编号、产品名称、单价、销售数量和销售金额。

2. 创建视图 V_Sale2，统计每种产品的销售数量和销售金额。统计结果包括产品编号、产品名称、单价、销售数量和销售金额。

3. 创建视图 V_Sale3，统计销售金额在 10 万以下的产品信息。

单元 11

创建与管理存储过程

学习目标

【知识目标】

- 理解存储过程的作用。
- 学会根据需要创建、修改、删除存储过程。
- 在实际应用开发时能够灵活运用存储过程，以提高开发效率。

【技能目标】

- 能根据需要创建、修改和存储过程。
- 能根据实际需要在存储过程中定义并使用输入参数、输出参数。

单元设计
教学课件 PPT
实训（验）项目单
实训参考答案
示例数据库
例题源代码

任务陈述

每个班的班主任都需要经常查看他们班的学生选修课程信息；教务处的老师经常需要查看某个部门开设的选修课程情况、学生选修某一门课程的情况等。现在需要在学生选课数据库 Xk 中创建带有参数的存储过程，并在需要的时候修改或删除存储过程。

知识学习

存储过程基本概念

当客户程序需要访问服务器上的数据时，如果直接执行 T-SQL 语句，一般要经过如下几个步骤：

① 将 T-SQL 语句发送到服务器。

② 服务器编译 T-SQL 语句。

③ 优化产生查询执行计划。

④ 数据库引擎执行查询计划。

⑤ 执行结果返回客户程序。

存储过程是 T-SQL 语句和流控语句集合，存储过程能被编译和优化。当首次执行存储过程时，SQL Server 为其产生查询计划并将其保留在内存中，以后在调用该存储过程时不必再进行编译，在一定程度上能改善系统的性能。

使用存储过程，可以将一些固定的操作集中起来交给 SQL Server 数据库服务器，以完成某个任务。

存储过程有用户自定义存储过程、系统存储过程、扩展存储过程 3 种。

存储过程的优点

存储过程有如下优点：

① 通过本地存储、代码预编译和缓存技术实现高性能的数据操作。

② 通过通用编程结构和过程重用实现编程框架。如果业务规则发生了变化，可以通过修改存储过程来适应新的业务规则，而不必修改客户端应用程序。这样，所有调用该存储过程的应用程序就会遵循新的业务规则。

③ 通过隔离和加密的方法提高了数据库的安全性。数据库用户可以通过获得权限来执行存储过程，而不必授予用户直接访问数据库对象的权限。这些对象将由存储过程来进行操作。另外，存储过程可以加密，这样，用户就无法

阅读存储过程中的 T-SQL 命令。这些安全特性将数据库结构和数据库用户隔离开来，进一步保证了数据的完整性和可靠性。

存储过程与视图的使用

一般，将经常用到的多个表的连接查询定义为视图，而存储过程可完成复杂的一系列的处理，在存储过程中也会经常用到视图。存储过程与视图在语法上有一些差异：

① 可以在单个存储过程中执行一系列 T-SQL 语句。存储过程可包含程序流、逻辑以及对数据库查询的 T-SQL 语句，而视图中只能是 SELECT 语句。

② 视图不能接受参数，只能返回结果集，而存储过程可以接受参数，包括输入参数、输出参数，并能返回单个或多个结果集以及返回值，这样大大提高了应用的灵活性。

任务 11.1　创建和执行存储过程

创建存储过程

创建存储过程的基本语法如下：

```
CREATE PROCEDURE procedure_name
    [WITH ENCRYPTION]
    [WITH RECOMPILE]
AS
    sql_statement
```

其中：

WITH　ENCRYPTION：对存储过程的定义进行加密。

WITH　RECOMPILE：重新编译存储过程。

【问题 11.1】使用 T-SQL 语句。在 Xk 数据库中创建存储过程 p_Student。该存储过程返回 Student 表中班级编号为“20000001”的所有数据行。

在查询窗口中执行如下 SQL 语句：

```
USE Xk
GO
CREATE  PROCEDURE  p_Student
AS
    SELECT * FROM Student WHERE ClassNo='20000001'
GO
```

执行存储过程

存储过程创建成功后，用户可以通过执行存储过程来检查存储过程的返回结果。执行存储过程的基本语法如下：

```
EXEC procedure_name
```

【问题 11.2】使用 T-SQL 语句执行存储过程 p_Student。

在查询窗口中执行如下 SQL 语句：

```
EXEC p_Student
```

执行完毕后，在查询结果窗口中返回的结果如图 11-1 所示。

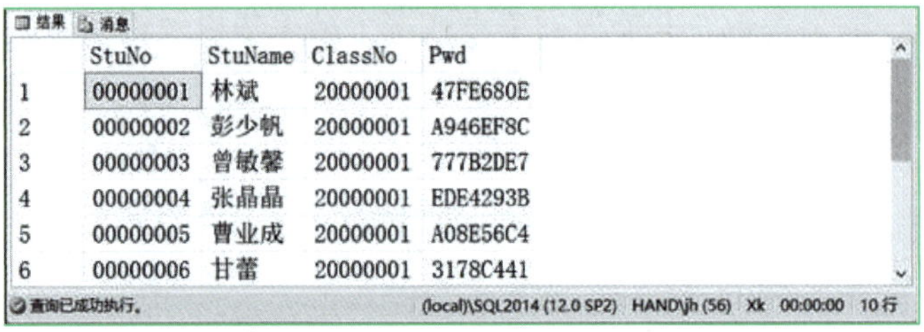

	StuNo	StuName	ClassNo	Pwd
1	00000001	林斌	20000001	47FE680E
2	00000002	彭少帆	20000001	A946EF8C
3	00000003	曾敏馨	20000001	777B2DE7
4	00000004	张晶晶	20000001	EDE4293B
5	00000005	曹业成	20000001	A08E56C4
6	00000006	甘蕾	20000001	3178C441

图 11-1 执行存储过程返回的结果

存储过程创建成功后，用户也可以在 SSMS 中修改存储过程。

【问题 11.3】在 SSMS 中查看存储过程 p_Student 的属性。

具体操作步骤如下：

① 在“对象资源管理器”窗口中展开 Xk 数据库。

② 展开“可编程性”选项，再展开“存储过程”选项，可以见到名为“p_Student”的存储过程。

③ 右击“p_Student”存储过程，在弹出的快捷菜单中选择“修改”命令，如图 11-2 所示，此时便可以修改存储过程的定义。

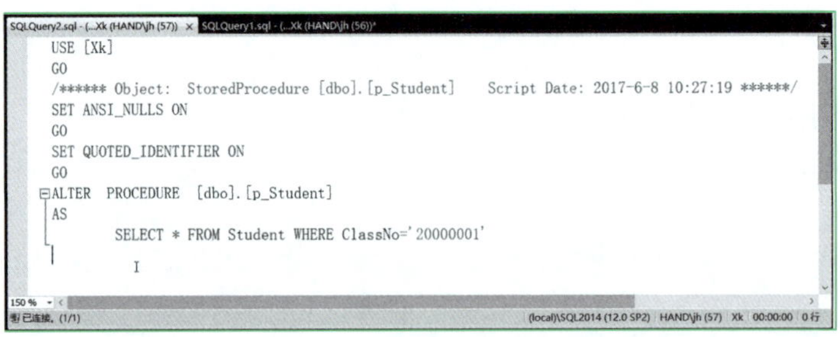

图 11-2 修改存储过程 p_Student

任务 11.2　创建和执行带参数的存储过程

在存储过程中定义输入参数、输出参数，可以多次使用同一存储过程并按用户给出的要求查找所需要的结果。

创建带输入参数的存储过程

输入参数指由调用程序向存储过程传递的参数，在创建存储过程语句中要定义输入参数，在执行存储过程中要给出输入参数的值。为了定义接收输入参数的存储过程，需要在 CREATE PROCEDURE 语句中声明一个或多个变量作为参数。

声明输入参数的命令语法如下：

```
CREATE PROCEDURE procedure_name
    parameter_name datatype=[default]
    [WITH ENCRYPTION]
    [WITH RECOMPILE]
AS
    sql_statement
```

其中：

@parameter_name：存储过程的参数名，必须以符号 @ 开始。

datatype：参数的数据类型。

default：参数的默认值，如果执行存储过程时未提供该参数的变量值，则使用 default 值。

存储过程 p_Student 只能查询班级编号为“20000001”班的学生信息。要使用户能够灵活地按着自己的需要查询指定班级编号的学生信息，使存储过程更加实用，查询的班级编号应该是可变的，这里就需要定义一个输入参数。

【问题 11.4】使用 T-SQL 语句创建存储过程 p_StudentPara。该存储过程能根据给定的班级编号，返回该班级编号对应的所有学生信息。

使用 @ClassNo 表示要查询的班级编号，它是一个 8 位的字符串，需要先声明：@ClassNo nvarchar(8)。

在查询窗口中执行如下 SQL 语句：

```
CREATE PROCEDURE p_StudentPara
    @ClassNo nvarchar(8)
AS
```

```
    SELECT * FROM Student WHERE ClassNo=@ClassNo
GO
```

执行带输入参数的存储过程

（1）使用参数名传递参数值

在执行存储过程的语句中，通过语句 @parameter_name=value 给出参数的传递值。当存储过程含有多个输入参数时，参数值可以按任意顺序设置，对于允许空值和具有默认值的输入参数可以不给出参数的传递值。

语法命令如下：

```
EXECUTE procedure_name
    [@parameter_name=value]
    [, … n]
```

【问题 11.5】使用参数名传递参数值的方法执行存储过程 p_StudentPara，分别查找班级编号为“20000001”“20000002”的所有学生信息。

在查询窗口中执行如下 SQL 语句：

```
EXEC p_StudentPara @ClassNo='20000001'
GO
EXEC p_StudentPara @ClassNo='20000002'
GO
```

如图 11-3 所示为执行带不同参数时该存储过程的返回结果。可以看出，使用参数后，用户可以方便、灵活地根据需要查询所需要的信息。

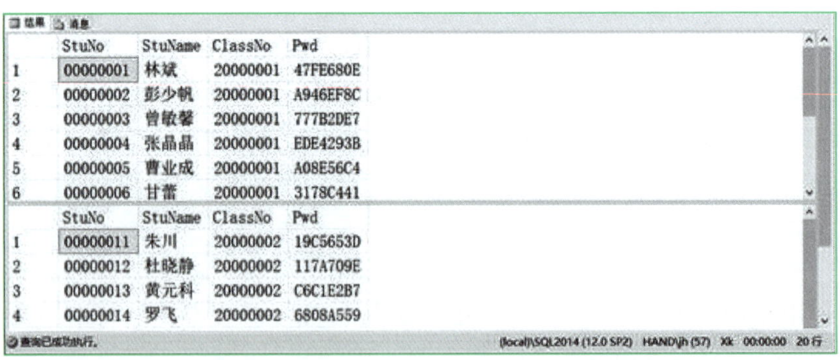

	StuNo	StuName	ClassNo	Pwd
1	00000001	林斌	20000001	47FE680E
2	00000002	彭少帆	20000001	A946EF8C
3	00000003	曾敏馨	20000001	777B2DE7
4	00000004	张晶晶	20000001	EDE4293B
5	00000005	曹业成	20000001	A08E56C4
6	00000006	甘蕾	20000001	3178C441

	StuNo	StuName	ClassNo	Pwd
1	00000011	朱川	20000002	19C5653D
2	00000012	杜晓静	20000002	117A709E
3	00000013	黄元科	20000002	C6C1E2B7
4	00000014	罗飞	20000002	6808A559

图 11-3 执行带参数的存储过程的返回结果

（2）按位置传递参数值

在执行存储过程的语句中，按照输入参数的位置直接给出参数值。当存储过程含有多个输入参数时，参数值的顺序必须与存储过程中定义的输入参数顺序一致。按位置传递参数时，也可以忽略允许空值和具有默认值的输入参数，但不能因此破坏输入参数的指定顺序。例如，在一个含有 4 个输入参数的存储过程中，用户可以忽略第 3 和第 4 个输入参数，但不能在忽略第 3 个输入参数的情况下指定第 4 个输入参数的输入值。

语法如下：

```
EXECUTE procedure_name
[value1,value2, … ]
```

【问题 11.6】按位置传递参数值。执行存储过程 p_StudentPara，分别查找班级编号为“20000001”“20000002”的学生信息。

在查询窗口中执行如下 SQL 语句：

```
EXEC p_StudentPara '20000001'
GO
EXEC p_StudentPara '20000002'
GO
```

可以看出，按位置传递参数值比按参数名传递参数值简洁。它比较适合参数值较少的情况。而按参数名传递参数值使程序可读性增强，特别是在输入参数数量较多时。建议用户使用按参数名传递参数的方法，这样的程序易读、易维护。

创建和执行带输出参数的存储过程

在需要从存储过程中返回一个或多个值时，可以在创建存储过程的语句中定义这些输出参数，此时需要在 CREATE PROCEDURE 语句中使用 OUTPUT 关键字说明是输出参数。

声明输出参数的命令语法如下：

```
@parameter_name datatype=[default] OUTPUT
```

【问题 11.7】创建存储过程 p_ClassNum，使它能够根据用户给定的班级编号统计该班的学生人数，并将学生人数返回给用户。

在查询窗口中执行如下 SQL 语句：

```
CREATE PROCEDURE p_ClassNum
@ClassNo nvarchar (8),@ClassNum smallint OUTPUT
AS
     SET @ClassNum=
         (
         SELECT COUNT(*) FROM Student
```

```
            WHERE ClassNo=@ClassNo
            )
    PRINT @ClassNum
    GO
```

【问题 11.8】执行存储过程 p_ClassNum。

由于在存储过程 p_ClassNum 中定义了输入参数 @ClassNo、输出参数 @ClassNum，所以在测试时需要先定义这两个局部变量，并需要给输入参数 @ClassNo 进行赋值。对于输出参数 @ClassNum 则不需要赋值，它是从存储过程中获得返回值供用户进一步使用。

在查询窗口中执行如下 SQL 语句：

```
DECLARE @ClassNo nvarchar (8),@ClassNum smallint
SET @ClassNo=' 20000001'
EXEC p_ClassNum @ClassNo,@ClassNum OUTPUT
SELECT @ClassNum
GO
```

【说明】这里是在 SQL Server 环境下进行测试的，而在实际进行应用系统开发时，局部变量的定义、赋值和使用往往都是在应用程序中进行的。存储过程 p_ClassNum 中的 PRINT @ClassNum 语句也只是为了在 SQL Server 环境中显示测试结果而设计的。

任务 11.3 修改存储过程

使用 ALTER PROCEDURE 语句修改存储过程。基本语法如下：

```
ALTER PROCEDURE procedure_name
    [WITH ENCRYPTION]
    [WITH RECOMPILE]
AS
    sql_statement
```

【问题 11.9】使用 T-SQL 语句修改存储过程 p_StudentPara，使其能根据用户提供的班级名称，而不是班级编号进行模糊查询，并要求加密存储过程。

在查询窗口中执行如下 SQL 语句：

```
ALTER PROCEDURE p_StudentPara
    @ClassName nvarchar(20)
    WITH ENCRYPTION
AS
```

```
    SELECT ClassName,StuNo,StuName,Pwd
    FROM Student,Class
    WHERE Student.ClassNo=Class.ClassNo
        AND
        ClassName LIKE '%'+@ClassName+'%'
GO
```

因为该存储过程已经加密，所以在 SSMS 中不能进行修改，如图 11–4 所示，“修改”命令已变为灰色禁用状态。与加密视图类似，即使是 sa 用户和 dbo 用户也不能查看加密后的存储过程，所以对加密的存储过程一定要以其他方式保存源代码文件。

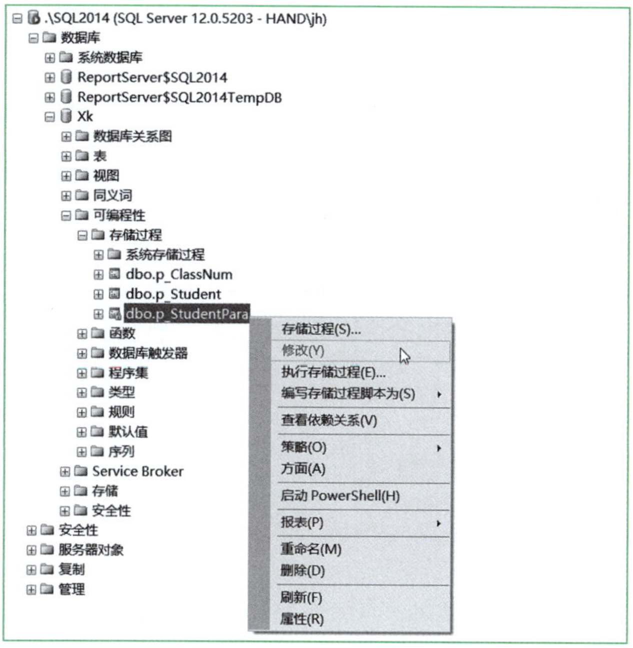

图 11–4　查看加密后存储过程 p_StudentPara 的定义

任务 11.4　重命名存储过程

【问题 11.10】将存储过程 p_ClassNum 重新命名为 p_CalcClassNum。

具体操作步骤如下：

① 在“对象资源管理器”窗口中展开 Xk 数据库。

② 展开“可编程性”选项，再展开“存储过程”选项，右击“p_ClassNum”，在弹出的快捷菜单中选择“重命名”命令。

③ 输入存储过程的新名称“p_CalcClassNum”。

④ 按 Enter 键完成修改。

任务 11.5 删除存储过程

删除存储过程使用 DROP PROCEDURE 语句。

【问题 11.11】使用 T-SQL 语句删除存储过程 p_Student。

在查询窗口中执行如下 SQL 语句：

```
DROP procedure p_Student
GO
```

【问题 11.12】使用 SSMS 删除存储过程 p_StudentPara。

具体操作步骤如下：

① 在“对象资源管理器”窗口中展开 Xk 数据库。

② 如图 11-5 所示，展开“可编程性”选项，再展开“存储过程”选项，右击“p_StudentPara”，在弹出的快捷菜单中选择“删除”命令。

图 11-5 删除存储过程

③ 在弹出的对话框中单击“确定”按钮。

知识拓展

除了前面涉及的自定义存储过程外，SQL Server 还提供了很多实用的系统存储过程。

系统存储过程

在 SQL Server 中的许多管理工作是通过执行系统存储过程来完成的。在前面单元中已经介绍了一些系统存储过程。

系统存储过程保存在 master 数据库中，以 sp_ 为名称前缀，可以在任何数据库中使用系统存储过程。

用户创建的存储过程名字最好不要以 sp_ 为前缀。

SQL Server 系统存储过程为用户提供了很多功能，下面介绍系统存储过程 sp_who 的具体使用。

【问题 11.13】利用 sp_who 系统存储过程获取 SQL Server 数据库引擎实例中的当前用户和进程的信息。

在查询窗口中执行如下 SQL 语句：

```
EXEC sp_who
```

执行结果如图 11-6 所示。

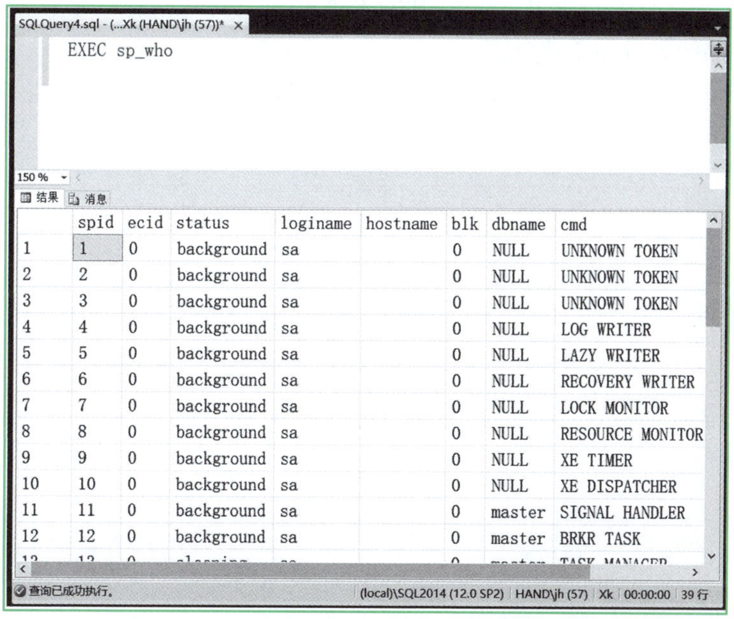

	spid	ecid	status	loginame	hostname	blk	dbname	cmd
1	1	0	background	sa		0	NULL	UNKNOWN TOKEN
2	2	0	background	sa		0	NULL	UNKNOWN TOKEN
3	3	0	background	sa		0	NULL	UNKNOWN TOKEN
4	4	0	background	sa		0	NULL	LOG WRITER
5	5	0	background	sa		0	NULL	LAZY WRITER
6	6	0	background	sa		0	NULL	RECOVERY WRITER
7	7	0	background	sa		0	NULL	LOCK MONITOR
8	8	0	background	sa		0	NULL	RESOURCE MONITOR
9	9	0	background	sa		0	NULL	XE TIMER
10	10	0	background	sa		0	NULL	XE DISPATCHER
11	11	0	background	sa		0	master	SIGNAL HANDLER
12	12	0	background	sa		0	master	BRKR TASK

图 11-6 执行系统存储过程 sp_who 的返回结果

单元小结

在本单元：

- 理解存储过程的用途。
- 掌握使用 SSMS 和 T-SQL 语句（CREATE PROCEDURE、ALTER PROCEDURE、DROP PROCEDURE）创建、修改、删除存储过程的方法。
- 能根据实际需要在存储过程中定义和使用输入、输出参数。

思考与练习

1. 客户程序直接执行 T-SQL 语句，一般需要经过哪几个步骤？

2. 存储过程的作用是什么？和视图相比，它有哪些优点，能取代视图的作用吗？

3. 什么是输入参数、输出参数？输出参数有什么好处？尝试比较输出参数和函数中的返回值。

实训

本实训使用 Sale 数据库。

1. 创建存储过程 P_Sale1，统计每种产品的销售数量和销售金额。

2. 创建存储过程 P_Sale2，能够根据指定的客户统计汇总该客户购买每种产品的数量和花费金额。

3. 创建存储过程 P_Sale3，能够根据指定的产品编号和日期，以输出参数的形式得到该产品的销售金额。

单元 12

创建与管理触发器

学习目标

【知识目标】

- 理解触发器的作用。
- 应能熟练创建、修改、删除触发器。
- 掌握触发器的禁用和启用方法。

【技能目标】

- 能根据需要创建、修改、删除触发器
- 会根据需要禁用、启用触发器。

单元设计
教学课件 PPT
实训（验）项目单
实训参考答案
示例数据库
例题源代码

任务陈述

在学生选课数据库 Xk 中，每当学生报名、取消选修课程时，都需要更新课程表中相应课程的报名人数。现在需要编写程序，当学生报名或取消选修课程时，程序会自动更新课程表的报名人数信息。

在学生选课数据库 Xk 中创建触发器，并根据需要修改、删除触发器。

知识学习

触发器是一种特殊类型的存储过程。存储过程是通过存储过程名称被调用执行，而触发器主要是通过事件触发而被执行的。

触发器的作用

SQL Server 主要提供两种机制来强制业务规则和数据完整性：约束和触发器。已创建的触发器（INSERT 触发器、UPDATE 触发器、DELE 触发器）被触发的条件：在对指定的表进行添加、或修改或删除操作时被触发执行。触发器可以查询其他表，并可以包含复杂的 T-SQL 语句。SQL Server 将触发器和触发它的语句作为可在触发器内回滚的单个事务对待，如果检测到严重错误，则整个事务即自动回滚，恢复到原来的状态。

INSERTED 表和 DELETED 表

SQL Server 为每个触发器创建了两个逻辑表：INSERTED 表和 DELETED 表。两个表的结构与被触发器作用的表结构相同。用户不能对它们进行修改。触发器执行结束后，与该触发器相关的这两个表也会被删除。

当执行 INSERT 语句时，INSERTED 表中保存要向表中添加的所有行。

当执行 DELETE 语句时，DELETED 表中保存要从表中删除的所有行。

当执行 UPDATED 语句时，相当于先执行一个 DELETE 操作，再执行一个 INSERT 操作，在 DELETED 表中保存修改前的数据行，修改后的数据行添加到触发触发器的表和 INSERTED 表中。

使用触发器

① 约束和触发器在特殊情况下各有优势。触发器的主要优点在于：它们可以包含使用 T-SQL 代码的复杂处理逻辑。因此，触发器可以支持约束的所有功能，但它在所给出的功能上并不一定是最好的方法。

② 约束只能通过标准的系统错误信息显示错误信息。如果应用程序需要使用自定义信息和较为复杂的错误处理，则必须使用触发器。

③ 触发器可以实现比 CHECK 约束更为复杂的约束。CHECK 约束只能根据逻辑表达式或同一表中的另一列来验证列值，而触发器则可以引用其他表中的列。例如，在触发器中可以参照另一个表中某列的值，以确定是否添加或修改数据，或者是执行其他操作。

④ 触发器可通过数据库中的相关表实现级联修改。不过，通过级联引用完整性约束可以更有效地执行这些修改。

⑤ 如果触发器表上存在约束，则在 INSTEAD OF 触发器执行后但在 AFTER 触发器执行前检查这些约束。如果约束被破坏，则回滚 INSTEAD OF 触发器操作并且不执行 AFTER 触发器。

一般在设计时，列完整性（域完整性）应先通过索引级别进行限制，这些索引可以是主键（PRIMARY KEY）约束或唯一（UNIQUE）约束，然后通过检查（CHECK）约束进行强制。对引用完整性则应通过外键（FOREIGN KEY）约束进行强制。

任务 12.1 创建触发器

创建触发器使用 CREATE TRIGGER 命令，常用语法形式如下：

```
CREATE TRIGGER trigger_name
ON table
[ WITH ENCRYPTION ]
{ FOR | AFTER | INSTEAD OF } { [ INSERT ] [ , ] [ UPDATE ]
[ , ] [DELETE] }
[ NOT FOR REPLICATION ]
AS
[{IF UPDATE(column)[{AND|OR} UPDATE(column)][ ...n ]]
  sql_statement
```

参数说明：

trigger_name：触发器名称。

table：在其上执行操作（INSERT、UPDATE、DELETE）的触发表。

WITH ENCRYPTION：加密触发器的 CREATE TRIGGER 语句文本。

FOR | AFTER ：FOR 与 AFTER 同义，后触发器。执行触发了触发器的语句（简写触发语句）之后，再执行触发器。所有的引用级联操作和约束检查也必须成功完成后，才能执行此触发器。

INSTEAD OF：替代触发器。触发时执行触发器，而不执行触发语句。用执行触发器替代执行触发语句。在表或视图上，每个 INSERT、UPDATE 或 DELETE 语句只能定义一个 INSTEAD OF 触发器。

[INSERT] [,] [UPDATE] [,] [DELETE]：指定在表或视图上执行哪种操作时会触发触发器，必须至少指定一个选项。在触发器定义中允许使用这些关键字的任意组合。当尝试 INSERT、UPDATE 或 DELETE 操作时，T-SQL 语句中指定的触发器将被触发。

NOT FOR REPLICATION：当复制进程更改触发器所涉及的表时，不要执行该触发器。

AS：关键字。

IF UPDATE (column)：测试在指定的列上进行的 INSERT 或 UPDATE 操作，不能用于 DELETE 操作，可以指定多列。因为已经在 ON 子句中指定了表名，所以在 IF UPDATE 子句中的列名前不要包含表名。

sql_statement：触发器的条件和操作，可以包含任意数量和种类的 T-SQL 语句。其中的 T-SQL 语句常常包含流控语句。

【问题 12.1】创建触发器 Update_Student_Trigger，实现每当修改 Student 表中的数据时，在客户端显示“已修改 Student 表的数据。”的消息（最基本触发器示例）。

在查询窗口中执行如下 SQL 语句：

```
USE Xk
GO
CREATE TRIGGER Update_Student_Trigger
ON Student
FOR UPDATE
AS
    PRINT ' 已修改 Student 表的数据。'
GO
```

测试。观察修改 Student 表时是否被触发。

测试语句 1，在查询窗口中执行如下 SQL 语句：

```
UPDATE Student SET Pwd=' 11111111' WHERE StuNo=' 00000001'
```

返回的信息说明修改 Student 表数据时触发了触发器 Test1。查看 Student 表中学号为“00000001”的数据行，发现选课密码确实已经修改为“11111111”。

测试语句 2。在 Student 表中并不存在 StuNo='99999999' 的数据行。

```
UPDATE Student SET Pwd='11111111' WHERE StuNo='99999999'
```

可以看到返回信息“已修改 Student 表的数据。”，需要排除触发器 Test1 的这个 BUG。

任务 12.2 修改触发器

用户可以使用 ALTER TRIGGER 语句修改触发器。

【问题 12.2】修改触发器 Update_Student_Trigger，显示修改前和修改后的数据。

```
USE Xk
GO
ALTER TRIGGER Update_Student_Trigger    /*修改已创建的触发器。*/
ON Student
FOR UPDATE
AS
   PRINT '修改前数据'
   SELECT * FROM deleted
   PRINT '修改后数据'
   SELECT * FROM inserted
GO
```

用户可以在 SSMS 下修改已创建的触发器。

【问题 12.3】在 SSMS 中查看触发器 Update_Student_Trigger 属性。

具体操作步骤如下：

① 在“对象资源管理器”窗口中展开 Xk 数据库。

② 依次展开“表”选项，“Student”选项，“触发器”选项。

③ 右击“Update_Student_Trigger”，在弹出的快捷菜单中选择“修改”命令，显示该触发器的定义，此时可以进行必要的修改。

【问题 12.4】创建替代触发器 UPDATE_Department_Trigger，修改 Department 表的数据时触发触发器，用执行触发器中的语句替代触发的 SQL 语句。

在查询窗口中执行如下 SQL 语句：

```
CREATE TRIGGER UPDATE_Department_Trigger
ON Department
INSTEAD OF UPDATE
AS
    PRINT '实际上并没有修改 Department 表中的数据。'
```

```
GO
```

测试，在查询窗口中执行如下 SQL 语句：

```
UPDATE Department SET DepartName='软件工程系' WHERE Depart-
No='01'
```

可以看到，触发器被触发并返回“实际上并没有修改 Department 表中的数据。”信息。查看 Department 表中 DepartNo=“01”的数据行，发现 DepartName 确实没有被修改。INSTEAD OF 执行触发器（PRINT '实际上并没有修改 Department 表中的数据。'）替代执行触发语句（UPDATE 动作）。

【问题 12.5】创建一个触发器，当添加、修改或删除 StuCou 表的选课数据行时，能同时更新 Course 表中相应的报名人数。

在 StuCou 表和 Course 表之间使用触发器业务规则。每当 StuCou 表中的数据变化时，都需要修改 Course 表中相应课程的 WillNum 值。

如果在 StuCou 中添加一条课程编号为“001”的数据行时，Course 表中课程编号为“001”的 WillNum 应该加 1；同样，如果在 StuCou 表中删除一条课程编号为“001”的数据行时，Course 表中课程号为“001”的 WillNum 就要减 1；如果在 StuCou 中将某名学生的课程编号“001”修改为“002”，Course 表中课程编号为“001”的 WillNum 应减 1，课程编号为“002”的 WillNum 应加 1。

由于 CHECK 约束只能引用定义了列级或表级约束的列，因此，表间的任何约束必须靠触发器来实现。

在查询窗口中执行如下 SQL 语句，创建后触发器：

```
USE Xk
GO
CREATE TRIGGER SetWillNum ON StuCou
FOR INSERT, UPDATE, DELETE
AS
   UPDATE Course SET WillNum=WillNum+1 WHERE CouNo=(SELECT
CouNo FROM INSERTED)
   UPDATE Course SET WillNum=WillNum-1 WHERE CouNo=(SELECT
CouNo FROM DELETED)
  PRINT '已自动更新 Course 表中相应课程的报名人数。'
GO
```

测试，先记录 Course 表中 CouNo=“002”和 CouNo=“003”的 WillNum 值：

```
SELECT * FROM Course WHERE CouNo='002'
SELECT * FROM Course WHERE CouNo='003'
```

从显示结果可以看到，CouNo 为“002”“003”的 WillNum 分别为 34

和 30。

现在测试触发器 SetWillNum 是否被触发。

测试语句 1。将 StuNo='00000011' 的 CouNo 为“003”的课程编号修改为“002”。执行完修改操作后，Course 表中 CouNo 为“003”课程的 WillNum 自动减 1，而“002”的 WillNum 应自动加 1。此时，在查询窗口中执行如下 SQL 语句：

```
  UPDATE StuCou SET CouNo='002' WHERE StuNo='00000011' AND
CouNo='003'
```

查看 Course 表 CouNo 分别为“002”“003”的 WillNum 值，可以看出 CouNo 为“002”和“003”的 WillNum 值已分别为 35（34+1）和 29（30–1）。

【注意】该触发器代码适用于每次新增、删除一行数据的情况，若有批量的数据需要新增、删除，可修改触发器代码如下：

```
  USE Xk
  GO
  ALTER TRIGGER SetWillNum ON StuCou
  FOR INSERT, UPDATE, DELETE
  AS
     UPDATE Course SET WillNum=(SELECT COUNT(*) FROM StuCou WHERE
CouNo=Course.CouNo)
```

以上代码简单、易维护，但每次都会更新 Course 表中每行数据的报名人数。

【问题 12.6】使用 IF UPDATE(column) 修改 UPDATE_Department_Trigger 触发器，每当修改 Department 表 DepartName 列的数据时，在客户端显示“已修改部门名称。”。

在查询窗口中执行如下 SQL 语句：

```
USE Xk
GO
ALTER TRIGGER UPDATE_Department_Trigger
ON Department
FOR UPDATE
AS
  IF UPDATE(DepartName) PRINT '已修改部门名称。'
GO
```

SQL Server 允许为每个事件（DELETE、INSERT 或 UPDATE）创建多个触发器。例如，如果对已有 UPDATE 触发器的表执行 CREATE TRIGGER FOR UPDATE，则将创建另一个 UPDATE 触发器，而不会覆盖已有的 UPDATE 触发器。

【问题 12.7】在一个表上创建多个触发器，为 Department 表再创建一个 UPDATE 触发器 Test_Trigger，每当修改 Department 表的数据时，在客户端显示“二次触发！”。

在查询窗口中执行如下 SQL 语句：

```
USE Xk
GO
CREATE TRIGGER Test_Trigger
ON Department
FOR UPDATE
AS
  PRINT '二次触发！ '
GO
```

测试，在查询窗口中执行如下 SQL 语句：

```
UPDATE Department SET DepartName='软件工程系' WHERE Depart-
No='01'
```

返回结果如图 12-1 所示，可以看出触发器 UPDATE_Department_Trigger 和 Test_Trigger 都被触发了。

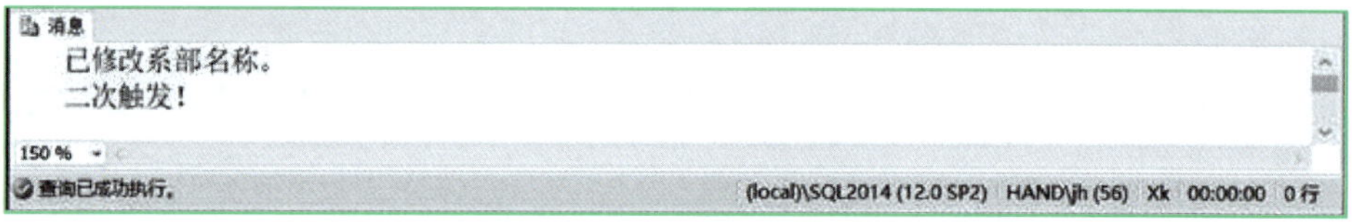

图 12-1 多个触发器触发结果

任务 12.3 删除触发器

使用 DROP TRIGGER 可删除触发器，其语法形式如下：

```
DROP TRIGGER {trigger} [ ,...n ]
```

删除触发器所在的表时，SQL Server 将会自动删除与该表相关的触发器。

【问题 12.8】使用 T-SQL 语句删除触发器 UPDATE_Department_Trigger。

在查询窗口中执行如下 SQL 语句：

```
DROP TRIGGER UPDATE_Department_Trigger
```

【问题 12.9】使用 SSMS 删除触发器 Test_Trigger。

具体操作步骤如下：

① 在“对象资源管理器”窗口中展开 Xk 数据库。

② 依次展开“表”选项→“Department”选项→“触发器”选项。

③ 如图 12–2 所示，右击“Test_Trigger”，在弹出的快捷菜单中选择“删除”命令。

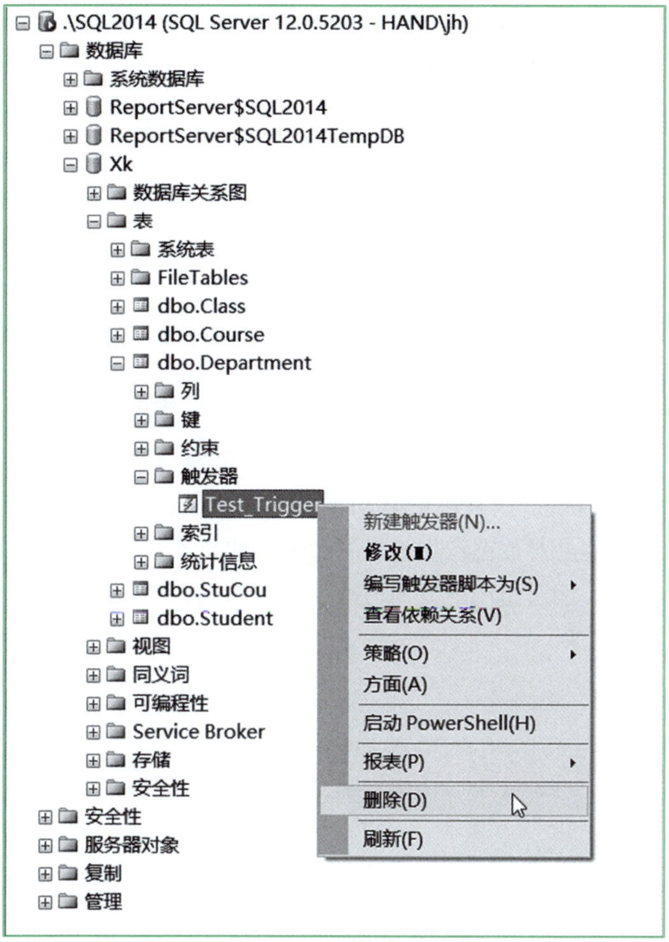

图 12–2 删除触发器 Test_Trigger

④ 在弹出的对话框中单击“确定”按钮完成。

任务 12.4 重新命名触发器

使用 sp_rename 可以修改触发器的名称。语法形式如下：

```
sp_rename oldname,newname
```

【问题 12.10】使用 T-SQL 语句将触发器 SetWillNum 更名为 UpdateWillNum。

在查询窗口中执行如下 SQL 语句：

```
USE Xk
GO
sp_rename SetWillNum,UpdateWillNum
```

任务 12.5 禁用触发器

【问题 12.11】使用 T-SQL 语句禁用触发器 UpdateWillNum。

在查询窗口中执行如下 SQL 语句：

```
USE Xk
GO
ALTER TABLE StuCou DISABLE TRIGGER UpdateWillNum
```

此时，触发器 UpdateWillNum 将被禁用，也就意味着，如果学生报名数据发生了变化，Course 表并不会自动更新该课程的报名人数。一般在禁用触发器前，应该清楚会对数据产生怎样的影响，如果没有影响或有影响但可再使用其他手段恢复，那么禁用触发器可减少一些不必要的运算，提高程序的执行效率。

任务 12.6 启用触发器

【问题 12.12】使用 T-SQL 语句启用使用触发器 UpdateWillNum（知识点）。

在查询窗口中执行如下 SQL 语句：

```
USE Xk
GO
ALTER TABLE StuCou ENABLE TRIGGER UpdateWillNum
```

任务 12.7 查看触发器的信息

【问题 12.13】使用 T-SQL 语句查询 Xk 数据库中有哪些触发器。

在查询窗口中执行如下 SQL 语句：

```
USE Xk
GO
SELECT * FROM sysobjects WHERE TYPE='TR'
```

返回结果如图 12-3 所示，显示当前 Xk 数据库中有 2 个触发器。

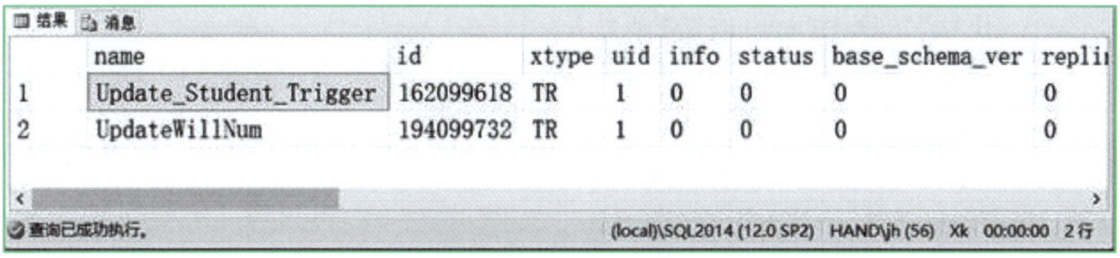

	name	id	xtype	uid	info	status	base_schema_ver	repli
1	Update_Student_Trigger	162099618	TR	1	0	0	0	0
2	UpdateWillNum	194099732	TR	1	0	0	0	0

图 12-3　查询 Xk 数据库中存在有哪些触发器

使用触发器应注意的几个问题：

① CREATE TRIGGER 必须是批处理中的第一条语句，并且只能应用到一个表中。

② 触发器只能在当前的数据库中创建，但可以引用当前数据库的外部对象，如其他表。

③ 在同一条 CREATE TRIGGER 语句中，可以为多个事件（如 INSERT、UPDATE、DELETE）定义相同的触发器操作。

④ 如果一个表的外键在 DELETE/UPDATE 操作上定义了级联，则不能在该表上定义 INSTEAD OF DELETE/UPDATE 触发器。

⑤ 与使用存储过程一样，当触发器被触发时，将向调用应用程序返回结果。若要避免由于触发器触发而向应用程序返回结果，则不应包含返回结果的 SELECT 语句，也不要在触发器中包含对变量赋值的语句。

单元小结

在本单元：

- 掌握触发器及其作用。
- 掌握使用 SSMS 和 T-SQL 语句（CREATE TRIGGER、ALTER TRIGGER、DROP TRIGGER）创建、修改、删除触发器的方法。
- 会禁用或启用触发器。
- 会使用触发器完成业务规则，以达到简化程序设计的目的，但一定要慎用，滥用触发器会导致数据库系统效率下降。

思考与练习

1. 谈谈自己对触发器的理解。

2. INSERTED 表和 DELETED 表的作用是什么？

3. IF UPDATE(column) 的作用是什么？

4. 可以对一个表创建多个 DELETE 触发器吗？如果可以，触发器执行的顺序是怎样的？

5. 什么情况下可禁用触发器以提高效率？

实训

本实训使用 Sale 数据库。

1. 创建触发器，实现即时更新每种产品的库存数量。

2. 使用 IF UPDATE(column) 尽可能优化上题中的触发器，以提高系统效率。

单元 13

创建与使用游标

学习目标

【知识目标】

- 理解游标的基本概念。
- 掌握服务器游标的创建和使用方法。
- 掌握游标与其他 T-SQL 语句配合使用的方法。

【技能目标】

- 会根据需要创建和使用游标。
- 会在存储过程中使用游标。

单元设计
教学课件 PPT
实训（验）项目单
实训参考答案
示例数据库
例题源代码

任务陈述

小李查看了学生选课数据库中的信息后提出，希望逐行显示查询结果，并希望将查询结果保存在变量中，以便使用程序进行其他的处理。

知识学习

游标的基本概念

游标（Cursor）是处理数据的一种方法，主要用于存储过程、触发器和T-SQL 脚本中。

游标由游标结果集和游标位置两部分构成。游标结果集为定义游标的SELECT 语句返回的数据行的集合。游标位置为指向结果集某一行的当前指针。在查看或处理游标结果集中的数据时，游标提供在结果集中向前或向后浏览数据的功能。它可以指向游标结果集中的任何数据行，然后允许用户对该数据行的数据进行处理。

SQL Server 支持两种类型的服务器游标，它们都是运行在服务器上。

① T-SQL 服务器游标：基于 DECLARE CURSOR 语法，主要用于 T-SQL 脚本、存储过程以及触发器中。

② API 服务器游标：当客户端的程序调用 API 游标函数时，服务器会对API 函数进行处理。

本书只介绍 T-SQL 服务器游标。

T-SQL 服务器游标

1. 使用游标的步骤

对于游标的操作有声明游标、打开游标、读取游标位置的数据、关闭游标、释放游标等多个步骤。

① 声明游标。使用 DECLARE CURSOR 语句声明一个游标，为游标指定获取查询结果集的 SELECT 语句，其语法格式如下：

```
DECLARE cursor_name CURSOR[LOCAL|GLOBAL]
[FORWARD_ONLY|SCROLL]
[STATIC|DYNAMIC|KEYSET|FAST_FORWARD]
[READ_ONLY|SCROLL_LOCKS|OPTIMISTIC]
[TYPE_WARNING]
FOR select_statement
[FOR UPDATE [OF column_name [ ,...n ] ] ]
```

其中：

cursor_name：指定要声明游标的名称。

LOCAL：指定游标的作用域为局部，它只能在它所声明的存储过程中使用。

GLOBAL：指定游标的作用域为全局，游标对于整个连接全局可见。

FORWARD_ONLY：指定游标为只进游标。缺省时默认为只进游标。

SCROLL：指定游标为滚动游标，游标可向前滚动也可向后滚动。

STATIC：指定游标为静态游标，静态游标始终是只读的，游标结果集中的数据不因 SELECT 语句中表数据的改变而改变，该游标不允许修改。

DYNAMIC：指定游标为动态游标，游标结果集中的数据因基表中数据的改变而发生变化。缺省时则默认为动态游标。

KEYSET：指定游标为键值游标。该类游标中数据行的顺序是由键值所决定。

READ_ONLY：指定游标为只读游标。

FAST_FORWARD：指定启用了性能优化的 FORWARD_ONLY、READ_ONLY 游标。

SCROLL_LOCKS：指定当读取游标位置的数据时会给数据行加锁。

OPTIMISTIC：作用在于通过游标读取的数据，如果读取数据之后被改变，那么通过游标定位进行的更新和删除操作不会成功。

TYPE_WARNING：指定当隐式转换游标类型时，会向客户端发送警告信息。

select_statement：定义产生游标结果集的 SELECT 语句。在 select_statement 中不允许使用关键字 COMPUTE、COMPUTE BY、FOR BROWSE 和 INTO。

FOR UPDATE [OF column_name [,...n]]：可修改游标位置的数据。如果给出 OF column_name [,...n] 参数，则只允许修改所给出的列。如果在 UPDATE 中未给出指定的列，默认可以修改所有列。

② 使用 OPEN 语句打开该游标。打开游标后，游标的位置为结果集的第一行。语法格式如下：

```
OPEN [GLOBAL] cursor_name| cursor_variable_name
```

其中：

cursor_variable_name：游标变量名，该变量引用一个游标。

③ 使用 FETCH 语句从结果集中读取一行数据。语法格式如下：

```
FETCH
```

```
[
    [NEXT | PRIOR | FIRST | LAST | ABSOLUTE { n| @nvar} |
RELATIVE{n | @nvar}]
    FROM
]
{ { [GLOBAL] cursor_name} | @cursor_variable_name}
[INTO @variable_name [ ,...n ] ]
```

其中：

NEXT：读取结果集中当前行的下一行数据，返回行作为游标新的当前行。对刚打开的游标第一次 FETCH NEXT 操作，则返回结果集中的第一行。NEXT 为默认的游标读取选项。

PRIOR：读取结果集中当前行的前一行数据，返回行作为游标新的当前行。如果当前行为第一行数据则不返回，并且游标位置在第一行之前。

FIRST：读取游标结果集中的第一行，并将第一行作为游标新的当前行。

LAST：读取游标结果集中的最后一行，并将最后一行作为游标新的当前行。

ABSOLUTE { n| @nvar}：如果 n 为正数，则读取从结果集第一行开始的第 n 行数据，并且返回行作为游标新的当前行。如果 n 为负数，则读取从结果集最后一行开始之前的第 n 行数据，并且返回行作为游标新的当前行。如果 n 为 0，则返回当前行。ABSOLUTE 不可以使用在动态游标中。

RELATIVE {n | @nvar}：如果 n 为正数，则读取从当前行开始的第 n 行数据，并且返回行作为游标新的当前行。如果 n 为负数，则读取从当前行之前的第 n 行数据，并且返回行作为游标新的当前行。如果 n 为 0，则返回当前行。

只有在 SCROLL 游标中，才可以在 FETCH 中使用 PRIOR、FIRST、LAST、RELATIVE。

INTO @variable_name[,...n]：将读取的数据依次保存到局部变量中。

④ 使用 CLOSE 语句关闭游标，结束动态游标的操作并释放资源。语法格式为：

```
CLOSE [GLOBAL] cursor_name| cursor_variable_name
```

如果需要，在 CLOSE 后还可以使用 OPEN 语句重新打开游标。

⑤ 使用 DEALLOCATE 语句从当前的会话中删除对游标的引用，以释放分配给游标的所有资源。游标释放之后不可以用 OPEN 语句重新打开，必须使用 DECLARE 语句重建游标。语法格式为：

```
DEALLOCATE [GLOBAL] cursor_name| cursor_variable_name
```

2. 关于 @@FETCH_STATUS

@@FETCH_STATUS：返回 FETCH 语句执行后的游标状态。

返回类型：integer

返回值说明：

0：表明 FETCH 语句成功。

-1：表明 FETCH 语句失败，或者此数据行不在结果集中。

-2：被读取的数据行不存在。

在未执行任何读取操作出现前，@@FETCH_STATUS 的值是未知的。

【注意】由于 @@FETCH_STATUS 对于一个连接上的所有游标是全局性的，因此要注意 @@FETCH_STATUS 值的状态。在执行一条 FETCH 语句后，若要对另一游标执行另一 FETCH 语句，则必须首先测试 @@FETCH_STATUS。

例如，用户对一个游标执行一条 FETCH 语句，然后调用一个存储过程，被调用的过程打开并处理另一个游标。当控制从被调用的存储过程返回后，@@FETCH_STATUS 反映的是在存储过程中执行的最后一个 FETCH 语句的结果，而不是在存储过程被调用之前的 FETCH 语句的结果。

任务 13.1　创建基本游标

【问题 13.1】声明一个名为 CrsCourse 的游标，该游标从 Course 表中查询所有数据行。

知识点：学习从声明游标到最后释放游标的基本过程（基本游标使用示例）。

在查询窗口中执行如下 SQL 语句：

① 首先，使用 DECLARE CURSOR 语句声明游标。

```
USE Xk
GO
DECLARE CrsCourse CURSOR
FOR
    SELECT * FROM Course ORDER BY CouNo
GO
```

此时，声明的游标是动态游标的只进游标，并且可以更新游标位置的数据。

② 使用 OPEN 语句打开游标。打开后游标位置在第一行。

```
OPEN CrsCourse
```

③ 使用 FETCH 语句读取并返回游标位置的数据。

```
FETCH NEXT FROM CrsCourse
```

该语句返回结果集中游标当前位置的下一行数据。当首次执行 FETCH NEXT 语句时返回第一行数据。返回的数据行作为结果集中的第一行（课程号为“001”的数据行）。如图 13-1 所示。然后将第一行作为游标当前位置。

再次执行 FETCH NEXT FROM CrsCourse 语句，则返回当前数据行的下一行（课程号为“002”的数据行）。

④ 修改游标位置所在行的数据。将当前数据行的限选人数修改为 22。

```
UPDATE Course SET LimitNum=22 WHERE CURRENT OF CrsCourse
```

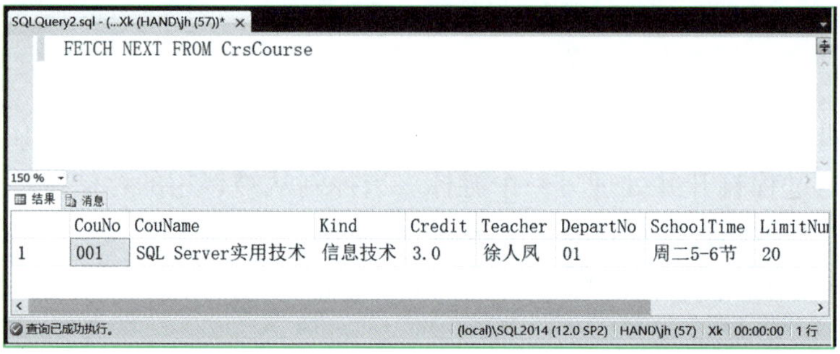

图 13-1 使用 FETCH NEXT 第一次从游标当前位置查询并返回数据行

因为定义的游标基表为 Course，所以 UPDATE 操作的表也为 Course，与定义的游标相对应，此时修改的是 Course 表中课程号为“001”的数据行。

如果要删除当前数据行，可以使用如下命令：

```
DELETE FROM Course WHERE CURRENT OF CrsCourse
```

此时暂不执行该语句。

⑤ 使用 CLOSE 语句关闭游标。

```
CLOSE CrsCourse
```

⑥ 使用 DEALLOCATE 语句释放游标。

```
DEALLOCATE CrsCourse
```

任务 13.2 创建使用变量的游标

【问题 13.2】使用 FETCH 将值存入变量。

在查询窗口中执行如下 SQL 语句：

```
USE Xk
```

```
GO
-- 定义变量
DECLARE @CouNo nvarchar(3),@CouName nvarchar(30)
DECLARE CrsCourse CURSOR
FOR
SELECT CouNo,CouName FROM Course ORDER BY CouNo
OPEN CrsCourse
-- 使用 FETCH 将值存入变量，注意各变量的顺序、数据类型、数目与游标相一致
FETCH NEXT FROM CrsCourse INTO @CouNo,@CouName
-- 利用变量打印输出
PRINT '课程号:'+@CouNo+'课程名称: '+@CouName
CLOSE CrsCourse
DEALLOCATE CrsCourse
```

任务 13.3　创建使用 @@FETCH_STATUS 的游标

【问题 13.3】使用游标逐行显示查询结果集中的每一行，学会使用 @@FETCH_STATUS。

在查询窗口中执行如下 SQL 语句：

```
USE Xk
GO
-- 定义游标
DECLARE @CouNo nvarchar(3),@CouName nvarchar(30)
DECLARE CrsCourse CURSOR
FOR
SELECT CouNo,CouName FROM Course ORDER BY CouNo
-- 打开游标
OPEN CrsCourse
-- 取得第一行数据
FETCH NEXT FROM CrsCourse INTO @CouNo,@CouName
-- 通过判断 @@FETCH_STATUS 进行循环
WHILE @@FETCH_STATUS=0
BEGIN
  PRINT '课程号:' + @CouNo+'课程名称: ' + @CouName
  -- 取得下一行数据
  FETCH NEXT FROM CrsCourse INTO @CouNo,@CouName
END
-- 关闭游标
CLOSE CrsCourse
-- 释放游标
```

```
DEALLOCATE CrsCourse
```

执行结果如图 13–2 所示。

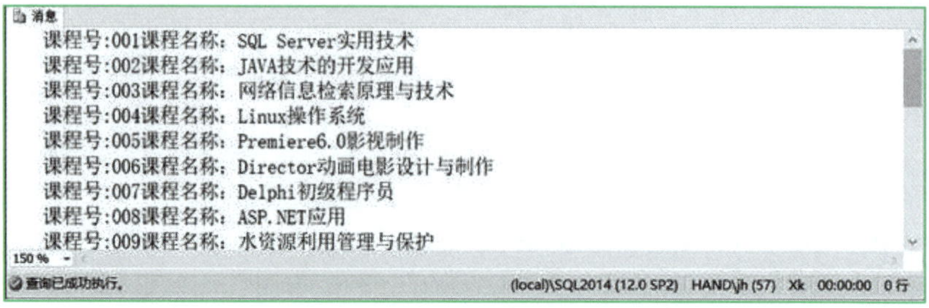

图 13–2 通过判断 @@FETCH_STATUS 值循环读取游标位置数据行

任务 13.4 游标的综合应用

【问题 13.4】在选课系统中，由于对每门课的上课人数进行了限制，而对报名人数没有进行限制，所以在 Course 表中会出现报名人数超过选课人数的情况，此时需要系统采取计算机随机抽取的方式公布选课结果。

（1）具体实现思路

创建一个存储过程，该存储过程定义参数 @WillOrder，表示对第几志愿进行抽选。这里允许学生最多报 5 个志愿。

（2）抽取规则

针对每一门课程进行如下检测（循环整个 Course 表）:

如果报名人数没有超过剩余名额（剩余名额指限选人数减去已选中人数），则同意所有报名选修该课而还没有其他志愿被选中的学生修读该课程。

如果报名人数超过剩余名额，则进行如下操作：

① 声明游标：所有报名参加该课程而还没有其他志愿被选中的学生。

② 逐个分配，直到满员为止。

（3）具体实现

① 如何产生随机值。随机值保存在 StuCou 的 RandomNum 列中，类型为 uniqueidentifier，这里用 NEWID() 产生。语句如下：

```
UPDATE StuCou SET RandomNum=NEWID()
```

这里没有使用随机函数 RAND()，因为在一个 UPDATE 语句中使用 RAND() 函数将得到同样的随机值。

② 具体代码如下。

```
CREATE PROCEDURE ChooesCourse
```

```
  --定义抽第几志愿
  @WillOrder INT
  AS
  DECLARE @StuNo nvarchar(3),@CouNo nvarchar(3),@LimitNum INT,
@ChooseNum INT,@WillNum INT,@I INT
  --声明游标。针对每一门课程抽取学生名单
  DECLARE cCourse CURSOR FOR
     SELECT CouNo,LimitNum,WillNum,ChooseNum FROM Course ORDER
BY CouNo
  --打开游标
  OPEN cCourse
  --循环读取游标（循环 Course 表）
  FETCH NEXT FROM cCourse INTO @CouNo,@LimitNum,@WillNum,
@ChooseNum
  WHILE @@FETCH_STATUS=0
  BEGIN
    --有足够名额则选中所有学生（如果该学生还没有报名成功的话）
    IF @LimitNum-@ChooseNum>=@WillNum
      UPDATE StuCou SET State='选中'
       WHERE WillOrder=@WillOrder AND CouNo=@CouNo AND StuNo
NOT IN (SELECT StuNo FROM StuCou WHERE  State='选中')
    ELSE
    --没有足够名额则取分配剩余名额
    BEGIN
      --待选学生名单
      DECLARE cStuCou CURSOR FOR
        SELECT StuNo FROM StuCou
         WHERE WillOrder=@WillOrder AND CouNo=@CouNo AND StuNo
NOT IN (SELECT StuNo FROM StuCou WHERE  State='选中')
        ORDER BY RandomNum
      OPEN cStuCou
      FETCH NEXT FROM cStuCou INTO @StuNo
      --设置循环变量 @I，当小于剩余名额时（@I<=@LimitNum-@ChooseNum)
继续分配
      SET @I=1
      WHILE @@FETCH_STATUS = 0 AND @I<=@LimitNum-@ChooseNum
      BEGIN
        UPDATE StuCou SET State='选中' WHERE CURRENT OF cStuCou
        SET @I=@I+1
        FETCH NEXT FROM cStuCou INTO @CouNo
      END
      CLOSE cStuCou
      DEALLOCATE cStuCou
    END
```

```
    FETCH NEXT FROM cCourse INTO @CouNo,@LimitNum,@WillNum,
@ChooseNum
  END
  --统计选中人数
  UPDATE Course SET ChooseNum=(SELECT COUNT(*) FROM StuCou
WHERE CouNo=Course.CouNo AND State='选中')
  CLOSE cCourse
  DEALLOCATE cCourse
  GO
```

（4）测试执行

```
  USE Xk
  GO
  --禁用触发器提高效率
  ALTER TABLE StuCou DISABLE TRIGGER UpdateWillNum
  GO
  --对选课表的待抽名单（符合当前志愿号）赋随机值
  UPDATE StuCou SET RandomNum=NEWID()
  --抽第一志愿
  EXEC ChooesCourse 1
  GO
  --抽第二志愿
  EXEC ChooesCourse 2
  GO
  --抽第三志愿
  EXEC ChooesCourse 3
  GO
  --抽第四志愿
  EXEC ChooesCourse 4
  GO
  --抽第五志愿
  EXEC ChooesCourse 5
  GO
  --恢复禁用的触发器
  ALTER TABLE StuCou ENABLE TRIGGER UpdateWillNum
  GO
```

【问题 13.5】查询任何志愿都没有被选中的学生名单。

在查询窗口中执行如下 SQL 语句：

```
SELECT * FROM Student WHERE StuNo NOT IN
(
SELECT DISTINCT StuNo FROM StuCou WHERE State='选中'
)
```

执行结果如图 13-3 所示（因为是随机抽取，所以执行结果会不一样）。

结果 | 消息

	StuNo	StuName	ClassNo	Pwd
1	00000007	凌晓文	20000001	B7E6F4BE
2	00000025	廖杰	20000003	659E5EDC
3	00000028	何丽仪	20000003	78E651FD
4	00000039	马嘉达	20000004	E6C13CC0
5	00000045	杨斌	20000005	06081845
6	00000051	刘长征	20000006	6CA4EE50
7	00000053	李开豫	20000006	6E2CC253

查询已成功执行。 (local)\SQL2014 (12.0 SP2) HAND\jh (57) Xk 00:00:00 19 行

图 13-3 查询没有选中任何志愿的学生名单

单元小结

在本单元：

■ 了解游标特别适合于需逐行处理数据的过程。

■ 掌握如何使用游标，如何在存储过程中应用游标。

■ 能合理地将客户端循环处理表的代码转换为存储过程，并用游标来处理，从而有效提高数据的处理速度和降低网络流量。

思考与练习

1. 游标支持哪些功能？
2. 简述使用游标的步骤。
3. 游标的效率如何？在什么情形下需要使用游标？
4. @@FETCH_STATUS 有何作用？

实训

本实训使用 Sale 数据库。

创建存储过程 P_SelProduct，逐行显示产品销售信息，内容包括产品编号、产品名称、销售日期、销售数量、销售金额，要求显示格式如下：

产品编号	产品名称	销售日期	销售数量	销售金额
00001	电视	2006-1-1	10	30 000
产品编号	产品名称	销售日期	销售数量	销售金额
00002	空调	2006-1-2	5	10 000

单元 14

事务与锁

学习目标

【知识目标】

- 掌握事务的概念和特性。
- 了解使用事务的方法。
- 了解锁的类型和锁的作用。

【能力目标】

- 会在程序中使用事务。
- 会查看锁。

单元设计

教学课件 PPT

实训（验）项目单

实训参考答案

示例数据库

例题源代码

任务陈述

学生选课数据库只允许每名学生最多报 5 个志愿，学生网上报名选修课程时，如果超过 5 门，则程序能进行判断并自动进行处理。

在使用 SQL Server 中，当多个人同时修改学生选课数据库 Xk 中的课程表 Course，或者多人同时在网上报名选修课程，或者多人同时查看选修课程的信息，即多人同时对数据库中的表进行添加、修改或删除操作时，选课数据会不会出现问题？

知识学习 1

事务的基本概念

事务是一系列 SQL 操作的逻辑工作单元，它具有原子性（Atomic）、一致性（Consistent）、隔离性（Isolated）和持久性（Durable），简称为 ACID。

① 原子性：事务必须是一个整体的工作单元，事务中对于数据的操作要么全都执行，要么全都不执行。

② 一致性：事务完成时，所有的数据都必须保持一致状态。在相关的数据库中，所有的规则都必须由事务进行修改，以保证所有数据的完整性。当事务结束时，所有的内部数据结构都必须是正确的。

③ 隔离性：由并发事务所作的修改必须与任何其他并发事务所作的修改隔离开，保证事务查看数据时数据所处的状态，即只能是另一并发事务修改它之前的状态或者是另一事务修改它之后的状态，而不能查看到中间状态的数据。

④ 持久性：事务完成之后，事务对数据库中的数据操作会被永久保存下来。

例如，银行两个账号之间进行转账。账号 A（有足够金额）转出 10 000 元至账号 B 上，此转账业务可分解为：首先账号 A 扣掉 10 000 元；其次账号 B 增加 10 000 元。当然这两项操作或者同时成功（转账成功），或者同时失败（转账失败）。但是如果只有其中一项操作成功，则是不可接受的。如果发生这样的情况，即当一个事务中只有部分操作成功时，就回滚事务到没进行转账前的状态，就好像什么操作都没有发生一样。

事务有着非常明确的开始和结束点，在使用 T-SQL 语句进行 SELECT、INSERT、UPDATE 和 DELETE 等数据操作时都属于隐式事务的一部分，当系统把这些操作语句当成一个事务时，要么执行所有的语句，要么都不执行。

当事务执行时，事务中进行的所有操作都会被写入到事务日志中，写入到日志中的内容通常分为两种：一种是事务进行数据操作的记录，如对数据进行添加和修改；另一种则是对任务的操作记录，如对表中的某一列创建索引。当取消事务时，系统会根据日志中的记录进行反操作，保证数据的一致性。

建立事务应遵循的原则

① 在事务中不能包含以下语句：CREATE DATABASE、ALTER DATABASE、DROP DATABASE、CREATE FULLTEXT CATALOG、ALTER FULLTEXT CATALOG、DROP FULLTEXT CATALOG、CERATE FULLTEXT INDEX、ALTER FULLTEXT INDEX、DROP FULLTEXT INDEX、BACKUP、RESTORE、RECONFIGURE、UPDATE STATISTICS。

② 当调用远程服务器上的存储过程时，不能使用 ROLLBACK TRANSACTION 语句，不可执行回滚操作。

③ SQL Server 不允许在事务内使用存储过程建立临时表。

事务管理的常用语句

SQL Server 中常用的事务管理语句包括如下几个。

① BEGIN TRANSACTION：开始事务。

② COMMIT TRANSACTION：提交事务。

③ ROLLBACK TRANSACTION：事务失败时回滚事务。

BEGIN TRANSACTION 用来标识事务的开始，每个事务继续执行直到用 COMMIT TRANSACTION 提交，从而正确地完成对数据库所做的永久性修改，或者出现错误后由 ROLLBACK TRANSACTION 语句撤销所有修改。

（1）BEGIN TRANSACTION

标记一个显式本地事务的开始。语法格式如下：

```
BEGIN TRANSACTION [transaction_name]
```

其中：transaction_name 为事务名称。

（2）COMMIT TRANSACTION

提交事务。语法格式如下：

```
COMMIT TRANSACTION [transaction_name]
```

其中：transaction_name 为在 BEGIN TRANSACTION 语句中给出的事务名称。

实际上，SQL Server 将忽略该事务名称，但通过指明 COMMIT TRANSACTION 与 BEGIN TRANSACTION 中相同的 transaction_name 能提高

代码可读性。

因为数据已经永久修改，所以执行 COMMIT TRANSACTION 语句后不能回滚事务。

当在嵌套事务中使用 COMMIT TRANSACTION 时，内部事务的提交并不释放资源，也没有执行永久修改。只有在提交了外部事务时，数据修改才具有永久性，而且资源才会被释放。

（3）ROLLBACK TRANSACTION

回滚事务，将显式事务或隐性事务回滚到事务的起点或事务内的某个保存点。语法格式为：

```
ROLLBACK TRANSACTION [transaction_name]
```

其中：transaction_name 为在 BEGIN TRANSACTION 语句中给出的事务名称。

不带 transaction_name 的 ROLLBACK TRANSACTION 可以回滚到事务的起点。嵌套事务时，该语句将所有内层事务回滚到最外层的 BEGIN TRANSACTION 语句，transaction_name 也只能是来自最外层的 BEGIN TRANSACTION 语句的名称。

如果在触发器中发出 ROLLBACK TRANSACTION，将回滚对当前事务中所做的所有数据操作，包括触发器的执行结果。

如果在事务执行过程中出现任何错误，SQL Server 实例将回滚事务。

某些错误（如死锁）会自动回滚事务。

如果在事务活动时由于某种原因（如客户端应用程序终止；客户端计算机关闭或重新启动；客户端网络连接中断等）中断了客户端和 SQL Server 实例之间的通信，则 SQL Server 实例将在收到网络或操作系统发出的中断通知时自动回滚事务。在所有这些错误情况下，将回滚任何未完成的事务，以保护数据库的完整性。

任务 14.1 定义事务 / 提交事务

【问题 14.1】使用 COMMIT TRANSACTION 提交事务的简单示例。定义一个事务，向 StuCou 表添加 3 行数据（即某名学生报 3 门课程），并提交完成。

① 在查询窗口中执行如下 SQL 语句：

```
USE Xk
GO
```

```
--开始事务，一个学生报 3 门课
BEGIN TRANSACTION
INSERT StuCou(StuNo,CouNo,WillOrder) VALUES
('00000025','001',1)
INSERT StuCou(StuNo,CouNo,WillOrder) VALUES
('00000025','002',2)
INSERT StuCou(StuNo,CouNo,WillOrder) VALUES
('00000025','003',3)
--提交事务，保存在 StuCou 表中
COMMIT TRANSACTION
```

② 测试，查询 StuCou 表中是否添加了 3 门课。

```
SELECT *
FROM StuCou
WHERE StuNo='00000025'
GO
```

结果显示，学号为“00000025”的同学报的 3 门课已保存在 StuCou 表中。

③ 为了后面测试数据的方便，需先将前面添加的 StuNo='00000025' 的 3 行数据删除。

```
DELETE
FROM StuCou
WHERE StuNo='00000025'
GO
```

任务 14.2　定义事务 / 回滚事务

【问题 14.2】使用 ROLLBACK TRANSACTION 回滚事务的简单示例。定义一个事务，向 StuCou 表添加 3 行数据，然后回滚事务撤销添加操作。

① 在查询窗口中执行如下 SQL 语句

```
USE Xk
GO
--开始事务，添加 3 行数据
BEGIN TRANSACTION
INSERT StuCou(StuNo,CouNo,WillOrder) VALUES
('00000025','001',1)
INSERT StuCou(StuNo,CouNo,WillOrder) VALUES
('00000025','002',2)
INSERT StuCou(StuNo,CouNo,WillOrder) VALUES
('00000025','003',3)
```

```
-- 撤销事务，撤销刚添加的 3 行数据
ROLLBACK TRANSACTION
```

② 测试，查看 StuCou 表中是否存在学号为“00000025”数据行。

```
SELECT *
FROM StuCou
WHERE StuNo='00000025'
GO
```

可以看出，StuCou 表中不存在学号为“00000025”的数据行，确实没添加 3 行数据。

任务 14.3 定义事务 / 回滚事务 / 提交事务

【问题 14.3】定义一个事务，向 StuCou 表添加多行数据，若报名课程超过 3 门，则回滚事务，即报名无效，否则成功提交。

① 在查询窗口中执行如下 SQL 语句：

```
USE Xk
GO
BEGIN TRANSACTION
-- 报 3 门课程
INSERT StuCou(StuNo,CouNo,WillOrder) VALUES ('00000025',
'001',1)
INSERT StuCou(StuNo,CouNo,WillOrder) VALUES ('00000025',
'002',2)
INSERT StuCou(StuNo,CouNo,WillOrder) VALUES ('00000025',
'003',3)
DECLARE @CountNum INT
SET @CountNum= (SELECT COUNT(*) FROM StuCou WHERE Stu-
No='00000025')
IF @CountNum>3
BEGIN
  ROLLBACK TRANSACTION
  PRINT '报名的课程门数超过所规定的 3 门，所以报名无效。'
END
ELSE
BEGIN
  COMMIT TRANSACTION
  PRINT '恭喜，选修课程报名成功！'
END
```

这里，该学生报了 3 门课程，故最后事务成功提交，并显示报名成功信息。

② 测试。

```
SELECT * FROM StuCou WHERE StuNo='00000025'
```

可以验证确实已经添加 3 行数据。

③ 为了后面测试数据方便，请将前面添加的 StuNo='00000025' 的数据行删除。

```
DELETE FROM StuCou WHERE StuNo='00000025'
```

④ 在查询窗口中执行如下 SQL 语句：

```
USE Xk
GO
BEGIN TRANSACTION
--报 5 门课程
INSERT StuCou(StuNo,CouNo,WillOrder) VALUES ('00000025',
'001',1)
INSERT StuCou(StuNo,CouNo,WillOrder) VALUES ('00000025',
'002',2)
INSERT StuCou(StuNo,CoOuNo,WillOrder) VALUES ('00000025',
'003,3)
INSERT StuCou(StuNo,CouNo,WillOrder) VALUES ('00000025',
'004',4)
INSERT StuCou(StuNo,CouNo,WillOrder) VALUES ('00000025',
'005',5)
DECLARE @CountNum INT
SET @CountNum= (SELECT COUNT(*) FROM StuCou WHERE Stu-
No='00000025')
IF @CountNum>3
BEGIN
  ROLLBACK TRANSACTION
  PRINT '报名的课程门数超过所规定的 3 门，所以报名无效。'
END
ELSE
BEGIN
  COMMIT TRANSACTION
  PRINT '恭喜，选修课程报名成功。'
END
```

这里，该学生报了 5 门课程，故最后事务被回滚撤销，并显示“报名的课程门数超过所规定的 3 门，所以报名无效。”信息。

⑤ 测试。

```
SELECT * FROM StuCou WHERE StuNo='00000025'
```

可以验证确实没有添加 5 行数据。

任务 14.4 事务嵌套

【问题 14.4】嵌套事务示例，说明在嵌套事务中只有在提交了外层事务后，数据修改才会生效。

先创建一个表，生成 3 个级别的嵌套事务，然后提交该嵌套事务。尽管每个 COMMIT TRANSACTION 语句都有一个 transaction_name，但是 COMMIT TRANSACTION 和 BEGIN TRANSACTION 语句之间没有任何关系。transaction_name 的作用仅是便于阅读代码。

在查询窗口中执行如下 SQL 语句：

① 创建表 TestTran，其中包括整型列 A 和字符型列 B。

```
CREATE TABLE TestTran
(A int,
 B nvarchar(3))
GO
```

② 开始最外层事务 Tran1。

```
BEGIN TRANSACTION Tran1
GO
INSERT INTO TestTran
VALUES (1, 'aaa')
GO
```

③ 开始内层事务 Tran2。

```
BEGIN TRANSACTION Tran2
GO
INSERT INTO TestTran
VALUES (2, 'bbb')
GO
```

④ 开始最内层事务 Tran3。

```
BEGIN TRANSACTION Tran3
GO
INSERT INTO TestTran
VALUES (3, 'ccc')
GO
```

⑤ 提交事务 Tran3。

```
COMMIT TRANSACTION Tran3
GO
```

外层事务 Tran2、Tran1 还没有提交，所以提交事务 Tran3 并没有导致 INSERT INTO TestTran VALUES (3, 'ccc') 数据真正更新。

⑥ 提交事务 Tran2。

```
COMMIT TRANSACTION Tran2
GO
```

最外层事务 Tran1 还没有提交，所以提交事务 Tran2 并没有导致 INSERT INTO TestTran VALUES (3, 'ccc')；INSERT INTO TestTran VALUES (2, 'bbb') 数据真正更新。

⑦ 提交事务 Tran1。

```
COMMIT TRANSACTION Tran1
GO
```

最外层事务 Tran1 提交完毕，INSERT INTO TestTran VALUES (3, 'ccc')；INSERT INTO TestTran VALUES (2, 'bbb')；INSERT INTO TestTran VALUES (1, 'aaa') 这 3 条语句成功执行。

⑧ 由于表 TestTran 仅仅是用于本例测试，所以应删除表 TestTran。

```
DROP TABLE TestTran
```

【问题 14.5】嵌套事务示例，说明不能撤销最内层事务，否则会导致错误。

在查询窗口中执行如下 SQL 语句：

① 创建表 TestTran，其中包括整型列 A 和字符型列 B。

```
CREATE TABLE TestTran
 (A int,
 B nvarchar(3))
GO
```

② 开始最外层事务 Tran1。

```
BEGIN TRANSACTION Tran1
GO
INSERT INTO TestTran
VALUES (1, 'aaa')
GO
```

③ 开始内层事务 Tran2。

```
BEGIN TRANSACTION Tran2
GO
INSERT INTO TestTran
VALUES (2, 'bbb')
GO
```

④ 开始最内层事务 Tran3。

```
BEGIN TRANSACTION Tran3
```

```
GO
INSERT INTO TestTran
VALUES (3, 'ccc')
GO
```

⑤ 执行如下 SQL 语句进行测试比较：

```
ROLLBACK TRANSACTION Tran3
```

在嵌套事务中，并不能撤销最内层事务，否则会导致错误，如图 14–1 所示。

图 14–1　在嵌套事务中，撤销最内层事务导致错误

⑥ 执行如下 SQL 语句进行测试比较：

```
ROLLBACK TRANSACTION Tran1
-- 或
ROLLBACK TRANSACTION
```

如图 14–2 所示，在嵌套事务中，只能撤销最外层的事务，这里最外层的事务为 Tran1，所以只能是 ROLLBACK TRANSACTION Tran1 或者不指明事务名称，即只使用 ROLLBACK TRANSACTION 也可以取得同样的效果。从这里可以理解事务名称主要是起到方便阅读和维护的作用。

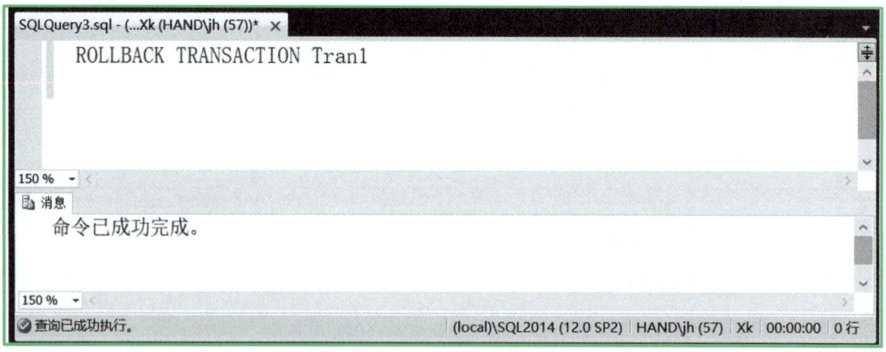

图 14–2　在嵌套事务中只能撤销最外层的事务

⑦ 由于表 TestTran 仅仅是本例测试使用，所以删除表 TestTran。

```
DROP TABLE TestTran
```

知识学习 2

并发问题

如果没有锁定且多个用户同时访问一个数据库，则当他们的事务同时使用相同行的数据时可能会发生以下问题。

（1）丢失或覆盖修改

当两个或多个事务选择同一行，然后基于最初选定的值更新该行时，会发生丢失更新问题。每个事务都不知道其他事务的存在。最后的更新将重写由其他事务所做的更新，这将导致数据丢失。

例如，事务 A 和事务 B 都读取 Course 表中课程编号为“001”的数据行，该数据行学分列 Credit 的值为 2，如果事务 A 先将 Credit 的值更改为 3，而后事务 B 又将 Credit 的值更改为 4。则 Credit 最后的值为 4，导致事物 A 的修改丢失。

（2）未确认的相关性（脏读）

当第 2 个事务选择其他事务正在更新的数据行时，会发生未确认的相关性问题。第 2 个事务正在读取的数据行还没有被确认，并且可能由更新此数据行的事务所更改。

例如，事务 A 读取 Course 表中课程编号为“001”的数据行，该数据行学分列 Credit 的值为 2，如果事务 A 将 Credit 的值更改为 3，还未提交确认。这时事务 B 读取 Credit 的值为 3。其后事务 A 执行 ROLLBACK 撤销对 Credit 的更改。Credit 的值仍为 2，但事务 B 已把“脏”数据（Credit=3）读走了。

（3）不一致的分析（不能重复读）

当第 2 个事务多次访问同一数据行而且每次读取不同的数据时，会发生不一致的分析问题。

例如，事务 A 和事务 B 都读取 Course 表中课程编号为“001”的数据行，该数据行学分列 Credit 的值为 2。即使事务 A 将该数据行的 Credit 的值更改为 3 且提交确认，事务 B 使用的 Credit 值仍为 2。

（4）幻象读

当对某数据行执行添加或删除操作，而该数据行属于某个事务正在读取的行的范围时，会发生幻象读问题。

例如，事务 A 读取 Course 表中课程号“001”～“010”的多行数据，读取之后，另一事务 B 将 Course 表中课程号为“002”的数据行删除了，这时事务 A 中读取的数据仍包含有课程号为“002”的数据行。

为防止出现上述的数据不一致的情况，必须使并发的事务串行化，使各事务都按某种顺序依次执行，这样就能避免相互干扰，这种机制就是锁定。

SQL Server 中的锁定

为了使锁定的成本减至最少，SQL Server 采用多粒度锁定的方式，允许一个事务锁定不同类型的资源。SQL Server 自动将资源锁定在适合任务的级别。

锁定在较小的粒度（例如行）可以增加并发，但需要较大的开销，因为锁定的行越多，需要控制的锁也就越多。

锁定在较大的粒度（例如表）需要维护的锁较少、要求的开销较低，但因为锁定整个表而限制了其他事务对表的访问，所以就并发而言是相当昂贵的。

SQL Server 可以锁定以下资源（按粒度增加的顺序列出），见表 14–1。

表 14–1 SQL Server 可以锁定的资源

资　源	描　述
RID	行标识符，用于单独锁定表中的一行
KEY	键，索引中的行锁，用于保护可串行事务中的键范围
PG	页，8 KB 的数据页或索引页
EXT	扩展盘区，相邻的 8 个数据页或索引页构成一组
TAB	表，包括所有数据和索引在内的整个表
DB	数据库

SQL Server 使用不同的锁模式锁定资源，这些锁模式确定了并发事务访问资源的方式。下面是几种常用的锁模式。

1. 共享锁

共享锁用于不更改或不更新数据的操作（只读操作），如 SELECT 语句。

共享锁允许并发事务读取（SELECT）一个资源。当资源上存在共享锁时，任何其他事务都不能修改数据。除非将事务隔离级别设置为可重复读或更高级别，或者在事务生存周期内用锁定提示保留共享锁，那么一旦读取数据，便立即释放资源上的共享锁。

2. 排他锁

排他锁用于数据修改操作，如 INSERT、UPDATE 或 DELETE。它确保不会同时对同一资源进行多重更新。

排他锁可以防止并发事务对资源进行访问，其他事务不能读取或修改排他锁锁定的数据。

3. 更新锁

更新锁用于可更新的资源中，可防止当多个会话在读取、锁定以及随后可能进行的资源更新时发生的死锁。

一般更新模式由一个事务组成，此事务读取数据行，获取资源的共享锁，然后修改行，此操作要求锁转换为排他锁。如果两个事务获得了资源上的共享模式锁，然后试图同时更新数据，则一个事务尝试将锁转换为排他锁。共享锁到排他锁的转换必须等待一段时间，因为一个事务的排他锁与其他事务的共享模式锁不兼容，从而发生锁等待。如果第 2 个事务也试图获取排他锁以进行更新，则由于两个事务都要转换为排他锁，并且每个事务都等待另一个事务释放共享模式锁，因此发生死锁。

若要避免这种潜在的死锁问题，要使用更新锁。一次只有一个事务可以获得资源的更新锁。如果事务修改资源，则更新锁转换为排他锁；否则，锁转换为共享锁。

死锁

封锁机制的引入能解决并发用户的数据一致性问题，但因此会引起事务间的死锁问题。死锁的主要原因是，由于两个或更多的事务竞争资源而直接或间接的相互等待而造成的。

任务 14.5　查看锁

【问题 14.6】使用 SSMS 查看目前系统中的锁。

具体操作步骤如下：

① 在“对象资源管理器”窗口中展开“管理”选项。

② 双击“活动监视器”选项。

③ 此时可以查看“进程信息”“按进程分类的锁”和“按对象分类的锁”。

【问题 14.7】使用 sp_lock 系统存储过程显示 SQL Server 中当前持有的所有锁的信息。

在查询窗口中执行如下 SQL 语句：

```
USE master
GO
EXEC sp_lock
GO
```

返回结果如图 14–3。

结果 消息

	spid	dbid	ObjId	IndId	Type	Resource	Mode	Status
1	52	5	0	0	DB		S	GRANT
2	55	4	0	0	DB		S	GRANT

查询已成功执行。 (local)\SQL2014 (12.0 SP2) HAND\jh (57) master 00:00:00 4 行

图 14–3 显示 SQL Server 中当前持有的所有锁的信息

任务 14.6 死锁

锁定机制的引入能解决并发用户的数据一致性问题，但因此会引起事务间的死锁问题。死锁主要是两个或更多的事务竞争资源而直接或间接地相互等待而造成的。

【问题 14.8】人为制造死锁示例。

① 在查询窗口中输入并执行下列语句，这里称为事务 1 。

```
USE Xk
SET DEADLOCK_PRIORITY LOW
BEGIN TRANSACTION
-- 事务中，系统自动为 Student 表中 StuNo='00000001' 的数据行加锁
UPDATE Student SET Pwd='1111111' WHERE StuNo='00000001'
```

② 单击工具栏上的“新建查询”按钮，新建一查询窗口（这里称为事务 2），在新建查询窗口中输入并执行下列语句：

```
BEGIN TRANSACTION
-- 事务中，系统自动为 Course 表中 CouNo='002' 的数据行加锁
UPDATE Course SET Credit=3 WHERE CouNo='002'
```

③ 切换到第 1 个查询窗口，输入并执行下列语句：

```
-- 事务中，系统自动为 Course 表中 CouNo='002' 的数据行加锁
UPDATE Course SET Credit=4 WHERE CouNo='002'
```

这时，由于事务 1 和事务 2 都锁住了 Course 表中 CouNo='002' 的数据行，所以事务 1 被事务 2 阻止，但还没有发生死锁。

④ 切换到第 2 个查询窗口，输入并执行下列语句：

```
-- 事务中，系统自动为 Student 表中 StuNo='00000001' 的数据行加锁
UPDATE Student SET Pwd='99999999' WHERE StuNo='00000001'
```

这时，由于事务 1 等待事务 2 释放 Course 表中 CouNo='002' 的数据行的

锁，而事务 2 又等待事务 1 释放 Student 表中 StuNo='00000001' 的数据行的锁，这样互相等待而造成死锁。

⑤ 切换到第 1 个窗口，这时可看到如图 14-4 所示的消息。这是因为事务 1 的 DEADLOCK_PRIORITY 的选项设置为 LOW，而 SQL Server 能自动检测死锁并能将其解除。因此发现死锁条件时事务 1 立即终止。

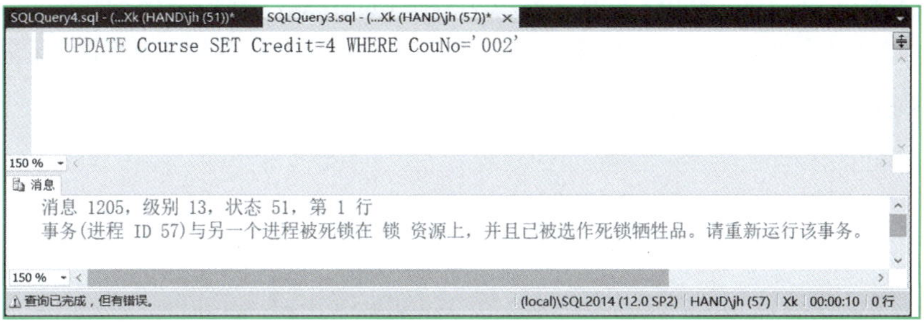

图 14-4　死锁示例

为避免死锁，建议采用以下措施。

- 最大限度地减少保持事务打开的时间长度。
- 按同一顺序访问对象。
- 避免事务中的用户交互。
- 保持事务简短并在一个批处理中。

单元小结

在本单元：

- 了解事务、事务日志以及锁。
- 掌握如何使用事务。
- 掌握在什么情况下需要使用事务。

思考与练习

1. 什么是事务？
2. 事务的 4 个属性是什么？给出对每个属性的解释。
3. 什么情况下需要使用事务？
4. 死锁的主要原因是什么？发生死锁时，数据库引擎是如何处理的？
5. 如何尽量避免死锁？

实训

本实训使用 Sale 数据库。

1. 一般情况下，只有当产品有足够的库存量时才允许销售该产品。创建一个事务，实现当向 ProOut（销售）表添加新数据行时，如果 Stocks（库存数）大于 Quantity（销售数量），则允许销售，否则拒绝销售。

2. 不用触发器，用事务的方式实现：当产品入库和销售时能保证库存数量的准确性。谈谈使用触发器实现和使用事务实现的理解。

单元 15 SQL Server 安全管理

学习目标

【知识目标】

■ 熟练掌握连接或断开数据库引擎的方法。

■ 熟练掌握启动或停止数据库引擎服务的方法。

■ 理解登录名、用户、角色、架构和权限的概念。

【技能目标】

■ 会连接或断开数据库引擎。

■ 会启动或停止数据库引擎服务。

■ 会根据需要创建登录名、用户、架构并进行授权。

单元设计
教学课件 PPT
实训（验）项目单
实训参考答案
示例数据库
例题源代码

任务陈述

小李提出了很多问题，例如，如何连接或断开 SQL Server 的数据库引擎；如何启动或停止数据库引擎服务；如何使“00 多媒体”班级的班主任老师可以查看自己班级学生选报选修课程的情况；如何使小赵、小王都是学生选课数据库 Xk 的 dbo；如何使小林同学可以在学生选数据库中创建表、执行已创建的存储过程等。

任务 15.1 连接或断开数据库引擎

必须连接到数据库引擎后，才能使用 SSMS 来管理数据库服务器。

【问题 15.1】使用 SSMS 连接数据库引擎。

具体操作步骤如下：

① 在“对象资源管理器”窗口中单击工具栏上的 连接(O)▾ 按钮，在下拉菜单中选择“数据库引擎”命令，如图 15–1 所示。

图 15–1 连接数据库引擎

② 打开“连接到服务器”对话框，如图 15–2 所示。

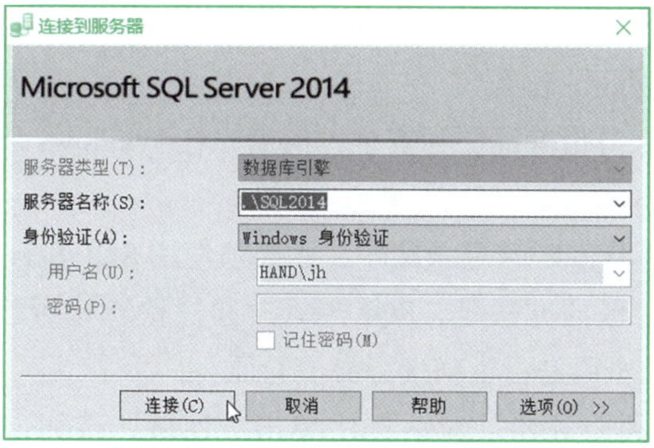

图 15–2　“连接到服务器”对话框

③ 在“服务器名称”组合框中输入或选择 SQL Server 服务器名。如果是本地计算机，可输入“(local)”或“.”，假定服务器名为“HAND”，IP 地址为“192.168.0.1”，则输入计算机名或 IP 地址均可。若安装的不是默认实例，而是命名实例，例如实例名为“AAA”，则可输入“HAND\AAA”，或“192.168.0.1\ AAA”，或“(local) \AAA”，或“.\AAA”。

这里是注册本地计算机的 SQL 2014 实例，输入“.\SQL2014”即可。

用户也可单击“连接到服务器”对话框中“服务器名称”下拉列表中的“浏览更多”选项，打开如图 15–3 所示的“查找服务器”对话框。在“选择要连接的服务器”列表框中（列表内容根据环境不同会有所不同）选择一个服务器（只能搜索到相同网段的服务器，若在不同网段，则必须手动输入），然后单击“确定”按钮返回。

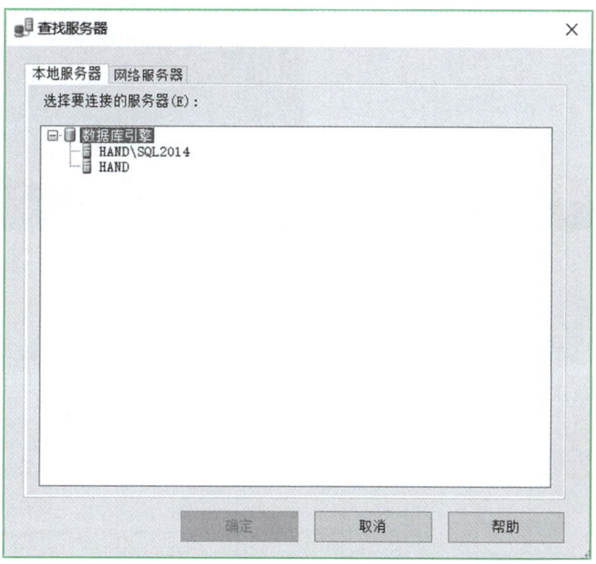

图 15–3　选择要连接的服务器

④ 在“连接到服务器”对话框中，在“身份验证”下拉列表中选择“使用 Windows 身份验证”选项。

使用 Windows 身份验证更为安全，但需先在 Windows 服务器中为使用者创建用户。

如果用户没有 Windows 登录账户，则必须使用 SQL Server 身份认证登录。SQL Server 身份验证的方法是，SQL Server 通过检查是否已设置 SQL Server 登录账户及输入的密码是否正确进行身份验证。

⑤ 在“连接到服务器”对话框中单击“连接”按钮，注册完成后可在“对象资源管理器”窗口中可以找到该服务器。

【问题 15.2】使用 SSMS 断开数据库引擎连接。

具体操作步骤如下：

右击服务器，这里右击“.\SQL2014”，在弹出的快捷菜单中选择“断开连接”命令即可，如图 15-4 所示。

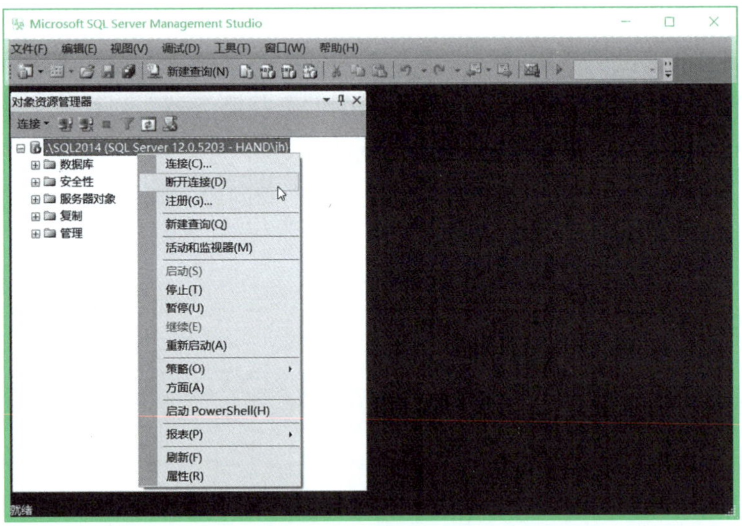

图 15-4　断开与数据库引擎的连接

【注意】断开连接只是断开 SSMS 与数据库引擎的连接，数据库引擎依然处于运行状态。

任务 15.2　启动或停止数据库引擎服务

【问题 15.3】使用 SSMS 停止数据库引擎服务。

具体操作步骤如下：

① 右击服务器，这里右击“.\SQL2014”，在弹出的快捷菜单中选择“停止”命令。

如果数据库引擎处于启动状态，则“停止”命令可用，而“启动”选项不可用。

如果数据库引擎停止服务，则不再能连接到数据库引擎并进行任何操作。

② 在弹出的停止数据库引擎服务提示框中单击“是”按钮，停止数据库引擎服务。

【问题 15.4】使用 SSMS 启动数据库引擎服务。

具体操作步骤如下：

① 右击服务器，这里右击“.\SQL2014”，在弹出的快捷菜单中选择“启动”命令。

② 在启动数据库引擎服务提示框中单击“是”按钮，启动数据库引擎服务。

当数据库引擎处于停止状态时，“启动”命令可用，而“停止”命令不可用。

任务 15.3 登录账号、用户及权限管理

在使用 SQL Server 身份认证登录时，必须要具有合法的登录名，才能与 SQL Server 服务器建立连接并获得对 SQL Server 的访问权限。

知识学习

创建登录名并授予访问数据库权限的步骤

① 创建一个登录名（CREATE LOGIN）。

② 在数据库中新增一个用户（CREATE USER）。用户名可以与登录账号相同，也可以命名为新的名字。

③ 授予用户访问数据库的相应权限。

使用 SSMS 管理登录名、用户及权限

【问题 15.5】创建登录名 user01，密码为“001”。使登录名 user01 成为 Xk 数据库的用户。并授予用户 user01 为 Xk 数据库的 dbo（数据库所有者）的权限。

具体操作步骤如下：

① 在“对象资源管理器”窗口中展开服务器。

② 展开“安全性”选项，右击“登录名”选项，然后在弹出的快捷菜单中选择“新建登录名”选项，打开如图 15-5 所示的“登录名 - 新建”窗口。

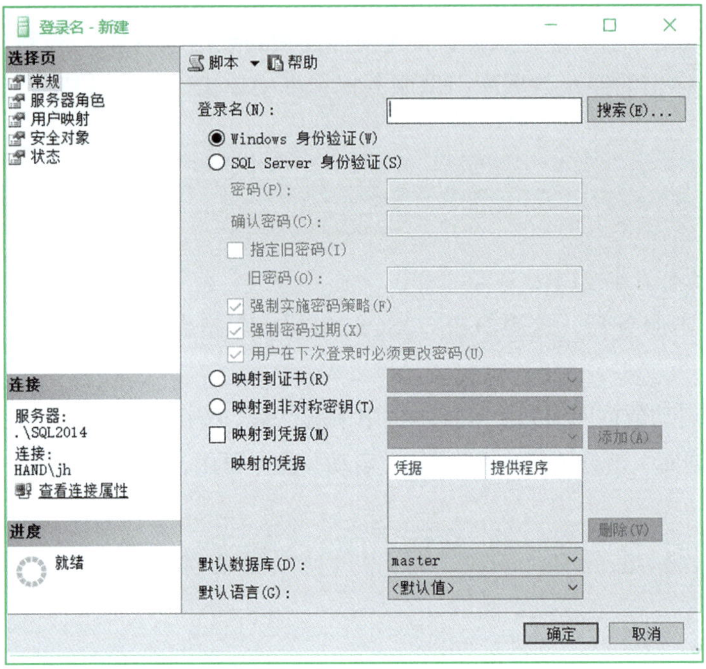

图 15-5　新建登录（SQL Server 身份认证用户）对话框

③ 选中“SQL Server 身份验证”单选按钮。

④ 在“登录名”文本框中输入 SQL Server 登录名，这里输入“user01”。

⑤ 在“密码”文本框中输入密码，这里输入“001”。

⑥ 在“确认密码”文本框中输入确认密码，这里输入“001”。

⑦ 取消“强制实施密码策略”复选框的选中状态。

实施密码复杂性策略时，SQL Server 可以使用 Windows 密码策略机制。Windows 的复杂性策略和过期策略将应用于 SQL Server 内部使用的密码。

⑧“默认数据库”选项和“默认语言”选项使用系统提供的默认值。

⑨ 输入结果如图 15-6 所示。

⑩ 在左侧的“选择页”选项组中选择“用户映射”选项，然后在右侧窗口“映射到此登录名的用户”中选中“Xk”复选框，在“数据库角色成员身份”中选中“db_owner”和“public”复选框，如图 15-7 所示。这样，user01 就作为了 Xk 的 dbo，他拥有 Xk 数据库的所有操作权限和 public 所拥有的权限。

如果只希望授予user01访问Xk数据库的指定权限，则不要选中“db_owner”复选框，只选中“public”复选框即可。

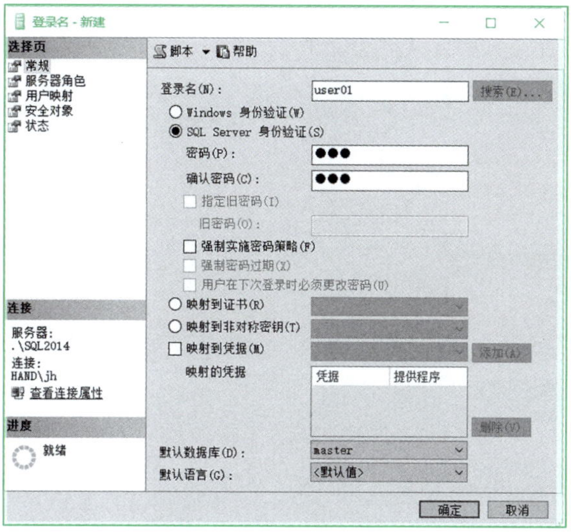

图 15-6　登录名对话框

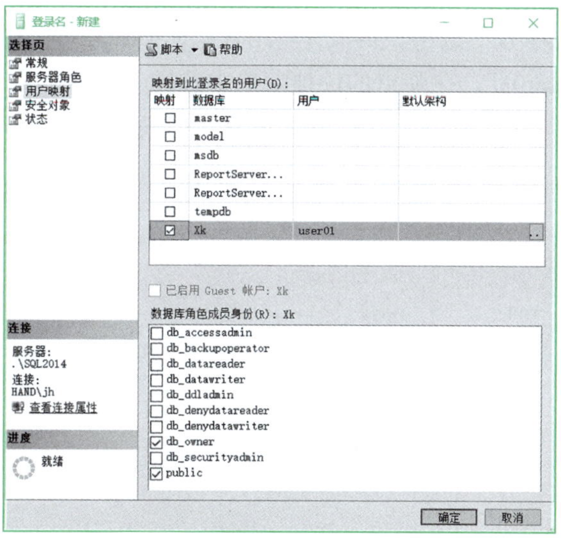

图 15-7　“登录名 - 新建”对话框

⑪ 在左上角的“选择页”选项组中选择“状态”选项，如图15-8所示。将“是否允许连接到数据库引擎”设置为“授予”，“登录”设置为“已启用”。

⑫ 单击“确定”按钮完成操作。

【问题 15.6】撤销登录名 user01 在 Xk 数据库中用户 user01 的 db_owner 权限，并只授予其对 Course 表的 Select 权限。

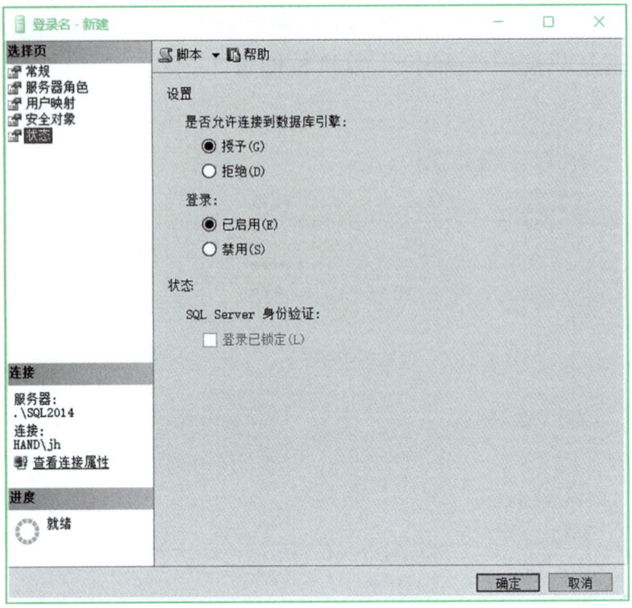

图 15-8　用户状态对话框

① 在“对象资源管理器”窗口中展开 Xk 数据库。

② 展开“安全性”选项，再展开“用户”选项。

③ 右击“user01”，在弹出的快捷菜单中选择“属性”命令。打开的窗口如图 15-9 所示，在“数据库角色成员身份”列表框中取消选中“db_owner”复选框。

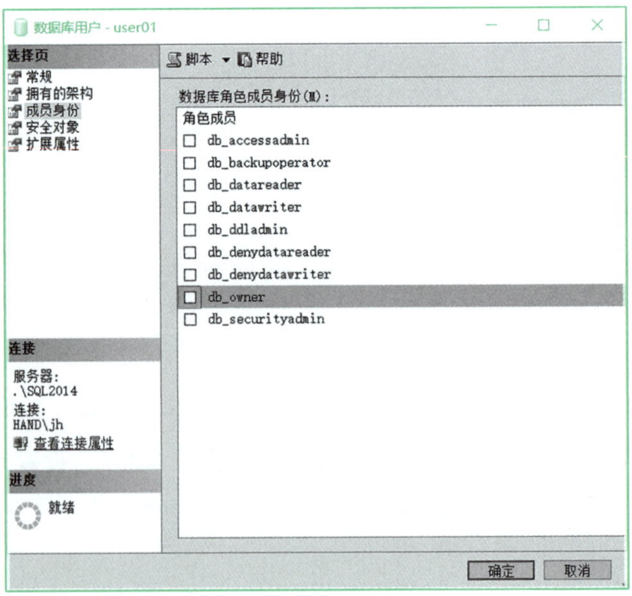

图 15-9　数据库权限设定

④ 在左边的“选择页”选项组中选择“安全对象”选项，如图 15-10 所示。

图 15-10　数据库权限设定

⑤ 单击“搜索”按钮，打开如图 15-11 所示对话框。

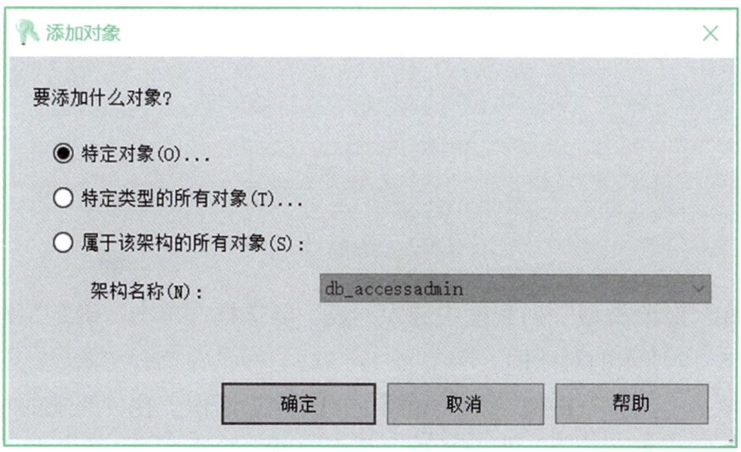

图 15-11　添加对象

⑥ 选中“特定对象”单选按钮，单击“确定”按钮，打开如图 15-12 所示的对话框。

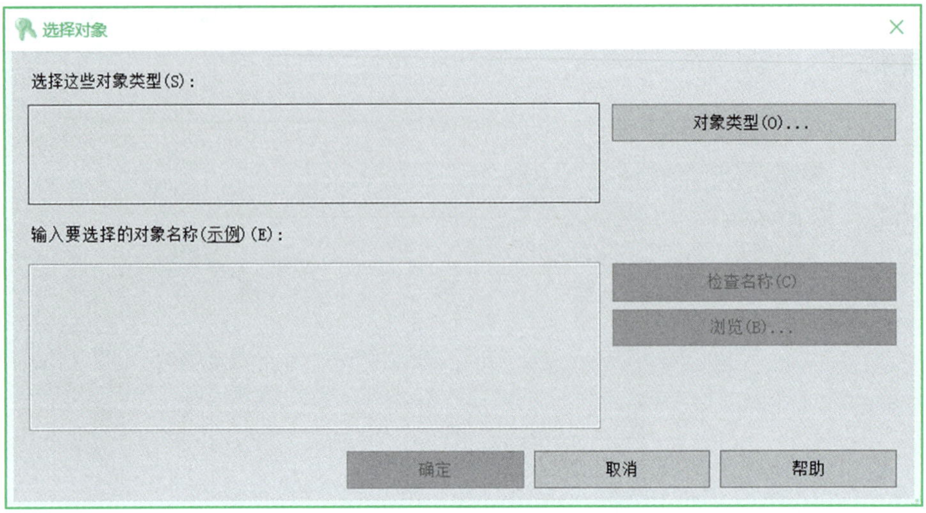

图 15-12　选择对象

⑦ 单击“对象类型”按钮，打开如图 15-13 所示的对话框。

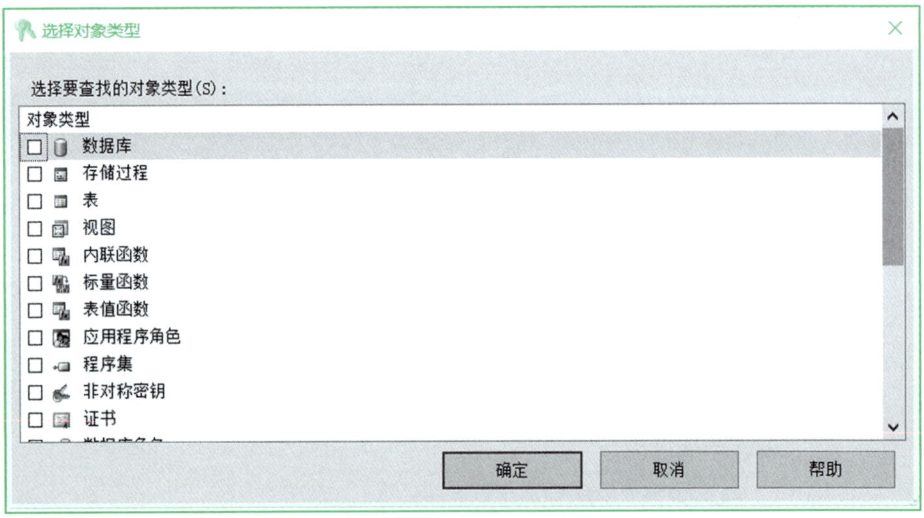

图 15-13　选择对象类型

⑧ 在“对象类型”列表框中选中“表”复选框，单击“确定”按钮，打开如图 15-14 所示的对话框。

⑨ 单击“浏览”按钮，打开如图 15-15 的对话框。在“匹配的对象”列表框中选中“[dbo].[course]”复选框，单击“确定”按钮。

⑩ 单击“确定”按钮，打开如图 15-16 所示的窗口。在“dbo.Course 的权限”列表框“选择”行，选中“授予”列的复选框，则授予用户 user01 可以对 Course 表进行 SELECT 操作的权限。

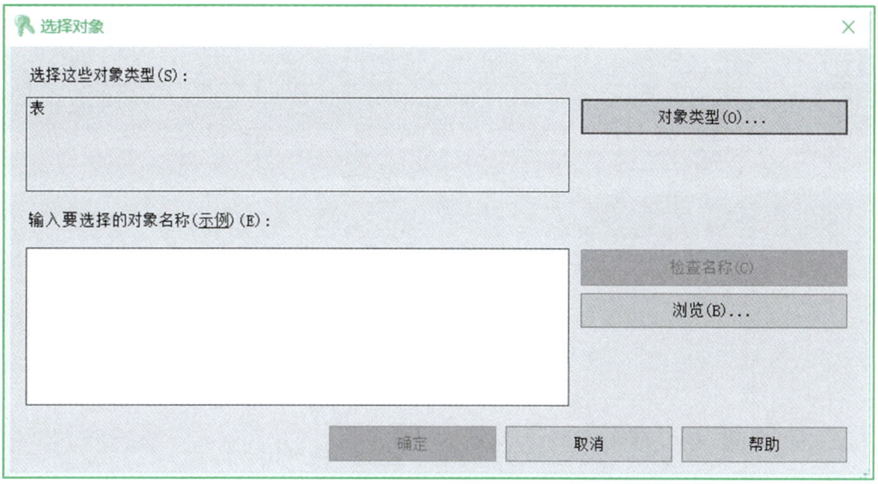

图 15-14　已选择对象类型

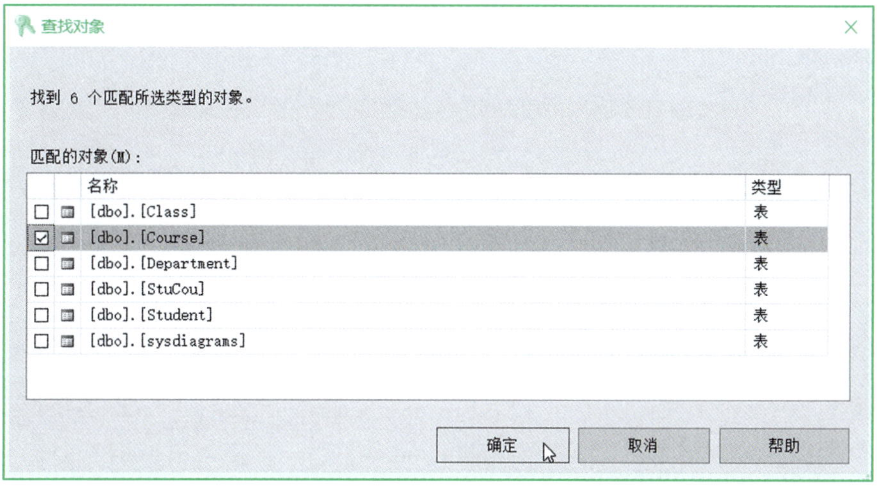

图 15-15　查找对象

如果选中“具有授予”列的复选框，则授予用户 user01 可以对 Course 表进行 SELECT 操作的权限，同时 user01 还具有授予此权限给他人的权限。

如果选中“拒绝”列的复选框，则收回用户 user01 可以对 Course 表进行 SELECT 操作的权限。

⑪ 如果还想限制只能对表 Course 的 CouName、具有 SELECT 权限，可单击“列权限”按钮，打开如图 15-17 所示的对话框，选中“列名”下拉表中的“CouName”和“CouNo”复选框，单击“确定”按钮。

⑫ 单击“确定”完成操作。

【问题 15.7】删除 SQL Server 身份验证的登录名 user01。

图 15-16 授予权限

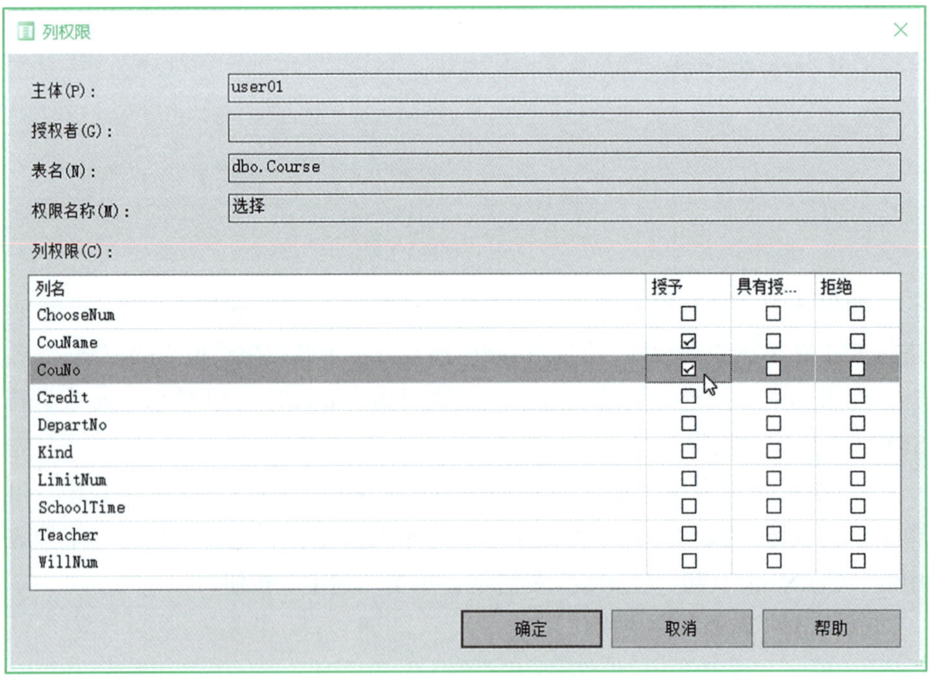

图 15-17 列权限设定

具体操作步骤如下：

① 在“对象资源管理器”窗口中展开服务器。

② 展开“安全性”选项，再展开“登录名”选项。

③ 右击要删除的登录名，此时选择“user01”，在弹出的快捷菜单中选择“删除”命令。

④ 在弹出的对话框中单击“确定”按钮。

⑤ 弹出如图 15-18 所示的对话框，单击“确定”按钮，完成删除。

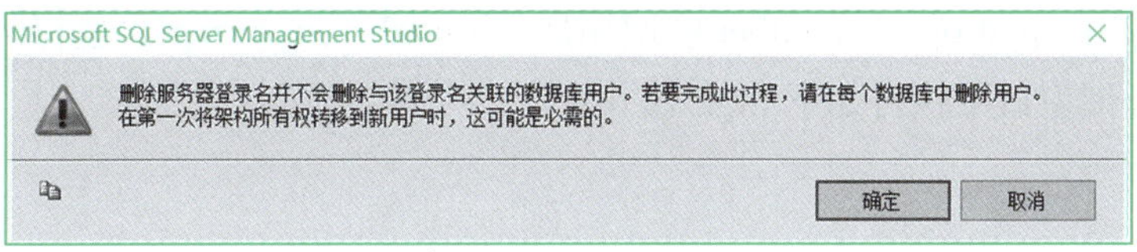

图 15-18　删除登录名确认

删除登录名 user01 后，用户 user01 映射的登录名将不存在，也就不具备任何实质的权限了。

在未删除用户的情况下删除登录名是允许的，当然，也可以在删除登录名之前在各数据库中删除该登录名映射的所有用户。

使用 T-SQL 语句管理登录名、用户及权限

【问题 15.8】创建名为“user02”、密码为“002”的 SQL Server 身份验证的登录名，将 user02 指定为 Xk 数据库的所有者（dbo）。并授予 user02 具有创建表、查看 Student 表、对 StuCou 表进行录入、修改或删除的权限。

具体操作步骤如下：

① 使用 CREATE LOGIN 创建登录名。在查询窗口中执行如下 SQL 语句：

```
USE master
GO
CREATE LOGIN user02 WITH PASSWORD = '002'
```

② 在 Xk 数据库中创建名为“user02”的用户。它表明以登录名“user02”连接到数据库引擎后，将具有其映射的用户“user02”所具有的权限。

在查询窗口中执行如下 SQL 语句：

```
USE Xk
GO
CREATE USER user02
GO
```

③ 使用 sp_addrolemember 授予用户“user02”具备 db_owner 角色权限。

在查询窗口中执行如下 SQL 语句：

```
USE Xk
GO
sp_addrolemember db_owner,user02
GO
```

此时可使用登录名 user02 连接到数据库引擎，它拥有 Xk 数据库的 dbo 角色权限。

④ 使用 sp_droprolemember 收回用户“user02”db_owner 角色权限。

在查询窗口中执行如下 SQL 语句：

```
USE Xk
GO
sp_droprolemember db_owner,user02
GO
```

此时仅可使用登录名 user02 连接到数据库引擎，对 Xk 数据库并无任何实质权限。

⑤ 授予 user02 创建表的权限。在查询窗口中执行如下 SQL 语句：

```
USE Xk
GO
GRANT CREATE TABLE TO user02
GO
```

此时可使用登录名 user02 连接到数据库引擎，拥有在 Xk 数据库中创建表的权限。

⑥ 授予 user02 其他权限，在查询窗口中执行如下 SQL 语句：

```
USE Xk
GO
GRANT SELECT ON Student TO user02
GO
GRANT INSERT, UPDATE, DELETE ON StuCou TO user02
GO
```

此时，可使用登录名 user02 连接到数据库引擎，user02 已拥有对 Xk 数据库的 Student 表进行 SELECT 操作，对 StuCou 表进行 INSERT、UPDATE、DELETE 操作的权限。

⑦ 测试。

测试过程和结果如下：

- 如图 15-19 所示，使用登录名 user02 连接数据库引擎。
- 在该连接下新建一查询窗口，在查询窗口中执行如下 SQL 语句：

```
USE Xk
GO
SELECT * FROM Student
GO
```

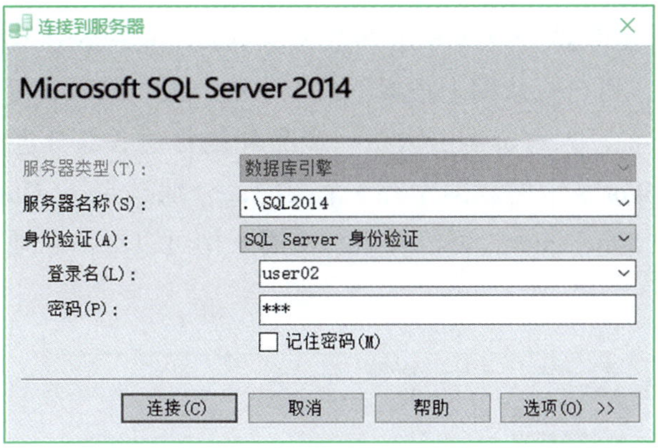

图 15-19　使用 user02 连接到数据库引擎

执行结果正常，因为 user02 具有 SELECT Student 表的权限。

- 在查询窗口中执行如下 SQL 语句：

```
USE Xk
GO
SELECT * FROM Course
GO
```

执行结果显示 user02 没有 SELECT Course 表的权限。

【注意】测试完毕后，重新使用具备管理员身份权限的登录名连接到数据库引擎。

【问题 15.9】收回已授予用户 user02 的 CREATE TABLE 权限。

在查询窗口中执行如下 SQL 语句：

```
USE Xk
GO
REVOKE CREATE TABLE FROM user02
```

【问题 15.10】使用 DROP LOGIN 删除登录名“user02”。

在查询窗口中执行如下 SQL 语句：

```
USE Xk
GO
DROP USER user02 -先删除该登录名映射的用户
DROP LOGIN user02
```

任务 15.4　架构

可以将架构（Schema）想象成一个组织对象的容器，如图 15-20 所示，在“对象资源管理器”中展开示例数据库 AdventureWorks（如果没有安装该示例数据库，可自行从网上搜索下载）中的“表”选项，可以看到表是按照数据库所有者、人力资源、人员、产品和销售这 5 部分进行划分和组织的。AdventureWorks 示例数据库有 5 个架构，分别是 dbo、HumanResources、Person、Production、sales。可以看出，使用架构可以更清晰地描述表的一种归属关系。

图 15-20　AdventureWorks 示例数据库中表的架构关系

Xk 示例数据库的所有用户表都在 dbo 架构下，如图 15-21 所示。

图 15-21　Xk 数据库架构

使用架构可以简化表和其他的对象的权限管理，后续演练将具体说明。

每个架构都有其所有者，但是所有者和架构名是不绑定的。所以当一个用户拥有一个架构，并且这个用户必须从数据库中删除时，可以不用破坏任何代码而仅仅只需改变架构的所有者。

创建和使用架构

使用 CREATE SCHEMA 创建架构的基本语法如下：

```
CREATE SCHEMA 架构名称
```

在使用 CREATE TABLE 语句创建表时，指定该表属于某个架构的基本语法如下：

```
CREATE TABLE 架构名称 . 表名（列定义）
```

【问题 15.11】在选课数据库 Xk 中创建名称为“School”的架构；然后在基于该架构创建新表。

① 在 Xk 数据库中创建 School 架构。在查询窗口中执行如下 SQL 语句：

```
USE Xk
GO
CREATE SCHEMA School
```

现在使用 SSMS 查看刚刚创建的架构。在“对象资源管理器”窗口中展开“Xk”数据库，再展开“安全性”选项下的“架构”选项，如图 15-22 所

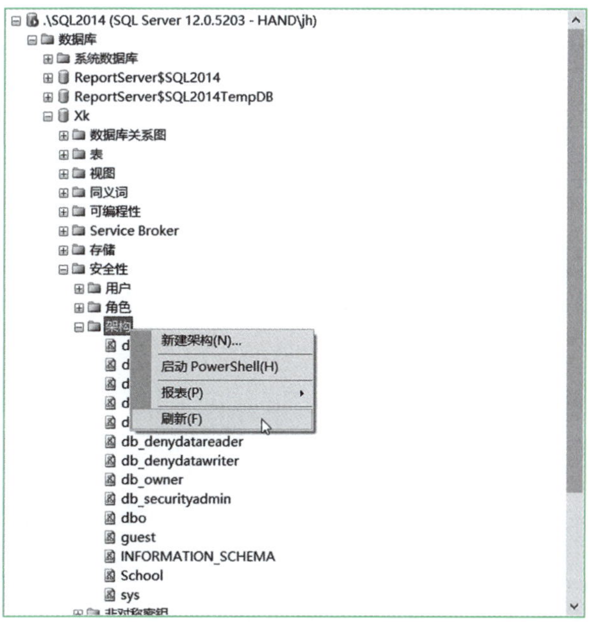

图 15-22　查看架构

示，可以看到刚刚创建的架构 School（如果没有看到，可右击“架构”选项，在弹出的快捷菜单中选择“刷新”命令后再查看）。

② 在 Xk 数据库的 School 架构下创建 Teachers 表。在查询窗口中执行如下 SQL 语句：

```
CREATE TABLE School.Teachers
(
    TeaName nvarchar(8)
    ,Sex nvarchar(1)
    ,Age int
)
```

③ 不指定架构在 Xk 数据库中创建 Students 表。在查询窗口中执行如下 SQL 语句：

```
CREATE TABLE Students
(
    StuName nvarchar(8),
    Sex nvarchar(1)
)
```

现在查看和比较前两个创建表语句的结果。在“对象资源管理器”窗口中展开“Xk”数据库，再展开“表”选项，如图 15-23 所示。可以看到在 School 架构下创建的 Teachers 表，显示名称为“School.Teachers”；在默认 dbo 架构下创建的 Students 表，显示名称为“dbo.Students”（如果没有看到，可右击“表”，在弹出的快捷菜单中选择“刷新”命令后再查看）。

不同架构下的数据库对象名可以相同。

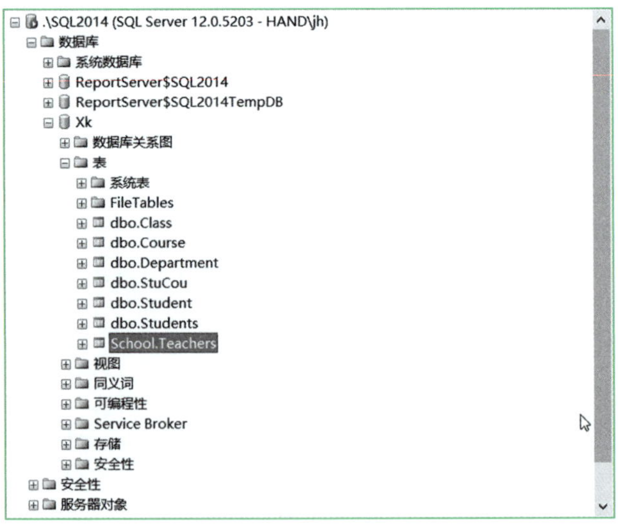

图 15-23　查看表

在创建数据库对象时如果不指定对象所在的架构名称，默认为 dbo 架构。在查找数据库对象时如果不指定架构，也将在默认架构下进行查找。

【问题 15.12】架构的使用。

SELECT 时在数据库对象名前指定架构名称。在查询窗口中执行如下 SQL 语句：

```
SELECT * FROM dbo.Students
```

如果不指定架构，因为默认架构为 dbo，所以 SELECT * FROM Students 相当于执行 SELECT * FROM dbo.Students。

SELECT 时在数据库对象名前指定架构名称 School。在查询窗口中执行如下 SQL 语句：

```
SELECT * FROM School.Teachers
GO
```

在查询窗口中执行 SQL 语句：SELECT * FROM Teachers

因没有指定架构，此时默认架构为 dbo，相当于执行 SELECT * FROM dbo.Teachers，所以执行失败。

基于架构的安全演练

【问题 15.13】综合演练。基于架构授权、更改用户默认架构、更改表所属架构、删除架构。

① 在 master 数据库中创建登录名 Student02，在 Xk 数据库下创建用户 Student02，用于后续测试。在查询窗口中执行如下语句：

```
CREATE LOGIN Student02 WITH PASSWORD='222'
USE Xk
CREATE USER Student02 FOR LOGIN Student02
```

② 授予 Student02 用户查询 School 架构中数据库对象的权限。在查询窗口中执行如下语句：

```
GRANT SELECT ON SCHEMA::School TO Student02
GO
-- 在当前查询窗口切换为 Student02 用户
SETUSER 'Student02'
-- 可以查询 School 架构下的 Teachers 表，如果 School 架构还有其他对象，也可以
查询
SELECT * FROM School.Teachers
GO
```

③ 更改用户 Student02 默认架构为 School。在查询窗口中执行如下语句。

```
-- 首先切换回系统管理员账户
SETUSER
-- 指定 Student02 用户默认架构为 School
ALTER USER Student02 WITH DEFAULT_SCHEMA=School
GO
-- 切换 Student02
SETUSER 'Student02'
-- 此时不需要指定 School 也可以成功执行查询
SELECT * FROM Teachers
GO
```

④ 修改对象的架构。将 Students 表的架构由 dbo 修改为 School。

首先切换用户为系统管理员，在查询窗口中执行如下语句。

```
SETUSER
GO
-- 将 Students 表的架构由 dbo 修改为 School
ALTER SCHEMA School TRANSFER dbo.Students
GO
-- 切换用户为 Student02
SETUSER 'Student02'
-- 由于 Students 的架构由 dbo 变为了 School，所以 Student02 就可以查询
Students 了
SELECT * FROM Students
GO
```

⑤ 删除架构 School。当架构 School 下还有数据库对象时不能删除该架构，在查询窗口中执行如下语句将会出错。

```
SETUSER
GO
DROP SCHEMA School
-- 执行出错：无法对 'School' 执行 drop schema，因为对象 'Students' 正引用它
```

⑥ 删除架构 School，首先移除架构下的数据库对象，再删除架构。在查询窗口中执行如下语句。

```
-- 将 School 架构下的对象转移到 dbo 架构
ALTER SCHEMA dbo TRANSFER School.Students
ALTER SCHEMA dbo TRANSFER School.Teachers
--School 架构下已无对象，可正常删除架构 School
DROP SCHEMA School
```

⑦ 删除 Student02 用户和登录名 Student02。

注意，建议先删除用户，再删除登录名，在查询窗口中执行如下语句。

```
--- 删除用户
DROP USER Student02
--- 删除登录名
DROP LOGIN Student02
```

单元小结

在本单元：

- 掌握如何连接、断开数据库引擎。
- 掌握如何启动、停止数据库引擎服务。
- 掌握 Windows 用户身份认证和 SQL Server 用户身份认证。
- 掌握使用 T-SQL 语句管理登录名、用户、架构，并掌握如何授予相应的角色权限和架构权限。

思考与练习

1. 谈谈自己对登录、用户、角色和架构关系的理解。
2. 简述授予一个用户可以查看某个表的具体步骤。

实训

本实训使用 Sale 数据库。

1. 创建一个登录名，名为 Jack。

2. 在 Sale 数据库中创建用户并映射到登录名 Jack，该用户没有操作该数据库的其他任何权限。

3. 授予用户 Jack 权限，使其对 Customer 表可以进行 SELECT 和 INSERT 操作。

4. 测试 Jack 的权限。写出测试过程并验证测试结果。

5. 授予用户 Jack 角色权限，使其拥有 Sale 数据库的 dbo 权限。

单元 16 数据库的日常管理与维护

学习目标

【知识目标】

- 掌握将数据库进行联机或脱机的方法。
- 掌握备份与还原数据库的方法。
- 掌握数据导入和导出的方法。

【技能目标】

- 会将数据库进行联机或脱机。
- 会根据需要备份或还原数据库。
- 会将数据库中的数据进行导入或导出。

单元设计
教学课件 PPT
实训（验）项目单
实训参考答案
示例数据库
例题源代码

任务陈述

小李作为选课数据库 Xk 的所有者，非常关心该数据库的安全，需要经常备份数据库，并在需要的时候进行还原；在开发阶段，他不但需要将 Xk 数据库保存在单位办公电脑上，而且还需要保存在家里的电脑上以便能继续工作；在系统上线初期，他还需要将 SQL Server 中学生选课数据导出到 Excel 表中或将 Excel 表中的数据导入到 SQL Server 中的学生选课数据库中。

任务 16.1 脱机后复制数据库文件

数据库处于联机状态时是不能复制数据库文件的，此时需先使数据库脱机，使其处于离线状态，在完成复制数据库文件的操作后，再使数据库处于联机状态。

数据库处于离线状态时，数据库将不可用。

采用脱机 / 联机操作可方便的复制数据库文件，比分离 / 附加操作更加简单、方便。

例如，系统已正式投入使用，且允许短暂脱机。那么可在工作地点让数据库短暂脱机，然后复制数据库文件即可达到备份目的，复制完后再联机数据库。

【问题 16.1】复制处于联机状态的 Xk 数据库的文件。

具体操作步骤如下：

（1）脱机 Xk 数据库

① 在“对象资源管理器”窗口中，展开“数据库”选项，右击“Xk”，在弹出的快捷菜单中选择“任务”→“脱机”命令，如图 16–1 所示。

② 此时，弹出如图 16–2 所示的窗口，显示数据库脱机成功，单击“关闭”按钮完成操作。

③ 脱机后的 Xk 数据库图标如图 16–3 所示，并在后面带有“脱机”字样，这样方便开发人员了解数据库的状态。

（2）复制脱机后的数据库文件

（3）联机 Xk 数据库

① 在“对象资源管理器”窗口中，展开“数据库”选项，右击“Xk”，在弹出的快捷菜单中选择“任务”→“联机”命令。

② 单击“关闭”按钮完成操作。

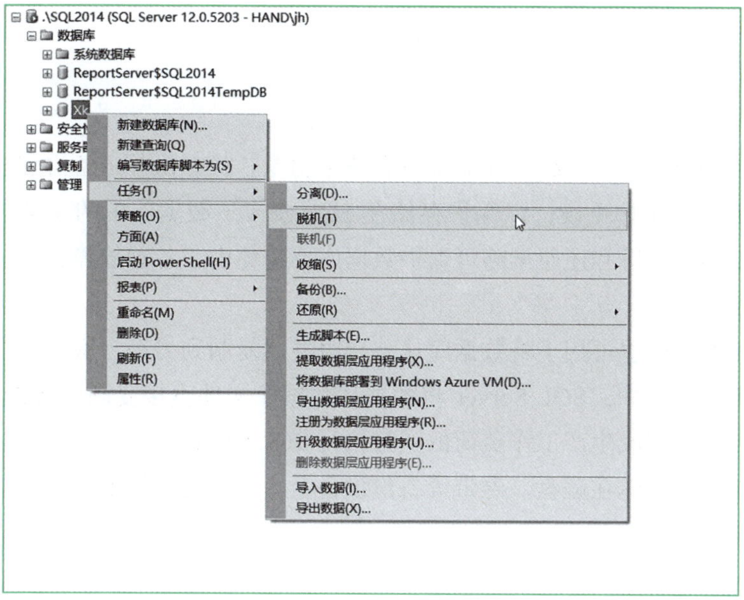

图 16–1　使 Xk 数据库脱机

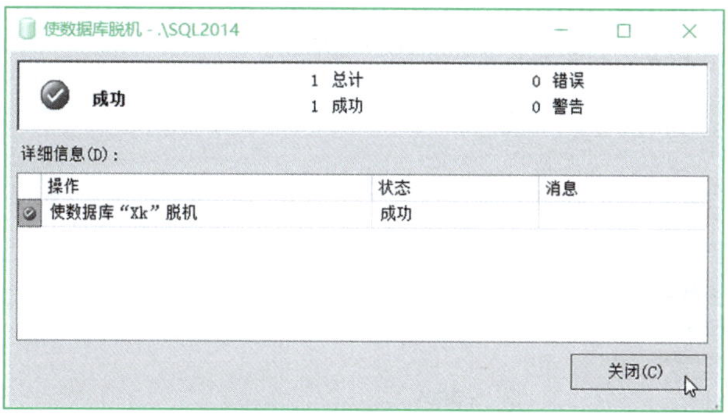

图 16–2　数据库脱机成功

图 16–3　数据库脱机标志

任务 16.2 备份与还原数据库

SQL Server 提供了高性能的备份和还原功能。SQL Server 备份和还原组件提供了重要的保护手段，以保护存储在 SQL Server 数据库中的关键数据。实施计划妥善的备份和还原策略可保护数据库，避免由于各种故障造成的损坏而丢失数据。

数据库备份也可用于将数据库从一台服务器复制到另一台服务器上。

在备份过程中，SQL Server 将数据从数据库文件直接复制到备份设备中。因此，可以在完成生产工作负荷的同时执行 SQL Server 备份。

备份可以创建在磁盘、磁带等备份设备上。这里将介绍如何备份到磁盘和从磁盘进行还原。

【问题 16.2】将 Xk 数据库进行备份。

① 在“对象资源管理器”窗口中，展开“数据库”选项，右击“Xk”，选择“任务”→“备份”命令，如图 16–4 所示。

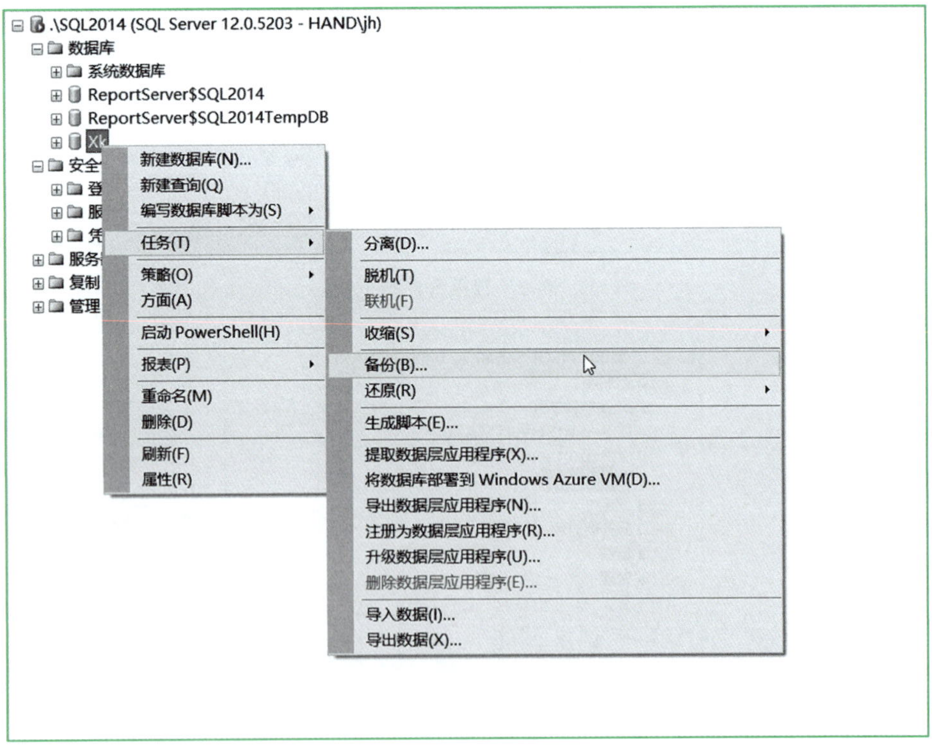

图 16–4 备份数据库

② 备份目标将保持上次备份的默认值，如果是首次备份，系统会给出默认的备份路径和文件，这里指定文件名，如图 16–5 所示，先单击“删除”按钮，然后单击“添加”按钮。

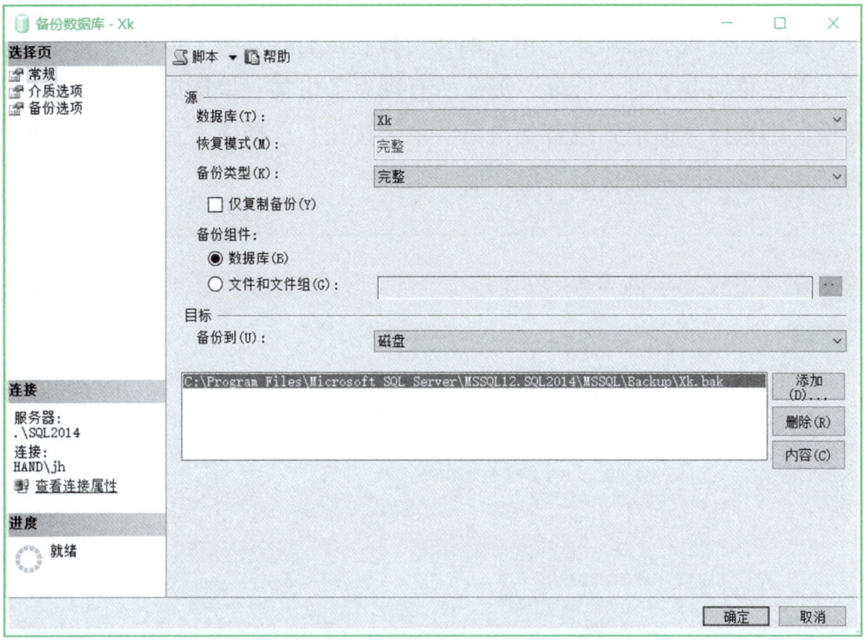

图 16–5　备份数据库

③ 在打开的“选择备份目标”对话框中选中“文件名”单选按钮，在文本框中输入备份目标的路径和文件名，这里输入“D:\Xk.bak”，单击“确定”按钮。读者可根据实际情况调整，如图 16–6 所示。

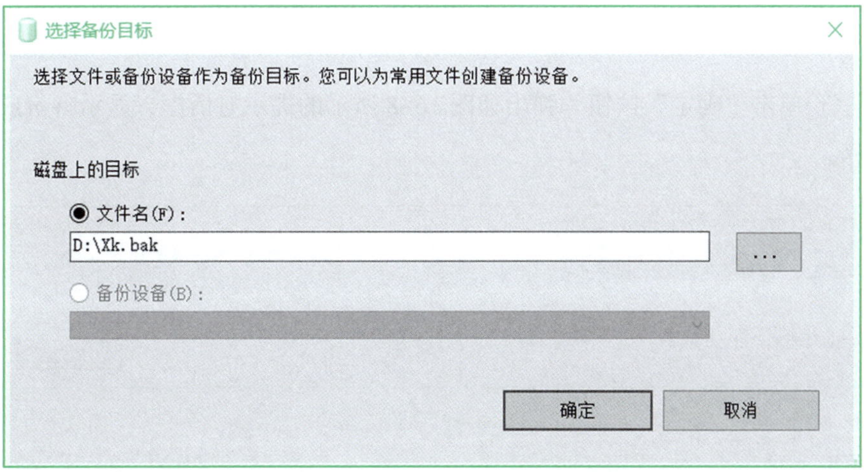

图 16–6　备份数据库

④ 在“备份数据库 –Xk”窗口中的“选择页”选项组中选择“介质选项”，如图 16–7 所示。其中的常用选项说明如下。

- 追加到现有备份集：将备份集追加到现有媒体集，并保留以前的所有备份。
- 覆盖所有现有备份集：用当前备份覆盖现有媒体集上以前的备份。

一般在移动办公时，选择“覆盖所有现有备份集”单选按钮。系统正式运作备份，则选择“追加到现有备份集”单选按钮。选择该方式要注意磁盘空间是否够用，特别是系统长时间运行后。

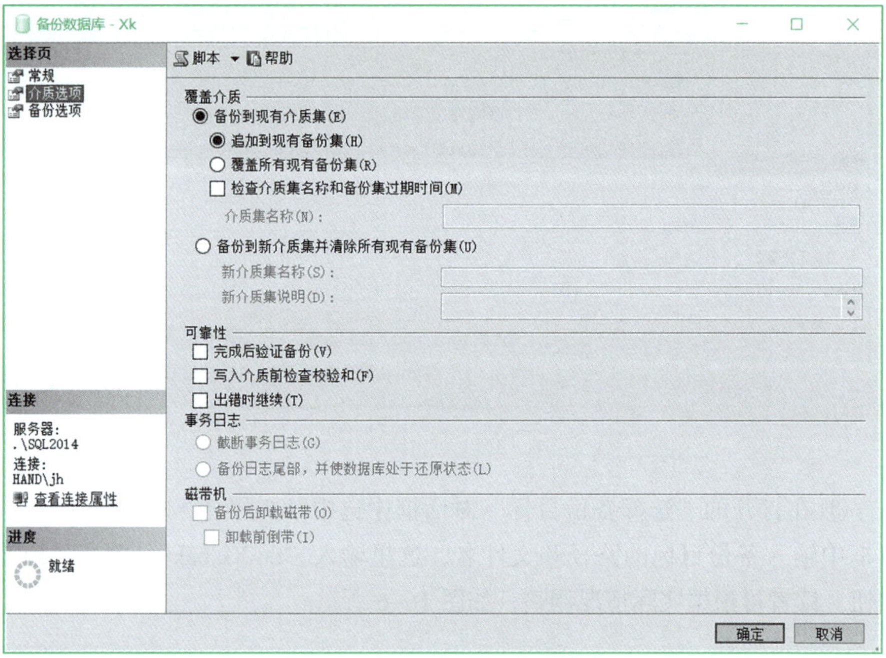

图 16–7　备份选项

⑤ 单击“确定”按钮。弹出如图 16–8 所示的提示对话框，显示备份成功完成。

图 16–8　备份完成

【问题 16.3】将备份的 Xk 数据库进行还原。

具体步骤如下：

① 为测试还原，首先删除 Xk 数据库下的 StuCou 表。

② 在“对象资源管理器”窗口中，展开“数据库”选项，右击“Xk”，在弹出的快捷菜单中选择“任务”→“还原”→“数据库”命令，如图 16–9 所示。

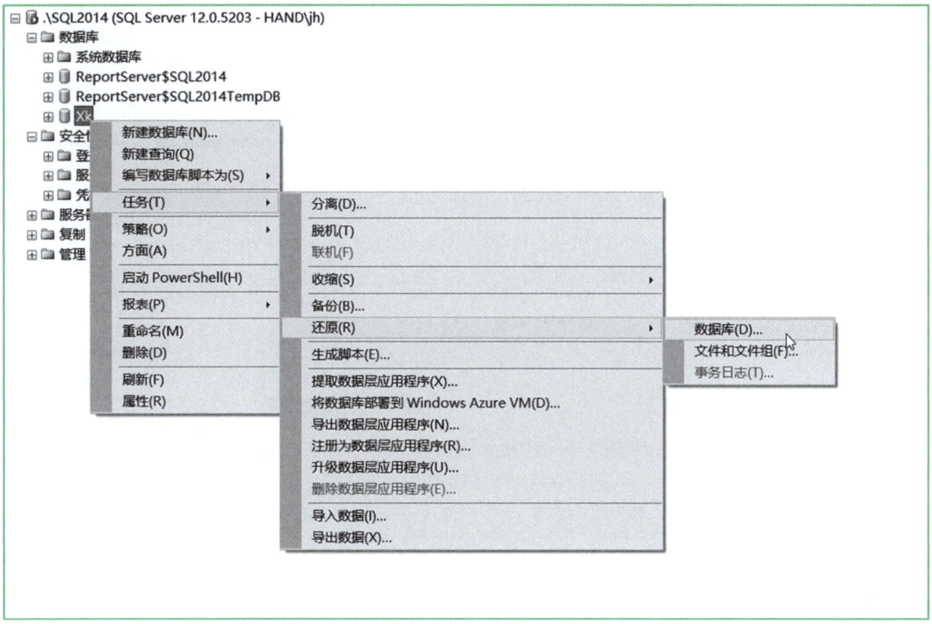

图 16–9　还原数据库

③ 此时弹出“还原数据库 –Xk”窗口。“源”列表中的“数据库”还原常用于在原备份机器还原，如图 16–10 所示。

下面分别使用两种方法进行还原：从数据库还原，或从设备还原。

从数据库进行还原。选中“源”列表中“数据库”的单选按钮，然后在“数据库”的下拉列表中选择 Xk 数据库。在“目标”的“数据库”列表中选择 Xk 作为目标数据库；然后在“还原到”文本框中给出要还原到的具体时间点。

在“还原计划”列表中，选中要还原的备份集。从列表可以看到前面只做过一次备份，此备份为完整备份。此时，选中该备份的前面的复选框。

然后选择“选项页”选项组中的“选项”，选择“覆盖现有数据库”选项，单击“确定”按钮。则完成数据库 Xk 的还原。

④ 现在从设备进行还原。“源”列表中“设备”的还原常用于在非备份机上还原。如图 16–11 所示，选中“源”列表中的“设备”单选按钮，然后单击右侧“”按钮。

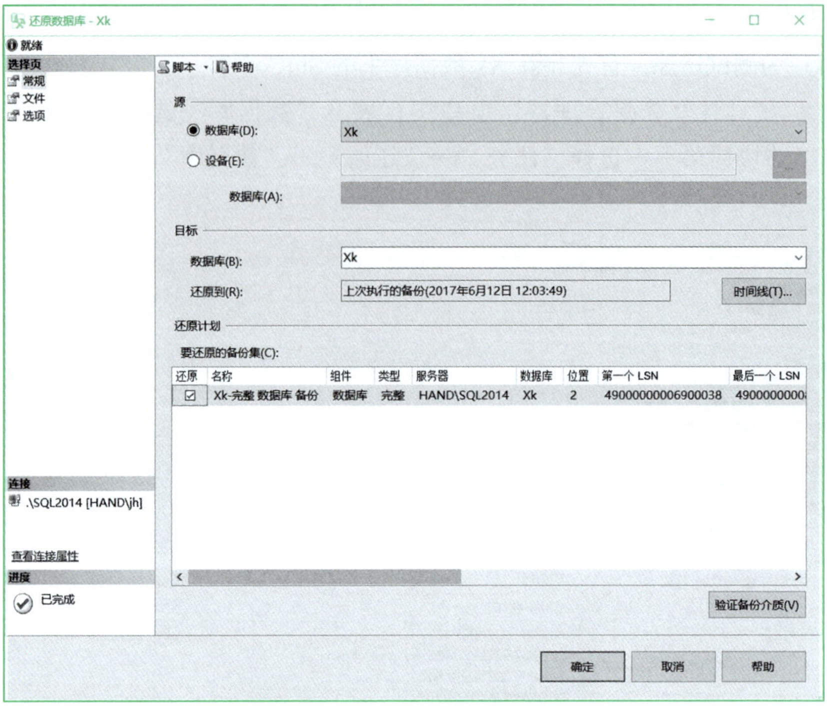

图 16–10 从源数据库还原

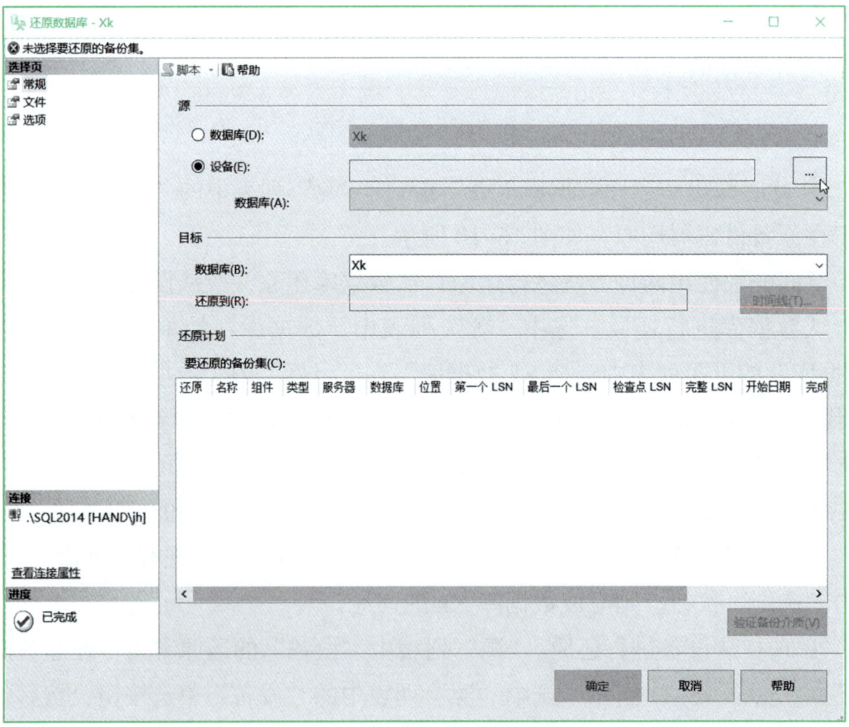

图 16–11 从源设备还原

⑤ 在弹出的如图 16–12 所示的“选择备份设备”窗口中，备份介质类型为“文件”，然后单击“添加”按钮。

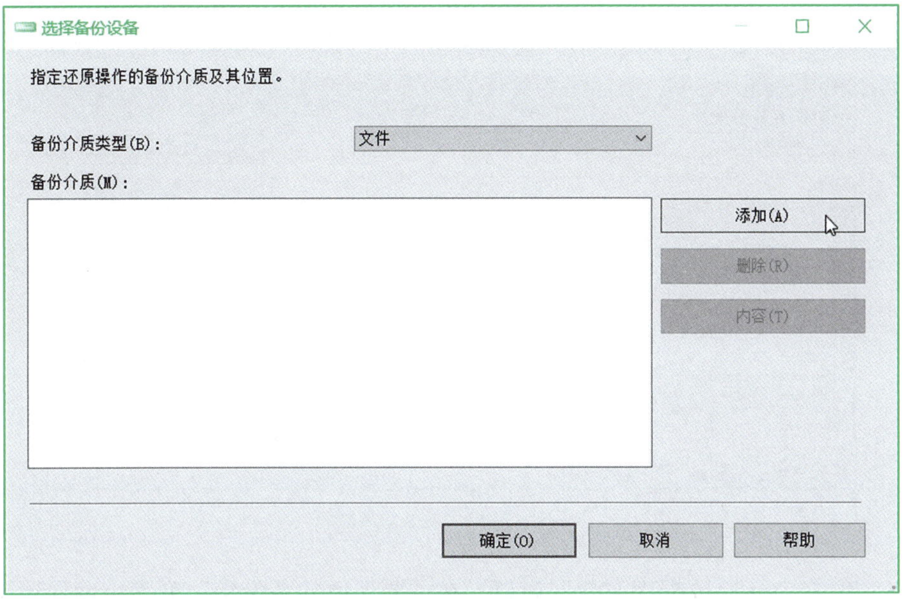

图 16–12　指定备份

⑥ 在弹出的如图 16–13 所示的窗口中，选择刚才备份的文件，这里选择 D 盘根目录下的“Xk.bak”，单击“确定”按钮。

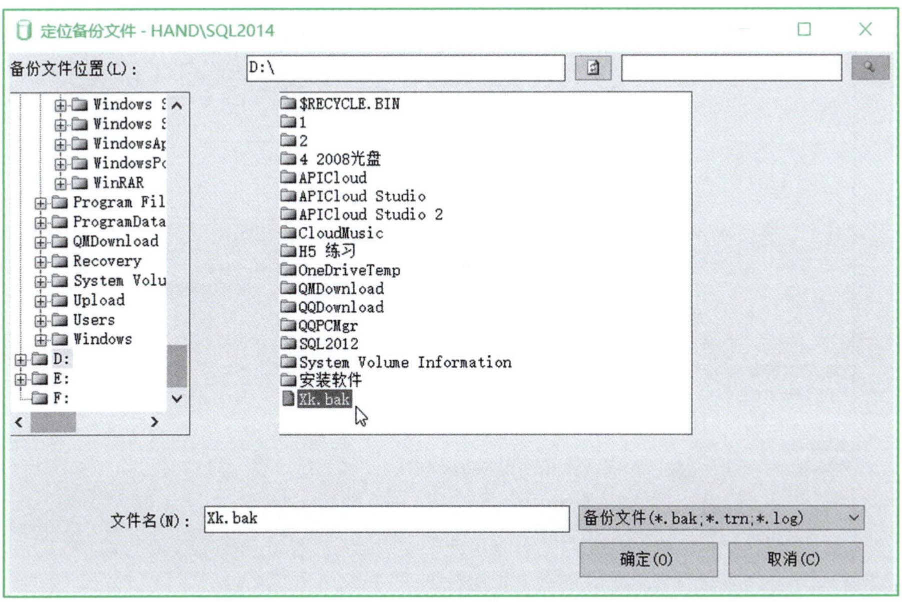

图 16–13　定位备份文件

⑦ 返回“选择备份设备”窗口，如图 16–14 所示，单击“确定”按钮。

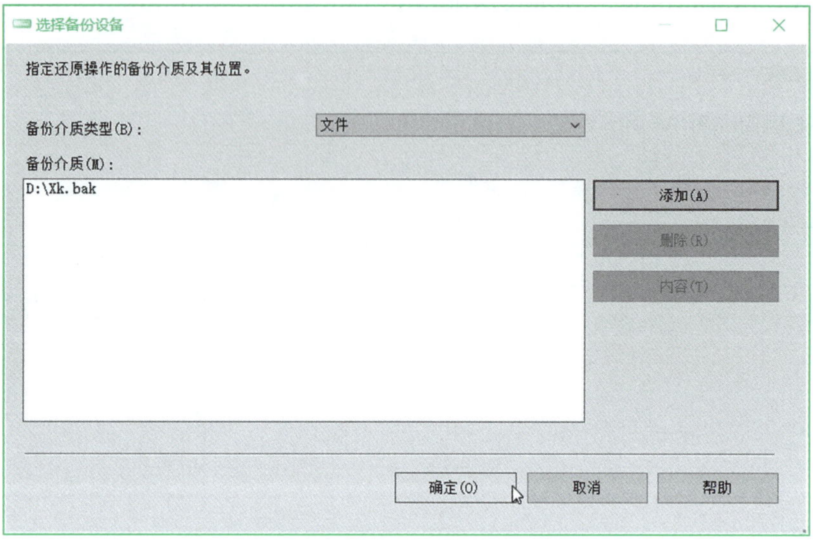

图 16–14　指定备份

⑧ 在“还原数据库 -Xk”窗口，在“要还原的备份集”列表中确保要选中一个备份集，如图 16–15 所示，然后单击“确定”按钮。

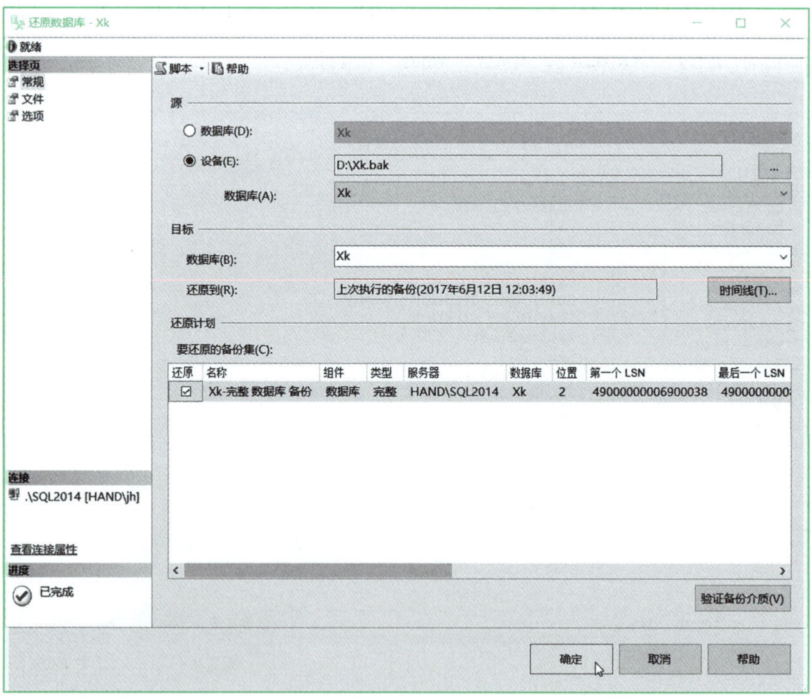

图 16–15　选择用于还原的备份集

⑨ 在弹出的如图 16-16 所示窗口中，选择“选择页”选项组中的“选项”，选中“覆盖现有数据库”复选框，单击“确定”按钮还原，再单击“确定”完成操作。

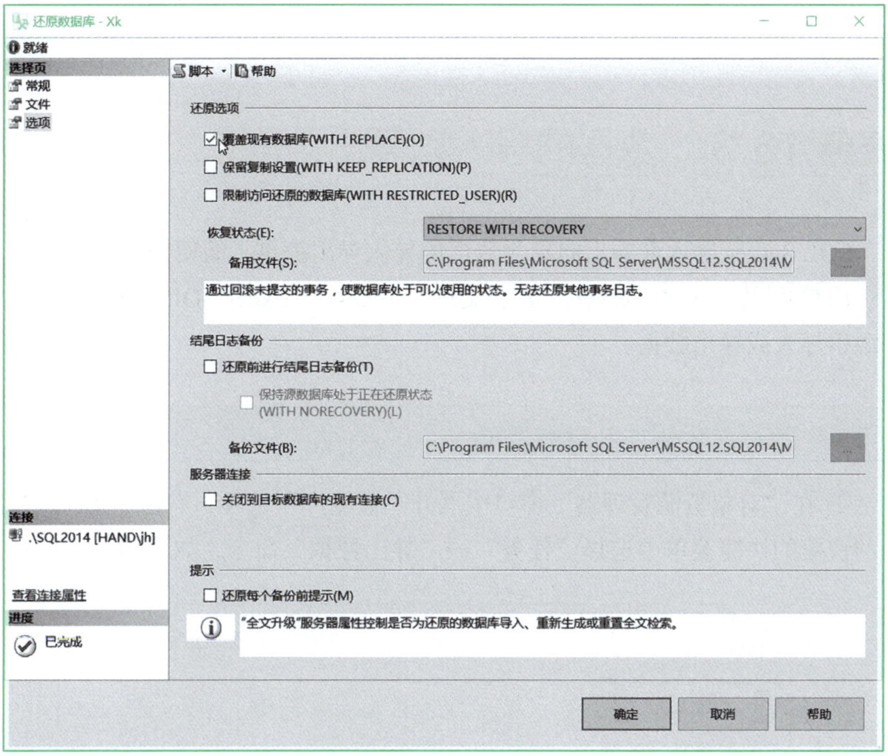

图 16-16　还原成功

⑩ 验证。此时可以看到数据库中确实有 StuCou 表，实际上，数据库已整体还原到备份时的状态。

【问题 16.4】使用 BACKUP DATABASE 创建 Xk 数据库的备份。将数据库备份到名为 Xk_Bak2 的逻辑备份设备上，物理文件名为 C:\Xk_Bak2。

在查询窗口中执行如下 SQL 语句：

```
-- 使用 sp_addumpdevice 创建数据库备份设备
USE master
GO
EXEC sp_addumpdevice 'disk', 'Xk_Bak2','C:\Xk_Bak2'
-- 使用 BACKUP DATABASE 备份数据库
BACKUP DATABASE Xk TO Xk_Bak2
```

【问题 16.5】使用 RESTORE DATABASE 语句还原【问题 16.4】所作的数据库备份。

在查询窗口中执行如下 SQL 语句：

```
USE master
GO
RESTORE DATABASE Xk FROM DISK='C:\Xk_bak2'
WITH REPLACE
GO
```

任务 16.3　数据的导入和导出

SQL Server 导入和导出向导为数据的导入导出提供了简便操作的方法。

用户可以从 SQL Server、文本文件、Access 、Excel、OLE DB 访问接口等源中导入或导出数据。

【问题 16.6】将 Xk 数据库中的表或视图导出为 Excel 文件。

① 在“对象资源管理器”窗口中展开“数据库”选项，右击“Xk”，在弹出的快捷的快捷菜单中选择“任务”→“导出数据”命令，如图 16–17 所示。

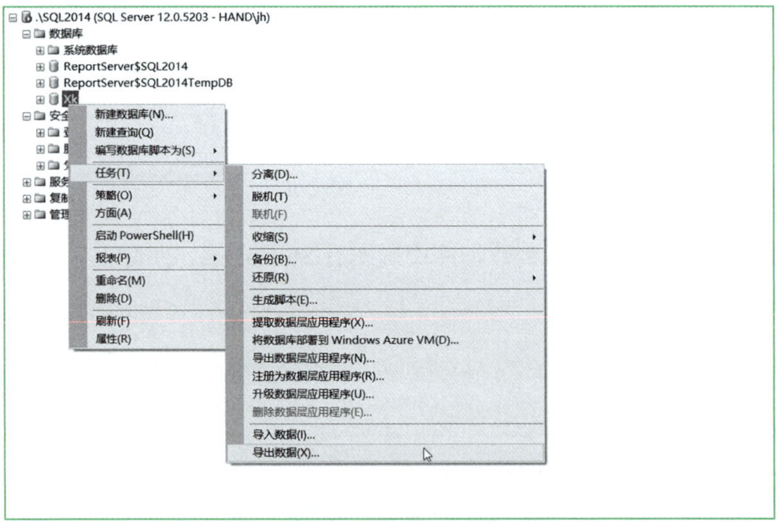

图 16–17　导出数据

② 此时，弹出“导入和导出向导”界面，如图 16–18 所示，单击“下一步”按钮。

③ 此时，弹出“选择数据源”界面，数据源选择“SQL Native Client 11.0”，如图 16–19 所示，单击“下一步”按钮。

图 16-18 导入和导出向导

图 16-19 【问题 16.6】选择数据源

这里可用的数据源包括 OLE DB 访问接口、SQL 本机客户端、ADO.NET、Excel 和平面文件源。根据源的不同，需要设置身份验证模式、服务器名称、数据库名称和文件格式等选项。

④ 此时弹出“选择目标”界面，如图 16–20 所示。在“目标”下拉列表中选择“Microsoft Excel”，Excel 文件路径设置为“C:\Xk.xls”，单击“下一步”按钮。

图 16–20　选择目标

⑤ 此时，弹出“指定表复制或查询”界面，如图 16–21 所示。选中“复制一个或多个表或视图的数据”单选按钮，单击“下一步”按钮。

⑥ 弹出的“选择源表和源视图”界面如图 16–22 所示。在“表和视图”列表中选中 Class 表和 Course 表，单击“下一步”按钮。

⑦ 此时，弹出“保存并运行包”界面，选中“立即执行”复选框，如图 16–23 所示。单击“下一步”按钮。用户还可选中“保存 SSIS 包”复选框，以方便以后执行同样的任务，这里不选择此项。

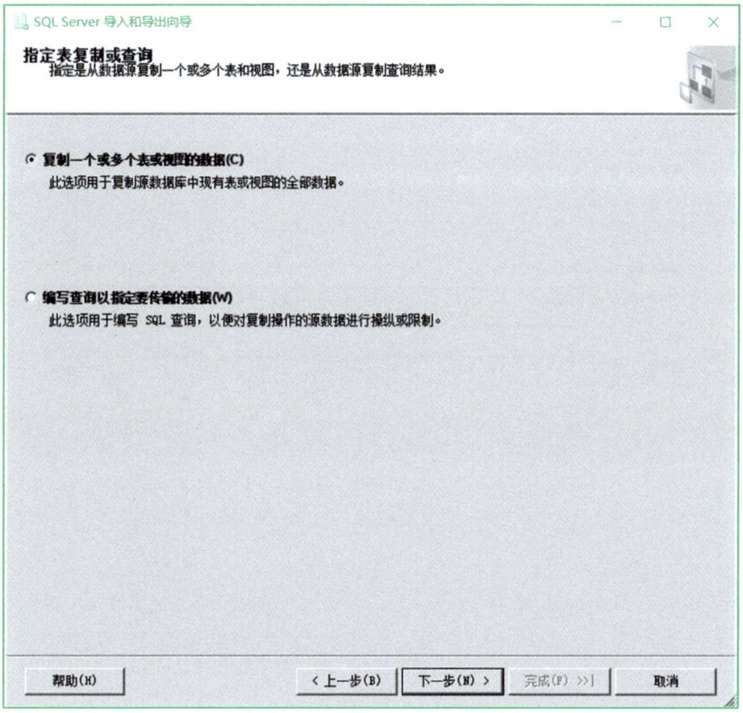

图 16–21　指定复制或查询

图 16–22　选择要复制的表和视图

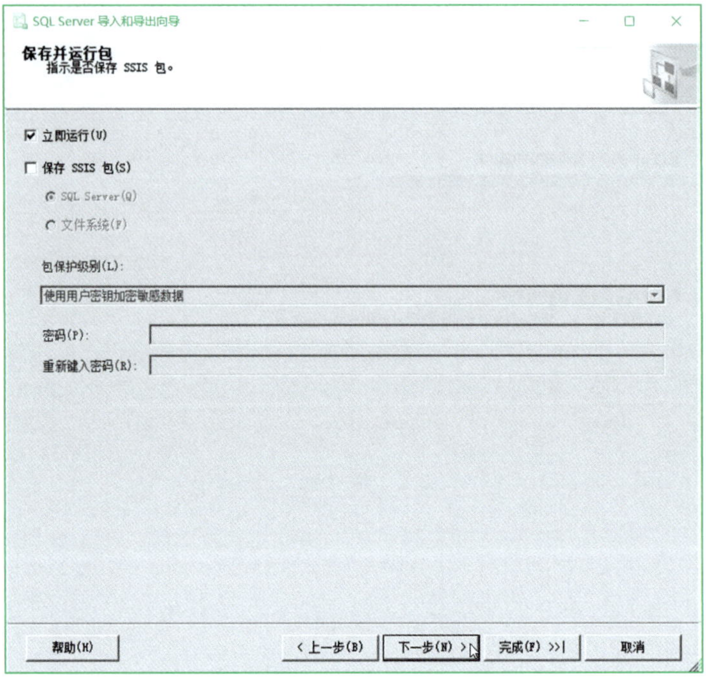

图 16–23 准备执行

⑧此时，弹出“完成该向导”界面，如图 16–24 所示，单击“完成”按钮。

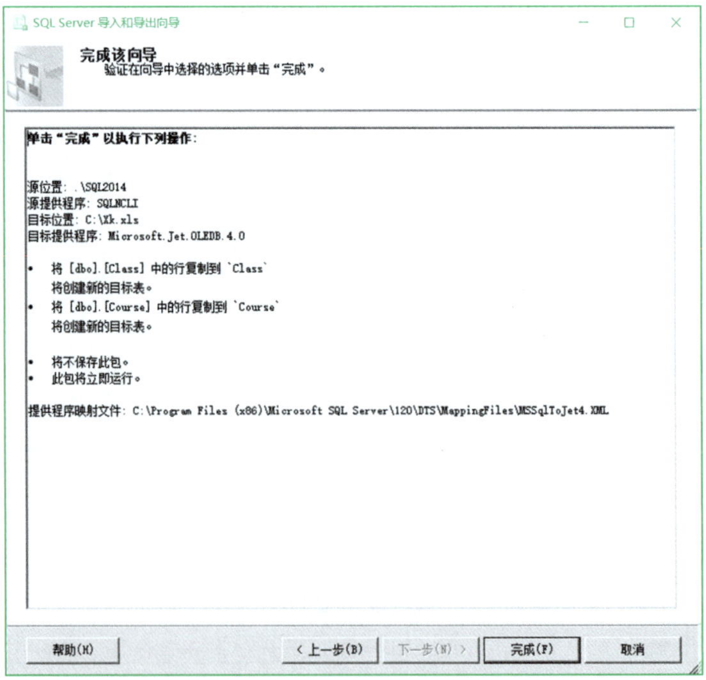

图 16–24 完成向导

⑨ 此时，弹出“执行成功”界面，如图 16–25 所示，表明操作执行成功，并给出详细信息，单击“关闭”按钮完成操作。

图 16–25　执行成功

⑩ 验证，可以在 C 盘根目录下找到名为 Xk 的 Excel 文档，用 Excel 打开，可以看到相关数据。

类似的，可以将 Excel 等数据源导入至 SQL Server 数据库中。这种形式的数据转换常用于系统使用初期，此时往往客户有数据保存在 Excel 或 Access 中，所以适合将客户的数据导入到 SQL Server 中再灵活处理，而无须重新录入数据，这样可以提高工作效率。

【问题 16.7】将 Excel 文件导入到 Xk 数据库的表中。

① 在“对象资源管理器”窗口中，展开“数据库”选项，右击“Xk”，在弹出的快捷菜单中选择“任务”→“导入数据”命令，如图 16–26 所示。

② 此时弹出“导入和导出向导”，单击“下一步”按钮。

③ 此时弹出“选择数据源”界面，从“数据源”下拉列表框中选择“Microsoft Excel”，在“Excel 文件路径”文本框中输入“C:\Xk.xls”，如图 16–27 所示，单击“下一步”按钮。

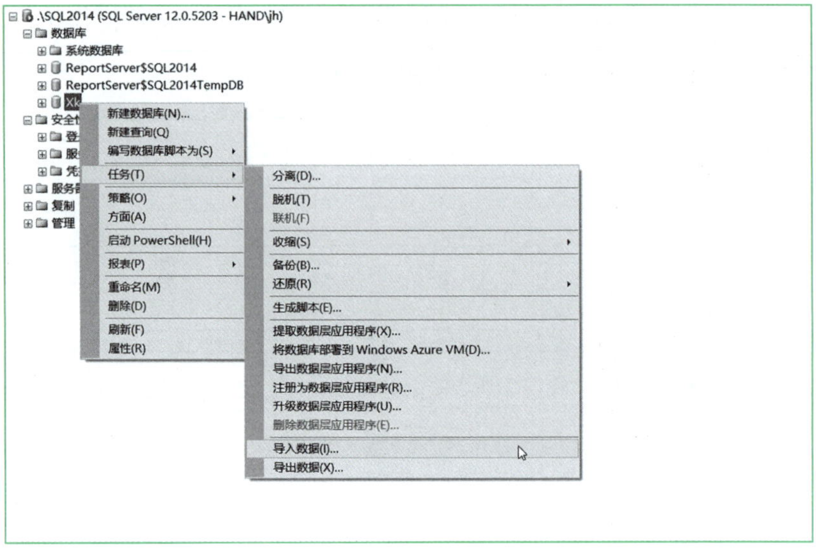

图 16–26 导入数据

图 16–27 【问题 16.7】选择数据源

④ 此时弹出“选择目标”界面，如图 16–28 所示，在“目标”下拉列表中选择“SQL Native Client 11.0”选项，在“数据库”下拉列表中选择“Xk”，

单击“下一步”按钮。

图 16–28　选择目标

⑤ 此时弹出“指定表复制或查询”界面，从中选中“复制一个或多个表或视图的数据”单选按钮，单击“下一步”按钮。

⑥ 此时弹出“选择源表和源视图”界面，从中选择要复制的表和视图，如图 16–29 所示，这里选中 Class 表和 Course 表，并更改目标相应为“ClassImport”和“CourseImport”（由于数据库约束，若使用相同名称，将导致导入失败），单击“下一步”按钮。

⑦ 在弹出的“保存并执行包”界面中选中“立即执行”复选框，单击“下一步”按钮。

⑧ 在弹出的“完成该向导”界面中单击“完成”按钮。

⑨ 弹出“执行成功”界面，此时操作执行成功，并给出详细信息，单击“关闭”按钮完成操作。

读者可在 Xk 数据库中观察两个新表 ClassImport、CoursrImport，表中的数据与导入的 Excel 文件中是一致的。

图 16–29 选择要复制的表和视图

单元小结

在本单元：

- 掌握联机与脱机数据库的方法。
- 掌握备份与还原数据库的方法。
- 掌握数据的导入与导出方法。

思考与练习

1. 简述本单元学习了哪些数据备份的方法，各种方法分别适用于哪些情形。
2. 谈谈联机备份数据的重要性。哪些方法可以实现联机备份数据？

实训

本实训使用 Sale 数据库。

1. 先将 Sale 数据库分离，然后再将其附加到 SQL Server 中。
2. 将 Product 表导出至 Excel 表中。

附录

Visual Studio 2015 应用开发实例

学习目标

【知识目标】

■ 了解连接字符串的意义。

■ 了解如何在 Windows 应用程序中运用 SQL 语句。

■ 了解如何在 Web 应用程序中运用 SQL 语句。

■ 对前端开发和后台数据库有一定的认识。

【技能目标】

■ 能创建 Windows 应用程序和 Web 应用程序。

■ 掌握数据控件 DataGridView 和 GridView 的基本使用方法。

■ 能编写访问指定数据库的连接字符串。

■ 会在 Windows 应用程序和 Web 应用程序中编写对数据库进行查询的代码。

■ 会运行测试结果。

C/S 应用程序实例

C/S 应用程序实例

任务陈述

使用 Visual Studio 2015，快速开发基于 SQL Server 数据库的 C/S 和 B/S 应用程序。

任务 F1 Windows 应用程序开发

【问题 F-1】开发一个 Windows 应用程序，在“姓名”文本框中任意输入学生姓名（如，林斌），单击“查询”按钮，则显示该名学生报名的选修课程，如图 F1-1 所示。

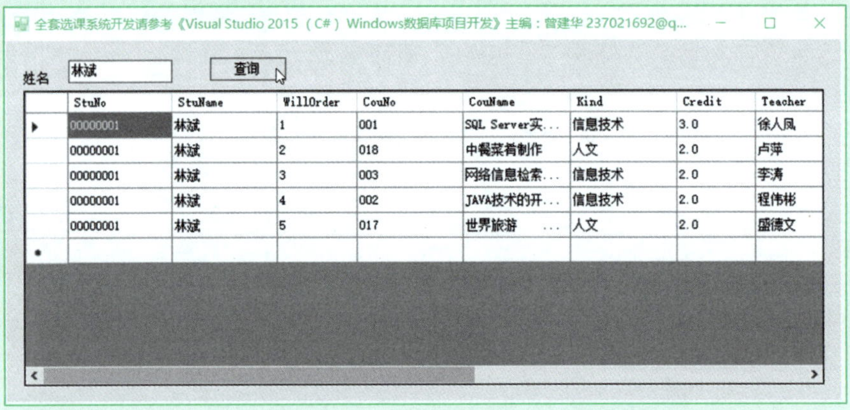

图 F1-1 执行结果

开发环境：Visual Studio 2015、SQL Server 2014。要求已经创建好 Xk 数据库。

① 在 Visual Studio 2015 集成开发环境中，选择“文件”→“新建”→“项目”菜单命令打开如图 F1-2 所示的对话框，选择“Visual C#”下的“Windows 窗体应用程序”选项，解决方案名称为“Xk”。单击“确定”按钮。

② 在打开的窗口中，从“工具箱”面板的“公共控件”选项卡中将 Label 控件拖到窗体上，设置其 Text 属性为“姓名”。

③ 从“工具箱”面板的“公共控件”选项卡中将 TextBox 控件拖到窗体上，设置 Name 属性为 txtStuName。

④ 从“工具箱”面板的“公共控件”选项卡中将 Button 控件拖到窗体上，设置 Name 属性为 btnLoad，Text 属性为“查询”。

⑤ 从“工具箱”面板的“数据”选项卡中将 DataGridView 控件拖到窗体上，设置 Name 属性为 dgvXk，设计界面如图 F1-3 所示。

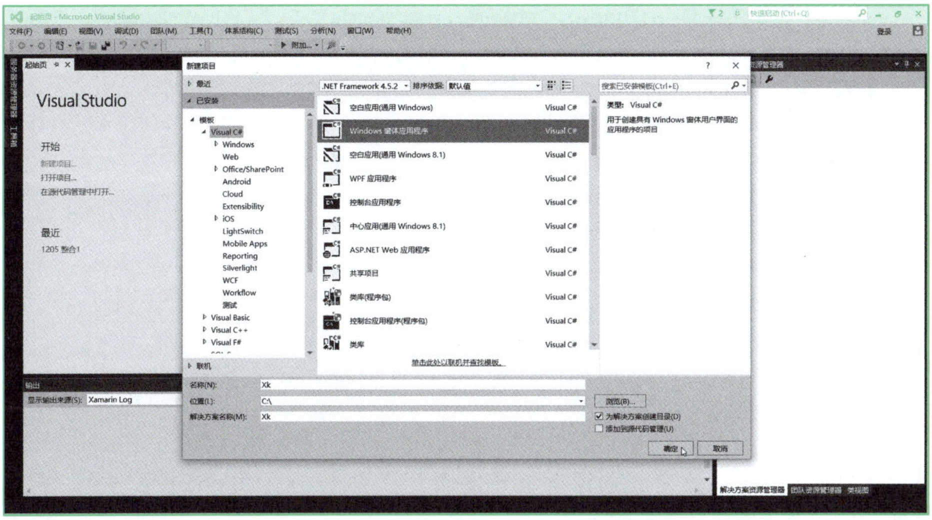

图 F1-2　新建 Windows 应用程序

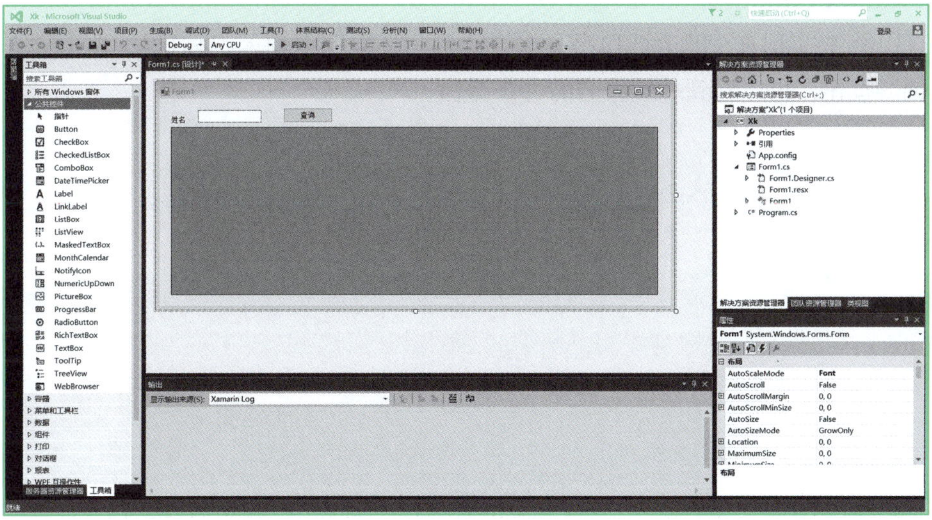

图 F1-3　设计界面

⑥ 双击 btnLoad 按钮创建 Click 事件，此时会自动切换到该窗体的代码视图。

⑦ 在编写 Click 事件代码前先在代码顶部的 using 语句后输入如下代码：

```
using System.Data.SqlClient;
```

⑧ 将光标定位到 btnLoad 按钮的 Click 事件代码框架内，输入如下代码：

```
SqlConnection cn = new SqlConnection(@"integrated security
=TRUE;data source=.\SQL2014;initial catalog=Xk");
string sql;
```

```
    sql = "SELECT S.StuNo,StuName,WillOrder,C.* FROM StuCou SC,
Student S,Course C";
    sql += " WHERE SC.StuNo=S.StuNo AND SC.CouNo=C.CouNo AND
StuName LIKE @StuName ORDER BY WillOrder";
    SqlCommand cmd = new SqlCommand(sql, cn);
    SqlDataAdapter da = new SqlDataAdapter();
    da.SelectCommand = cmd;
    cn.Open();
    DataSet ds = new DataSet();
    da.SelectCommand.Parameters.Add("@StuName",
    SqlDbType.NVarChar).Value = "%" + txtStuName.Text +"%";
    da.Fill(ds);
    cn.Close();
    this.Text = "全套选课系统开发请参考《Visual Studio 2010 (C#)
Windows 数据库项目开发》";
    this.Text += "主编：曾建华 237021692@qq.com";
    dgvXk.DataSource = ds.Tables[0];
```

⑨ 按 Ctrl+F5 键运行程序，在“姓名”文本框中输入“林斌”，单击“查询”按钮，可以看到林斌报名的选修课程。

任务 F2　ASP.NET 网站开发

【问题 F-2】开发网页版的应用程序。在“姓名”文本框中任意输入学生姓名（如，林斌），单击“查询”按钮，则显示该名学生报名的选修课程，如图 F2-1 所示。

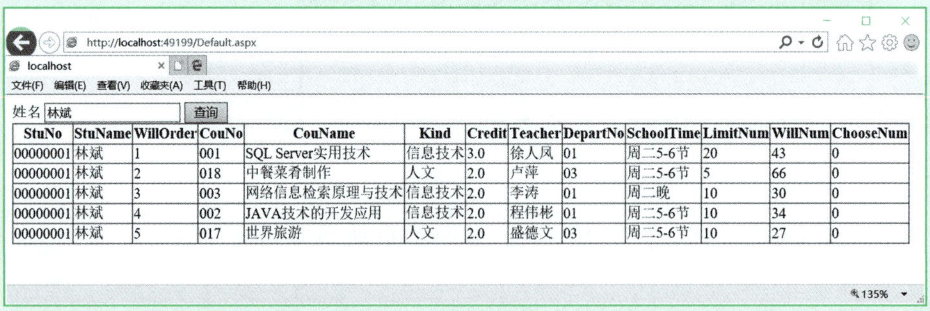

StuNo	StuName	WillOrder	CouNo	CouName	Kind	Credit	Teacher	DepartNo	SchoolTime	LimitNum	WillNum	ChooseNum
00000001	林斌	1	001	SQL Server实用技术	信息技术	3.0	徐人凤	01	周二5-6节	20	43	0
00000001	林斌	2	018	中餐菜肴制作	人文	2.0	卢萍	03	周二5-6节	5	66	0
00000001	林斌	3	003	网络信息检索原理与技术	信息技术	2.0	李涛	01	周二晚	10	30	0
00000001	林斌	4	002	JAVA技术的开发应用	信息技术	2.0	程伟彬	01	周二5-6节	10	34	0
00000001	林斌	5	017	世界旅游	人文	2.0	盛德文	03	周二5-6节	10	27	0

图 F2-1　执行结果

① 在 Visual Studio 2015 集成开发环境中，选择“文件”→“新建”→“网站”菜单命令，打开如图 F2-2 所示的对话框。选择“Visual C#”下的“ASP.NET 空网站”选项，设置 Web 位置为“文件系统”，这里设置为“C:\WebXk”（读者可自行设置适合自己的 Web 位置），最后单击“确定”按钮。

② 此时弹出如图 F2-3 所示窗口，在“解决方案资源管理器”面板中右击项目，在弹出的快捷菜单中选择“添加”→“添加新项”命令。

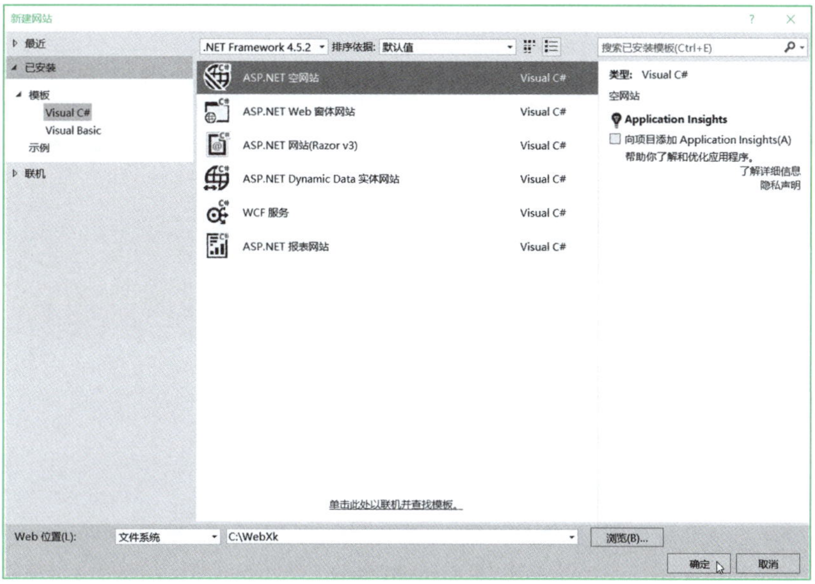

图 F2-2　新建 ASP.NET 网站

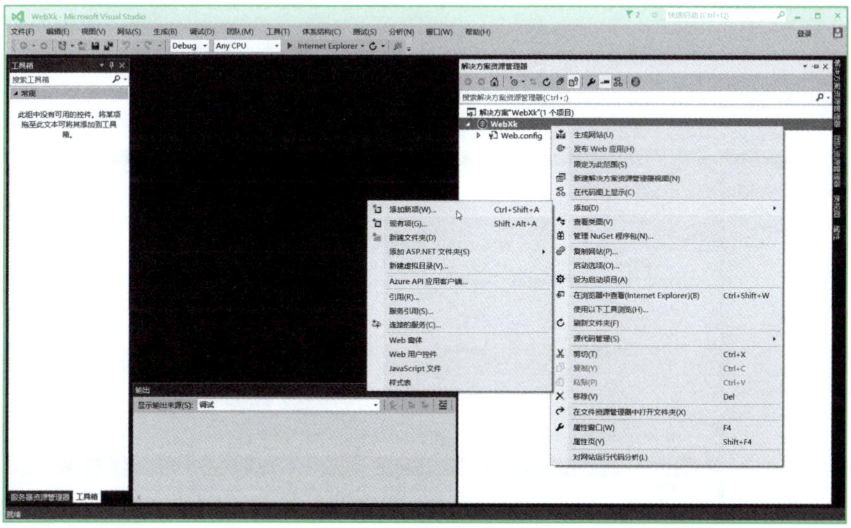

图 F2-3　在项目中添加新项

③ 此时弹出如图 F2-4 所示窗口，选择“Visual C#”下的“Web 窗体”选项，单击“添加”按钮。

④ 如图 F2-5 所示，单击“设计”按钮切换到设计视图。

⑤ 从“工具箱”面板的“标准”选项卡中将 Label 控件拖到窗体上，设置

其 Text 属性为“姓名”。

⑥ 从“工具箱”面板的“标准”选项卡中将 TextBox 控件拖到窗体上，设置 ID 属性为 txtStuName。

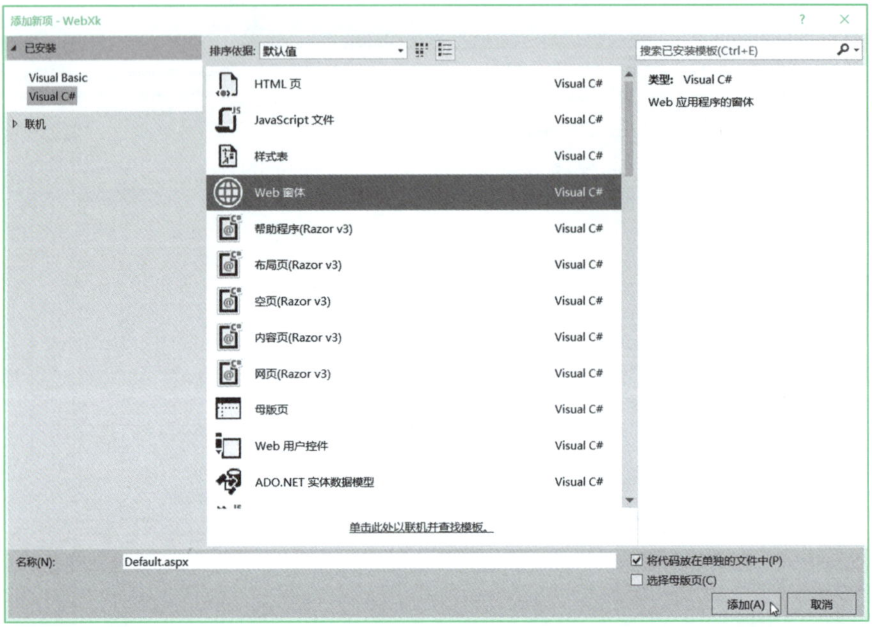

图 F2-4 选择添加 Web 窗体

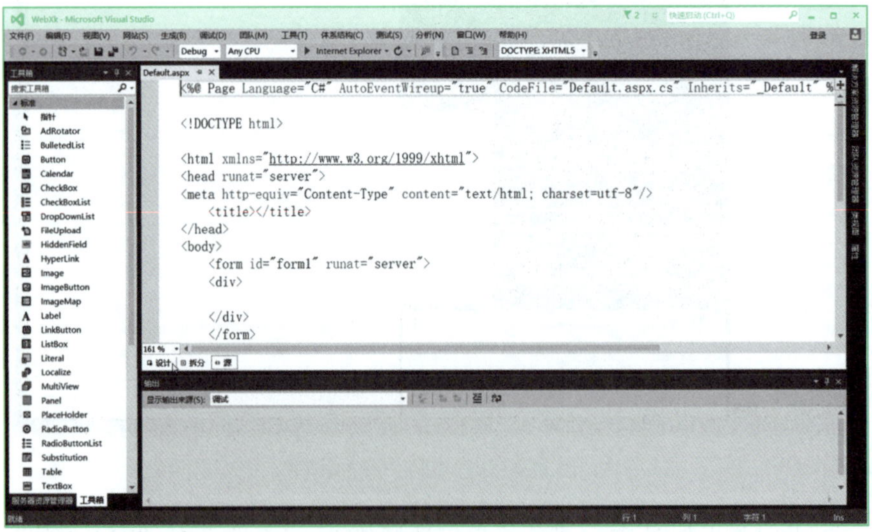

图 F2-5 切换到设计视图

⑦ 从“工具箱”面板的“公共控件”选项卡中将 Button 控件拖到窗体上，设置 ID 属性为 btnLoad，Text 属性为“查询”。

⑧ 从“工具箱”面板的“数据”选项卡中将 GridView 控件拖到窗体上，设置 ID 属性为 gvXk，界面设计完成后如图 F2-6 所示。

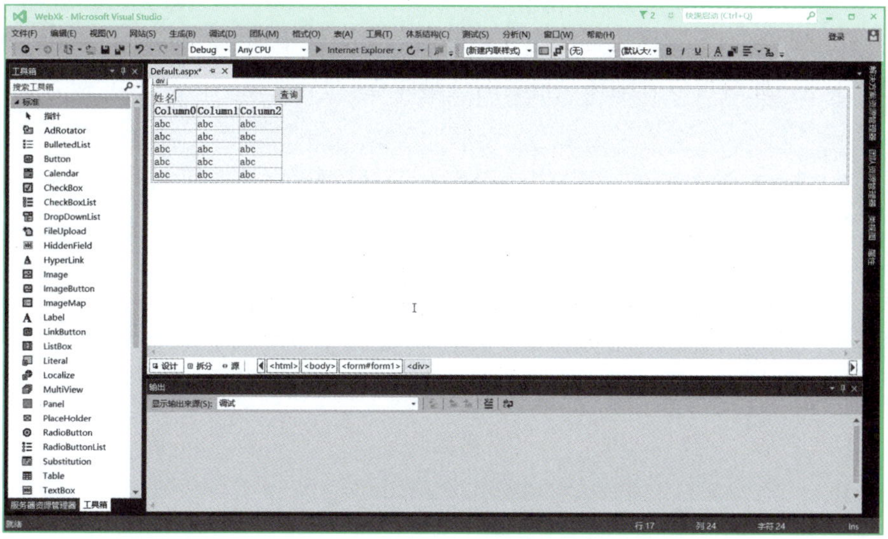

图 F2-6 设计界面

⑨ 双击 btnLoad 按钮创建 Click 事件框架。

⑩ 在编写 Click 事件代码前先在代码顶部的 using 语句后输入如下代码：

```
using System.Data;
using System.Data.SqlClient;
```

⑪ 将光标定位到 btnLoad 按钮的 Click 事件代码框架内，输入如下代码：

```
SqlConnection cn = new SqlConnection(@"integrated securi-
ty=TRUE;
    data source=.\SQL2014;initial catalog=Xk");
    SqlCommand cmd = new SqlCommand("SELECT S.StuNo,StuName,
WillOrder,C.*
    FROM StuCou SC,Student S,Course C
    WHERE SC.StuNo=S.StuNo AND SC.CouNo=C.CouNo
    AND StuName LIKE @StuName
    ORDER BY WillOrder", cn);
    SqlDataAdapter da = new SqlDataAdapter();
    da.SelectCommand = cmd;
    cn.Open();
    DataSet ds = new DataSet();
    da.SelectCommand.Parameters.Add("@StuName",
    SqlDbType.NVarChar).Value = "%" + txtStuName.Text + "%";
    da.Fill(ds);
```

```
cn.Close();
gvXk .DataSource= ds.Tables[0];
gvXk.DataBind();
```

⑫ 按 Ctrl+F5 键运行程序，在“姓名”文本框中输入“林斌”，单击“查询”按钮，此时可以看到林斌报名的选修课程。

单元小结

在本单元：

- 掌握在 Visual Studio 2015 中开发基于数据库应用的 Windows 应用程序。
- 掌握在 Visual Studio 2015 中开发基于数据库应用的网站。

参 考 文 献

［1］徐人凤，曾建华 . SQL Server 2014 数据库及应用［M］. 5 版 . 北京：高等教育出版社，2018.

［2］徐人凤，曾建华 . SQL Server 2008 数据库及应用［M］. 4 版 . 北京：高等教育出版社，2014.

［3］徐人凤，曾建华 . SQL Server 2005 数据库及应用［M］. 3 版 . 北京：高等教育出版社，2013.

［4］曾建华 . Visual Studio 2015（C#）Windows 数据库项目开发［M］. 2 版 . 北京：电子工业出版社，2018.

［5］曾建华 . SQL Server 2014 数据库设计开发及应用［M］. 北京：电子工业出版社，2016.

［6］曾建华 . Visual Studio 2010（C#）Web 数据库项目开发［M］. 北京：电子工业出版社，2013.

［7］王立平 . SQL Server 2014 从入门到精通［M］. 北京：清华大学出版社，2017.

［8］王英英 . SQL Server 2014 从零开始学［M］. 北京：清华大学出版社，2016.

［9］张磊 . SQL Server 数据库应用技术项目化教程（微课版）［M］. 北京：清华大学出版社，2021.

［10］陆黎明，王玉善，陈军华 . SQL Server 2014+MongoDB+Python 数据库技术及应用［M］. 北京：清华大学出版社，2020.

［11］崔连和 . SQL Server 2014 数据库应用教程［M］. 北京：机械工业出版社，2020.

本书编辑邮箱 1548103297@qq.com